# WISSENSCHAFTLICHE FORSCHUNGSBERICHTE

## NATURWISSENSCHAFTLICHE REIHE

*Bisher erschienene Bände;*

1 **Analytische Chemie.** Von Prof. Dr. Th. Döring. (1921) VIII, 97 S. DM 2,40/geb. 3,60*

2 **Geologie und Stratigraphie.** Von Prof. Dr. A. Born. (1921) X, 145 S. DM 3,60/geb. 4,70

3 **Organische Chemie.** Von Prof. Dr. R. Pummerer. 2. Aufl. (1923) XII, 210 S. DM 4,—/geb. 5,20*

4 **Die drahtlose Telegraphie und Telephonie.** Von Dr. P. Lertés. 2. Aufl. (1923) XII, 200 S. mit 48 Abb. DM 3,—/geb. 4,—*

5 **Die neuere Entwicklung der Quantentheorie.** Von Prof. Dr. A. Landé. 2. Aufl. (1926) XII, 180 S mit 13 Abb. DM 10,—/geb. 11,20

6 **Kolloidchemie.** Von Dr. Dr. R. E. Liesegang. 2. Aufl. (1926) XII, 176 S. DM 7,20/geb. 8,50*

7 **Materie, Elektrizität, Energie.** Von Prof. Dr. W. Gerlach. 2. Aufl. (1926) XII, 291 S. mit 119 Abb DM 13,50/geb. 14,80

8 **Physikalische Chemie.** I. Von Prof. Dr. A. Benrath. (1923) VIII, 107 S. DM 3,—/geb. 4,20*

9 **Kolloide in der Technik.** Von Dr. Dr. R. E. Liesegang. 2. Aufl. (1943) VIII, 123 S. DM 3,60/ geb. 4,70

10 **Agrikulturchemie.** Von Prof. Dr. F. Honcamp u. Prof. Dr. O. Nolte. (1924) VIII, 160 S. DM 3,60/geb. 4,70*

11 **Wettervorhersage.** Von Prof. Dr. Wa. Georgii. (1924) VIII, 114 S. mit 58 Abb. DM 4,—/geb. 5,20*

12 **Biochemie** der Menschen und Tiere seit 1914. Von Prof. Dr. F. Haurowitz. (1925) XII, 148 S. mit 9 Abb. DM 6,—/geb. 7,20

13 **Physikalisch-chemische Mineralogie und Petrologie.** Von Prof. Dr. W. Eitel. (1925) VIII, 174 S mit 53 Abb. DM 7,20/geb. 8,40*

14 **Physikalische Chemie.** II. Von Prof. Dr. A. Benrath. (1925) X, 192 S. DM 7,—/geb. 8,20

15 **Methoden der angewandten Geophysik.** Von Dr. R. Ambronn. (1926) XII, 258 S. mit 84 Abb DM 13,50/geb. 14,80*

16 **Anorganische Chemie.** Von Prof. Dr. R. Schwarz. (1927) XII, 139 S. DM 6,—/geb. 7,20*

17 **Krankheitslehre der Gegenwart.** (Strömungen und Forschungen in der Pathologie seit 1914.) Von Prof. Dr. G. Herxheimer. (1927) XVI, 256 S. DM 10,80/geb. 12,—*

18 **Erblichkeitsforschung an Pflanzen.** Von Prof. Dr. F. Oehlkers. (1927) VIII, 203 S. mit 10 Abb DM 11,70/geb. 13.—

19 **Hormone und innere Sekretion.** Von Prof. Dr. F. Laquer. (1934) 2. Aufl. XII, 372 S. DM 18,—/ geb. 19,—*

20 **Biologische Kolloidchemie.** Von Dr. Dr. R. E. Liesegang. (1928) XII, 127 S. DM 7,20/geb. 8,50*

21 **Elektrizität und Eiweiße.** Von Dr. H. Pfeiffer. (1929) XII, 149 S. mit 7 Abb. DM 9,—/geb. 10,20

22 **Entwicklungsphysiologie der Tiere.** Von Dr. P. Weiss. (1930) XII, 138 S. DM 9,80/geb. 11,

23 **Heterogene Katalyse.** Von Dr. E. Sauter. (1930) X, 80 S. mit 15 Abb. DM 5,40/geb. 6,50

24 **Elektrophorese, Elektroosmose, Elektrodialyse in Flüssigkeiten.** Von Dr. P. H. Prausnitz und Dr. Dr. J. Reitstötter. (1931) XII, 307 S. mit 54 Abb. DM 16,65/geb. 18,—

25 **Pharmakologie in ihren modernen Problemstellungen.** Von Prof. Dr. H. Handowsky. (1931) XII, 224 S. DM 15,75/geb. 17,—*

26 **Fortschritte der Biochemie** II. Von Prof. Dr. F. Haurowitz. (1932) X, 152 S. DM 11,—/geb. 12,—*

27 **Die lichtelektrische Zelle und ihre Herstellung.** Von Dr. R. Fleischer u. Doz. Dr. H. Teichmann. (1932) XII, 175 S. mit 201 Abb. DM 12,—/geb. 13,20*

28 **Allgemeine Chemie der Enzyme.** Von Prof. Dr. J. B. S. Haldane u. Dr. K. G. Stern. (1932) XII, 367 S. mit 38 Abb. DM 22,—/geb. 23,50*

29 **Die Konstitution der Kohlehydrate.** Von Prof. W. N. Haworth. Deutsch von Dr. W. E. Hagenbuch. (1932) VIII, 104 S. mit 8 Abb. DM 8,—/geb. 9,—*

30 **Fortschritte der Serologie.** Von Prof. Dr. H. Schmidt. (1933) VIII, 193 S. mit 20 Abb. DM 12,—/ geb. 13,20*

31 **Lipoide und Ionen.** Von Prof. Dr. R. Degkwitz. (1933) XVI, 323 S. mit 54 Abb. u. 110 Tab DM 28,—/geb. 29,20

32 **Oberflächenspannung in der Biologie und Medizin.** Von Doz. Dr. F. Herčik. (1934) XII, 220 S. mit 56 Abb. DM 14,—/geb. 15,—*

---

VERLAG VON THEODOR STEINKOPFF · DRESDEN

# DAS WETTER UND SEINE URSACHEN

## NEUERE ERKENNTNISSE VOM WETTERGESCHEHEN

VON

DR. H.-J. AUFM KAMPE
z. Z. Meteorologische Abteilung der Signal-Corps-Engineering Laboratories
Fort Monmouth, N.J. - USA.

*Mit 129 Abbildungen*

VERLAG VON DR. DIETRICH STEINKOPFF
DARMSTADT 1951

Softcover reprint of the hardcover 1st edition 1951

ISBN 978-3-7985-0030-3 ISBN 978-3-642-86090-4 (eBook)

DOI 10.1007/978-3-642-86090-4

Verlag: Dr. Dietrich Steinkopff, Darmstadt
Verfasser: Dr. Hans-Joachim aufm Kampe z.Zt. Fort Monmouth, USA

*Herrn Professor*
*Dr. phil., Dr.-Ing. e. h. Walter Georgii*
*in Verehrung und Dankbarkeit*
*gewidmet*

## Vorwort

Das vorliegende Buch soll dem Leser einige Erkenntnisse mitteilen, die über die Ursachen und das Wesen des Wettergeschehens während der letzten zwei Jahrzehnte gewonnen wurden. Es erhebt dem Umfang entsprechend nicht den geringsten Anspruch auf Vollständigkeit. Ich war aber der Meinung, daß es von Zeit zu Zeit notwendig ist, dem Studenten der Meteorologie und den interessierten Laien wichtige Arbeiten, die auf dem Gebiet der Physik der Atmosphäre geschrieben wurden, in gedrängter Form zusammenzufassen; da es meistens, vor allem nach dem Krieg, wo so viele Bücher zerstört wurden, für den einzelnen unmöglich ist, alle erschienenen Arbeiten selbst zu lesen. Weiterhin schien es mir ratsam, ein Buch zu schreiben, das so objektiv wie möglich, die Ansichten wiedergibt, die an den verschiedenen meteorologischen Forschungszentren vertreten werden. Dies gilt besonders für die Zyklonenentstehung und Fortpflanzung. In jeder Theorie steckt meistens ein mehr oder minder großer Kern Wahrheit, und diese Kerne, mosaikartig zusammengesetzt, werden am ehesten dem Bild des komplexen Wettergeschehens gerecht werden.

Um den Kreis der Leser nicht von vornherein einzuschränken, mußte ich auf die rein theoretisch-mathematischen Arbeiten verzichten, obwohl diese vielleicht sogar am meisten zu den Fortschritten der Physik, zu der ja auch die Meteorologie gehört, beitragen.

Das Manuskript lag im wesentlichen bereits 1944 vor. Durch Kriegs- und Nachkriegsereignisse wurde die Herausgabe aber bis jetzt verzögert. Dadurch konnte auch Nachkriegsliteratur berücksichtigt werden. Daß das Bändchen trotz der schwierigen Nachkriegsverhältnisse überhaupt noch gedruckt wurde, verdanke ich einzig und allein dem Verlag Dr. Dietrich Steinkopff, der keine Mühe scheute, das einmal begonnene Werk zu beenden.

Ganz besonderer Dank gebührt auch meiner lieben Frau, die mir — als frühere Kollegin — viel beim Zeichnen von Bildern und beim Korrigieren half. Weiterhin danke ich Herrn Erich Klein, Hamburg, für das Zeichnen von Abbildungen.

Die Anregung zum Schreiben dieses Buches gab mein hochverehrter Lehrer, Herr Prof. phil. Dr. Ing. e. h. Walter Georgii, dem ich es auch in Verehrung und Dankbarkeit widmen möchte.

Dezember 1950.

*H. J. aufm Kampe*

# Inhaltsverzeichnis

## Kapitel I: **Der synoptische Wetterdienst**



## Kapitel II: **Physikalische Grundlagen**



## Kapitel III: **Allgemeine Zirkulation der Atmosphäre**

## Kapitel IV:

## Die Zirkulation außertropischer Breiten auf der Nordhalbkugel



## Kapitel V: Zyklonentheorien

KAPITEL I

# Der synoptische Wetterdienst

## 1. Geschichtliches

So lange es Menschen gibt, wird auch der Wunsch bestehen, das Wetter vorhersagen zu können. Aus allen möglichen Anzeichen, die man über eine längere Zeit bei bestimmten Wetterveränderungen beobachtete, entstanden schon „Wettervorhersagen". Derartige Anzeichen bezogen sich zum Teil auf Störungen des Allgemeinbefindens der Menschen, auf irgendwelche Gewohnheiten der Tiere oder auf Veränderung der Himmelsansicht. Auf Grund der letzteren Anzeichen waren die Vorhersagen allerdings örtlich sehr begrenzt, denn in einem anderen Gebiete konnte das Aufziehen von bestimmten Wolken aus bestimmten Richtungen schon wieder etwas ganz anderes bedeuten. So war früher die Wettervorhersage mehr ortsgebunden und gründete sich auf langjährige Beobachtungen. Für denjenigen, der sich nicht wie jene „Wetterpropheten" intensiv mit den Wetteranzeichen und ihren Folgen beschäftigte, schien sie wirklich „Prophetie" zu sein.

Nachdem das Barometer erfunden worden war, bemerkte man bald, daß die Höhe des Luftdruckes irgendwie mit dem Wetter zusammenhängen müsse, und Otto von Guericke, der bekannte Bürgermeister von Magdeburg, benutzte das Barometer schon als „Wetterglas". Er erkannte, daß bei tiefem Barometerstand das Wetter meistens schlecht, bei hohem meistens gut war. Da das aber nicht immer der Fall war und gerade solche Fälle besonders gemerkt wurden, büßte auch das Barometer viel von seinem Ruf als Wetterkünder ein. Ebenso erging es mit dem Haarhygrometer, das die relative Feuchte anzeigt, und von dem man ebenfalls erwartete, daß man aus seiner Anzeige auf das kommende Wetter schließen könnte.

Wenn auch die oft sehr sorgfältigen Einzelbeobachtungen der meteorologischen Elemente, wie Luftdruck, Luftfeuchte, Temperatur, Wind, Bewölkung usw., an diesem oder jenem Ort sehr aufschlußreich waren, so bekamen sie erst ihren eigentlichen Wert, als man daran ging, die an vielen Stellen gemachten Beobachtungen zu synchronisieren, d. h. alle zu einem gleichen Termin zu machen und sie dann in eine Karte einzutragen. Die erste derartige synoptische Wetterkarte Europas zeichnete Brandes 1816 nach Beobachtungen des Luftdruckes und des Windes aus dem Jahre 1783 (Abb. 1). Er zeichnete für jeden Tag dieses Jahres die Wetterkarten und auch später die vom 24. und 26. Dezember 1821, wo eine große Depression über dem Kanal lag. Aus diesen Karten erkannte er schon damals den engen Zusammenhang zwischen Luftdruck und Wind. Er hielt eine Wettervorhersage für möglich, wenn die zu gleichen Terminen angestellten Wetterbeobachtungen zum Zeichnen der Wetterkarte schnell an eine Zentralstelle weitergeleitet werden könnten. Das war damals technisch nicht durchführbar. Als aber der Telegraph erfunden war, schlug Kreil 1842 vor, diesen zum Übertragen der Wettermeldungen zu benutzen. In England wurde dieser Gedanke aufgegriffen, und am 24. Juni 1849 wurde in den „Daily News" die erste telegraphische Wetterkarte auf Veranlassung Ghaishers veröffentlicht. Während der Londoner Weltausstellung 1851 erschien täglich vom 8. bis 11. Oktober die synoptische Wetterkarte. Das waren aber alles nur mehr oder weniger zeitlich beschränkte Erscheinungen. Erst durch die Katastrophe, die während des Krimkrieges am 14. November 1854 durch ein Sturmtief über die französische Flotte und das Heer bei Balaklava hereinbrach, forderte die damalige französische Regierung Leverrier auf, zu untersuchen, ob diese Katastrophe eventuell vorausgesagt und durch geeignete Maßnahmen in ihrem Ausmaß hätte verringert werden können. Leverrier befaßte sich eingehend mit dieser Angelegenheit. Durch Zeichnen von Wetterkarten für diesen Zeitraum kam er zu dem Schluß, daß man diesen Sturm hätte vorhersagen können, der vom Ozean her quer über Europa zum Schwarzen Meer gezogen war. Auf Grund seines Gutachtens wurde der französische Wetterdienst organisiert. Ab 11. September 1863 gibt Frankreich tägliche Wetterberichte für zunächst West- und Süd- und später das gesamte Europa heraus. Es folgten dann die anderen Staaten, und 1877 wurden für das Zeichnen der Wetterkarten internationale Richtlinien vereinbart. Durch die Erfindung der drahtlosen Telegraphie wurde diese selbstverständlich in hohem Maße für die Weiterleitung der synoptischen Meldungen eingesetzt.

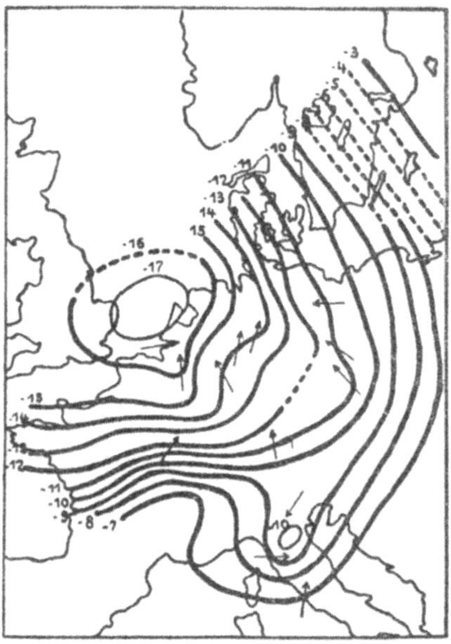

Abb. 1. Erste Luftdruckkarte nach Brandes, 6. März 1783

Der immer größere Ausmaße annehmende Flugverkehr war auch immer mehr von den Wetterverhältnissen abhängig, und mit seiner Ausbreitung wurden auch die Aufgaben und die Organisation des europäischen Wetterdienstes immer größer. Man erkannte bald, daß neben den synoptischen Daten der Bodenwerte für die Flugberatung und die Wettervorhersage auch die synoptischen Beobachtungen aus der freien Atmosphäre unbedingt erforderlich waren. So wurden Flugzeug- und Drachenaufstiegsstellen eingerichtet, zu denen sich später noch Radiosonden gesellten. Das Netz dieser aerologischen Meßstellen wurde vor allem in Deutschland seit dem Jahre 1934 sehr rasch immer engmaschiger, so daß es seit 1936 möglich ist, regelmäßig Höhenwetterkarten zu zeichnen. Zunächst geschah dies für die Höhe von etwa 5000 m. Später wurde es auf größere Höhen erweitert.

## 2. Die synoptischen Meldungen und die Wetterschlüssel

Die synoptischen Meldungen werden zu international vereinbarten Zeiten durchgegeben. Die Meldungen der einzelnen Stationen gehen an eine Zentrale ihres Bezirkes und von da an die großen Sendestationen, von denen sie nach einem genauen Plan zu ganz bestimmten Zeiten ausgestrahlt werden. Diese großen Sender senden so, daß etwa 1½ Stunden nach dem Beobachtungstermin alle Beobachtungen ausgestrahlt sind. Außerdem werden auch noch in gekürzter Form die Wettermeldungen zwischen den verschiedenen Erdteilen ausgetauscht.

Die Wettermeldungen sind chiffriert nach einem wohldurchdachten international vereinbarten Schlüssel[1]). Für Landstationen hat dieser folgende Form:

$$\mathrm{iiiT_dT_d\ Nddff\ VVwwW\ PPPTT\ N_hC_LhC_MC_H\ 6D_capp\ \ 7RRR_ts}.$$

Um auch die Wetterlage auf den Meeren zu kennen, geben die Schiffe Wettermeldungen nach folgendem Schlüssel durch:

$$\mathrm{YQL_aL_aL_a\ L_oL_oL_oGG\ Nddff\ VVwwW\ PPPTT\ N_hC_LhC_MC_H\ D_sv_sapp}^{2)}.$$

Die Buchstaben haben dem Alphabet nach geordnet folgende Bedeutung[3]):

a = Tendenz des Luftdruckes
$C_H$ = Art der hohen Wolken
$C_L$ = Art der niederen Wolken
$C_M$ = Art der mitteleren Wolken
dd = Windrichtung
$D_c$ = Zugrichtung der niederen Wolken
$D_s$ = Schiffskurs
ff = Windgeschwindigkeit in Knoten
GG = Zeit in Stunden
h = Höhe der niederen Wolken
iii = Stationsnummer
$L_aL_aL_a$ = Geographische Breite
$L_oL_oL_o$ = Geographische Länge
N = Betrag der Himmelsbedeckung in Achtel des Himmels
$N_h$ = Betrag der Himmelsbedeckung der niederen Wolken in Achtel
pp = Betrag der Luftdruckänderung während der letzten 3 Stunden
PPP = Luftdruck
Q = Erdoktant;
RR = Betrag des Niederschlages
$R_t$ = Beginn oder Ende des Niederschlages
$T_dT_d$ = Taupunkt
s = Schneehöhe

---

[1]) Dieser Schlüssel, am 1. 1. 1949 eingeführt, wird jetzt von fast allen Staaten benutzt.

[2]) Zeitweise werden noch 3 weitere Gruppen durchgegeben, die unter anderem etwas über Wellengang und Temperaturdifferenz zwischen Luft und Wasser aussagen.

[3]) Die Buchstaben sind wieder in mehr oder weniger Zahlen unterteilt.

TT = Lufttemperatur
VV = Sichtweite
$v_s$ = Schiffsgeschwindigkeit in Knoten
W = Wetter vor der Beobachtung
ww = Gegenwärtiges Wetter

### 3. Die gebräuchlichsten Wetterkarten

Die einzelnen Wettermeldungen werden in die sogenannte Arbeitskarte nach dem Schema der Abb. 2 um den Stationskreis herum eingetragen. Die Arbeitskarte ist z. B. im deutschen Wetterdienst eine Europakarte, auf der die einzelnen Wetterbeobachtungsstationen als Kreise, an denen die international vereinbarten Stationsnummern stehen, eingezeichnet sind. Nach der Eintragung der Beobachtungswerte werden meistens zuerst die Linien gleichen Druckes, die Isobaren, von 5 zu 5 mb in die Karte eingetragen, darauf dann die Fronten und Luftmassengrenzen und die Niederschlagsgebiete. Die Kaltfront[1]) wird durch eine mit Zacken besetzte Linie gekennzeichnet, bei der Warmfront[1]) werden Halbkreise aufgesetzt. Die Okklusion[1]) wird gekennzeichnet, indem man abwechselnd Zacken und Halbkreise auf die Frontlinie aufsetzt. Die Symbole für die einzelnen Wetterelemente und Luftmassengrenzen sind in Abb. 3 dargestellt. Die Fronten sind am Boden an Temperatur-, Wind- und Drucktendenzsprüngen von Fall zu Fall mehr oder weniger gut zu erkennen. Für die Wettervorhersage ist noch sehr wichtig zu wissen, wo und wie der Druck fällt oder steigt. Deshalb werden mancherorts noch die Linien gleicher Druckänderung, die Isallobaren, gezeichnet. Da es zu unübersichtlich würde, diese noch in die Arbeitskarte einzuzeichnen, zeichnet man gesondert Isallobarenkarten, in denen die Druckänderung von jeweils 3 Stunden eingetragen werden. Öfters werden auch Karten der 24stündigen Druckänderung gezeichnet (Abb. 4).

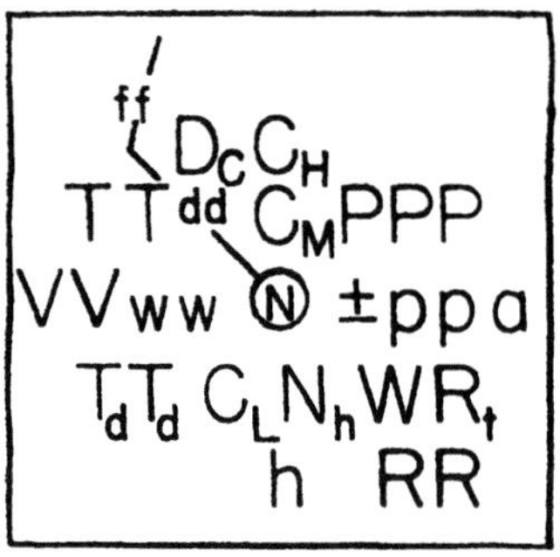

Abb. 2. Beispiel einer Eintragung in die Arbeitskarte

Neben der großen Europakarte, die meistens nur um $8^h$, $14^h$ und $19^h$ gezeichnet wird, wird in Deutschland z. B. in den Zwischenzeiten noch die Deutschlandkarte gezeichnet. Auf ihr sind auch kleinere, mit den nationalen Kennziffern bezeichnete Stationen vorgedruckt. Hierein werden die Isobaren von 1 zu 1 mb gezeichnet.

Durch den Ausbau des aerologischen Wetterdienstes werden seit 1936 in Deutschland auch Höhenwetterkarten gezeichnet, die eine wertvolle Ergänzung für die Wettervorhersage darstellen.

---

[1]) Die Erklärung dieser Begriffe folgt in Kapitel IV.

Begonnen wurde zunächst mit der Karte der 500-mb-Fläche. Später sind noch Karten der 225- und 96-mb-Flächen hinzugekommen. Entsprechend ihrer Wichtigkeit im Rahmen der Wettervorhersage werden die absolute und relative Topographie der betreffenden Druckfläche in die Höhenwetterkarten eingezeichnet. Unter der absoluten Topographie versteht man die Höhe der Druckfläche über dem Meeresniveau in „Dynamischen Metern"[1]). Die Linien gleicher Höhe, die Isohypsen, werden von 4 zu 4 dyn. Dekametern gezeichnet (Abb. 5a), was dem Isobarenabstand

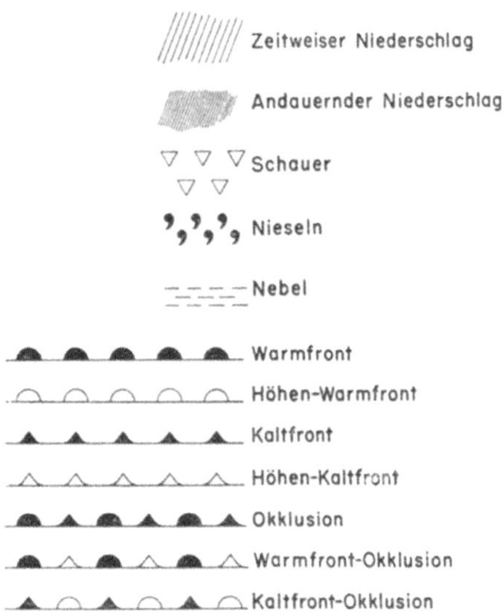


Abb. 3. Symbole für die Wetteranalyse

von 5 mb auf der Bodenkarte entspricht, da am Boden 5 mb etwa 40 dyn. Metern Höhenunterschied entsprechen. Die relative Topographie ist der Abstand zweier Druckflächen in dyn. Metern, z. B. der Abstand der 500-mb-Fläche von der 1000-mb-Fläche. Da dieser Abstand von der Temperatur der zwischen beiden Druckflächen liegenden Luftmasse abhängt, gibt die Karte der relativen Topographie, die ebenfalls von 4 zu 4 dyn. Dekametern gezeichnet ist (Abb. 5b), einen guten Überblick über die Art der Luftmasse.

[1]) Das dynamische Meter ist eigentlich eine Arbeits-Maßeinheit und bedeutet den 10. Teil der Arbeit, die geleistet wird, wenn man 1 Massenkilogramm gegen die Erdschwere um einen Meter hebt. Wir können uns aber der Einfachheit halber das dynamische Meter als die Höhe vorstellen, die 1 Massenkilogramm gegen die Erdschwere gehoben werden muß, um die Arbeit 10 mkg zu leisten.

## 4. Die aerologischen Meldungen

Neben den allgemeinen Temperatur-, Druck- und Feuchtedaten wird auch die in der vertikalen Temperaturschichtung liegende Energie (siehe II 5e) in den Drachen-, Radiosonden- und Flugzeugaufstiegen verschlüsselt und radiotelegraphisch durchgegeben.

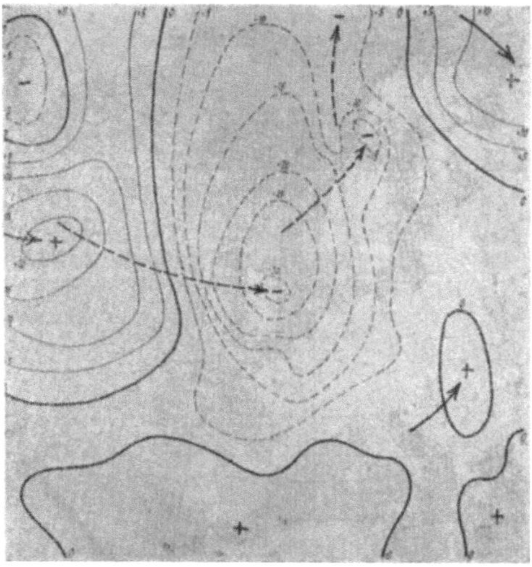

**Abb. 4. Isallobarenkarte der 24stündigen Druckänderungen (die Pfeile zeigen die Zugrichtung der Druckänderungsgebiete an)**

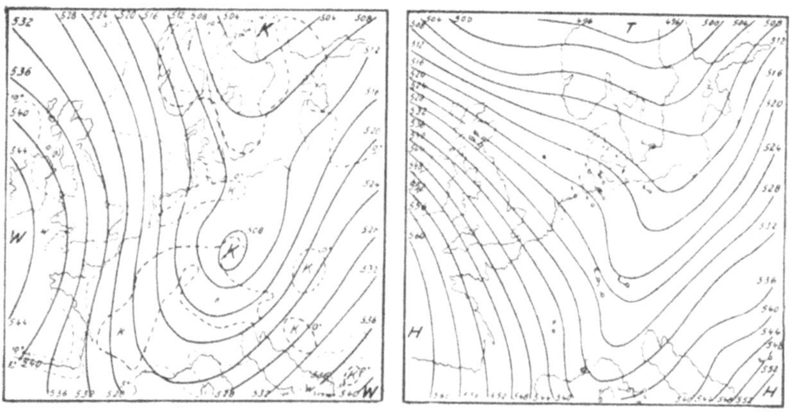

5a 5b

Abb. 5. Karten der absoluten (a) und relativen (b) Topographie der 500-mb-Fläche

Windrichtung und Geschwindigkeit in der freien Atmosphäre werden durch optisches oder elektrisches Anvisieren von sogenannten Pilotballonen[1]) festgestellt. In dem Schlüssel steht die Höhe sowie die Windrichtung und -geschwindigkeit in ihr. Es würde zu weit führen, an dieser Stelle alle Schlüsselformen aufzuzählen, da sie in den entsprechenden Anweisungen im Dienstgebrauch der nationalen Wetterdienste jederzeit nachzulesen sind.

# KAPITEL II

# Physikalische Grundlagen

## 1. Die hydrostatische Grundgleichung

Die Erde ist mit einer Lufthülle, der Atmosphäre, umgeben, deren Gewicht sich durch den „Luftdruck" bemerkbar macht. Wie wir wissen, beträgt dieser auf dem Meeresniveau im Mittel „760 mm Quecksilber", d. h. eine 760 mm lange Quecksilbersäule mit einem Querschnitt von 1 $cm^2$ hat dasselbe Gewicht wie eine über dem Meeresniveau lastende Luftsäule von dem gleichen Querschnitt. Da es aber physikalisch besser ist, den Druck anstatt durch eine Länge durch eine Kraft pro Flächeneinheit anzugeben, hat man das „Bar" bzw. „Millibar" ($^1/_{1000}$ Bar) als Druckmaß — besonders in der Meteorologie — eingeführt; ein Millibar (mb) ist der Druck, den die Kraft 1000 dyn oder rund 1 g auf 1 $cm^2$ ausübt. Da das spezifische Gewicht des Quecksilbers 13.6 ist, entspricht ein Druck von 750,1 mm Quecksilber 1000 mb.

Erhebt sich ein Beobachter vom Boden in die Höhe, so nimmt der Druck stetig ab, da dabei das über ihm liegende Luftgewicht immer geringer wird. Beim Durchsteigen einer dünnen Luftschicht von der Höhe $dz$ und der mittleren Dichte $\varrho$ (Abb. 6) beträgt die Druckabnahme

$$dp = p_0 - p_1 = g \cdot \varrho \cdot dz$$

$g$ = Schwerebeschleunigung,
$p_0$ = Druck am unteren Ende,
$p_1$ = Druck am oberen Ende der Luftschicht.

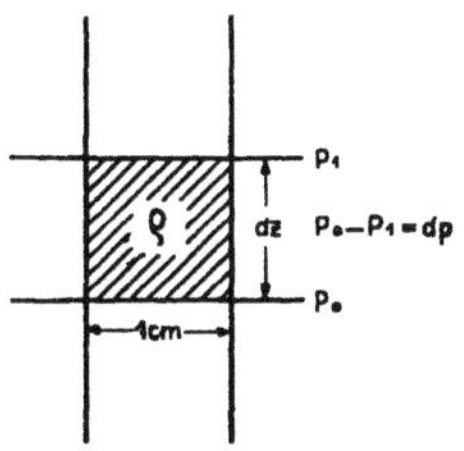


Abb. 6. Beispiel zur hydrostatischen Grundgleichung

Die Änderung des Luftdruckes mit der Höhe, der vertikale Gradient des Druckes, ist also:

$$\frac{dp}{dz} = -g \cdot \varrho \; [z \text{ nach oben positiv}]^{2)} \tag{1}$$

Man nennt diese Gleichung die **hydrostatische Grundgleichung** oder die barometrische Höhenformel. Sie gilt immer dann, wenn keine

---

[1]) Kleine, mit Wasserstoff gefüllte Gummiballone, die bei ruhigem Wetter eine ungefähr konstante Steiggeschwindigkeit besitzen.

[2]) Ersetzt man $\varrho$ mit Hilfe der allgemeinen Gasgleichung $\frac{p}{\varrho} = R \cdot T$ [$p$ = Druck, $R$ = Allgemeine Gaskonstante, $T$ = Temperatur in Grad Kelvin: $T = 273 + t$

vertikalen Beschleunigungen auftreten, und zeigt, daß der Druckgradient um so kleiner wird, d. h. der Druck mit der Höhe um so langsamer abnimmt, je geringer die Dichte ist. Liegen also zwei Luftmassen mit verschiedener Dichte nebeneinander, was z. B. der Fall ist, wenn ihre Temperaturen verschieden sind und der Druck in der Ausgangshöhe bei beiden derselbe ist (Abb. 7), so nimmt der Druck mit der Höhe in der warmen Luftmasse langsamer ab als in der kälteren. Dadurch entstehen zwischen den Luftmassen in jeweils gleichen Höhen Druckunterschiede, die mit der Höhe immer größer werden, wie es die Abb. 7 zeigt.

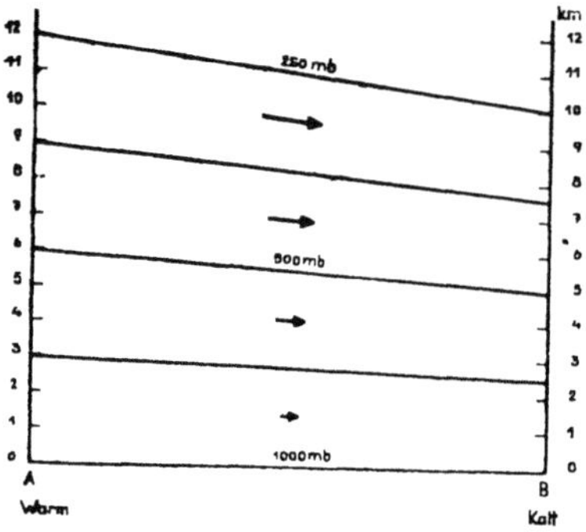


Abb. 7. Änderung des Windes mit der Höhe zwischen zwei verschieden temperierten isothermen Luftmassen auf der ruhenden Erde

## 2. Das barische Windgesetz

Die Luft als bewegliches Gas versucht nun, diese Druckunterschiede auszugleichen. Es entsteht Luftbewegung: Wind. Dieser Wind hat da die größte Stärke, wo auch die antreibende Kraft, die Gradientkraft — so benannt, weil sie durch den horizontalen Druckgradienten hervorgerufen wird — am größten ist. In unserem Beispiel (Abb. 7) nimmt der Wind also mit der Höhe zu.

Würde sich die Erde nicht drehen, so würden die Luftmassen direkt vom hohen Druck zum niederen fließen. Durch die Drehung der Erde wirkt aber auf ein in Bewegung befindliches Teilchen eine Kraft, die seiner Geschwindigkeit proportional ist und das Teilchen — auf der Nordhalbkugel nach rechts, auf der Südhalbkugel nach links — ablenkt. Diese Kraft ist noch von der geographischen Breite abhängig. In der Mechanik ist sie bekannt unter dem Namen Corioliskraft, in der Meteorologie nennt man

---

($t$ = Temperatur in Celsiusgraden)] und integriert von $p_0$ bis $p$, so erhält man die barometrische Höhenformel

$$p = p_0 \cdot e^{-\frac{g \cdot z}{R \cdot T_m}}$$ wobei

$T_m$ die Mitteltemperatur über die Höhe $z$, $p$ der Druck in der Höhe $z$ und $p_0$ der Druck am Boden sind. Dabei ist allerdings zu bedenken, daß in der Luft Wasserdampf vorhanden ist, dessen Dichte nur $^5/_8$ derjenigen der trockenen Luft beträgt. Dies können wir dadurch berücksichtigen, daß wir eine höhere Temperatur als die Lufttemperatur — die virtuelle Temperatur — in die barometrische Höhenformel einsetzen: Die Gaskonstante feuchter Luft der spezifischen Feuchtigkeit $s = R_u = (1 + 0.604s)R$, ($R$ = Gaskonstante trockener Luft).
Die allgemeine Gasgleichung feuchter Luft nach dem Druck $p$ aufgelöst, lautet dann:

$$p = (1 + 0.604s)\,\varrho \cdot R \cdot T = \varrho \cdot R \cdot Tv.$$

$Tv$ ist die virtuelle Temperatur und hat den Wert $T\,(1 + 0.604s)$.

sie die ablenkende Kraft der Erdrotation. Ihr Zustandekommen wollen wir uns mit M. Radakovic[1]) an Abb. 8a und b klarmachen: $\omega$ sei der in bekannter Weise dargestellte Vektor der Winkelgeschwindigkeit der Erde $E$. In einem Punkt $P$ der Erdoberfläche, der in der Breite $\varphi$ liege, können wir uns diesen Vektor in zwei Komponenten zerlegt denken, von denen die eine $\omega \sin \varphi$ senkrecht zur Erdoberfläche, die andere $\omega \cos \varphi$ tangential zu ihr ist. Zu diesen beiden Vektoren gehören die entsprechend gedachten sich drehenden Ebenen. Die erstere ist Tangentialebene in $P$. Sie interessiert für das Folgende besonders; denn die Komponente $\omega \cos \varphi$ sorgt nur dafür, daß die Tangentialebene in $P$ bei der Rotation der Erde immer Tangentialebene bleibt. In Abb. 8b sei der Kreis die Tangentialebene in $P$. In $P$ befinde sich ein Beobachter, der eine Kugel nach $Q$ stoße. Die Reibung zwischen Kugel und Ebene sei null. Bei einer Geschwindigkeit $V$ würde die Kugel in der Zeit $t$ den Punkt $Q$ erreichen, wenn die Ebene in Ruhe wäre. Tatsächlich dreht sie sich aber auf der nördlichen Erdhälfte unter der Kugel nach links und der Punkt $Q$ wandert nach $Q'$. Bei einer Winkelgeschwindigkeit von $\omega \sin \varphi$ ist der Bogen $QQ' = \omega \sin \varphi \cdot t \cdot V \cdot t$, da der Drehwinkel $= \omega \sin \varphi \cdot t$ und die Strecke $PQ = V \cdot t$ ist. Für den Beobachter, der die Kugel nach $Q$ gestoßen hat, ist sie um den Betrag $\omega \sin \varphi \cdot V \cdot t^2$ nach rechts abgelenkt worden. Für ihn scheint auf die Kugel eine Beschleunigung $A$ nach rechts gewirkt zu haben. Eine auf eine Masse während der Zeit $t$ wirkende Beschleunigung $A$ befördert aber die Masse über die Strecke $\frac{A}{2} t^2$; in unserem Fall ist also $\frac{A}{2} t^2 = \omega \sin \varphi \cdot V \cdot t^2$. Daraus errechnet sich $A = 2\,\omega \sin \varphi \cdot V$. Die „Ablenkende Kraft der Erdrotation" pro Masseneinheit hat also die Größe $A = 2\omega \sin \varphi \cdot V$ $\left(\omega = 7.29 \cdot 10^{-5} \left[\frac{1}{\sec}\right]\right)$.

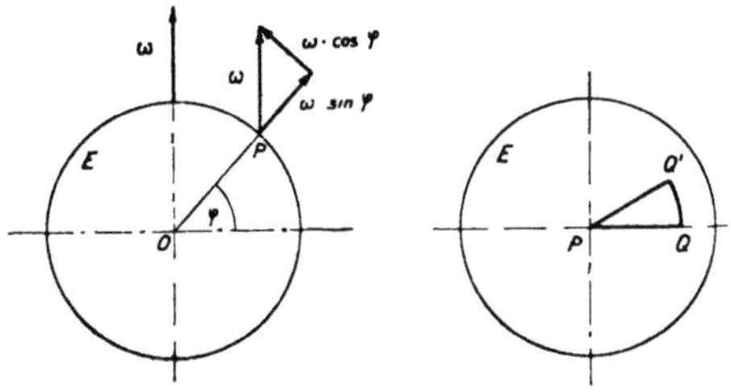

Abb. 8a und b. Ableitung der ablenkenden Kraft der Erdrotation

Abb. 8c. Wirkung der ablenkenden Kraft der Erdrotation auf ein bewegtes Teilchen nach Mügge

[1]) M. Radakovic, Meteorolog. Z. **1914**. 384. — Spater stets M.Z. abgekurzt zitiert.

Die Wirkung der ablenkenden Kraft der Erdrotation $A$ auf ein unter dem Einfluß eines Druckgefälles stehendes Teilchen zeigt Abb. 8c. Das Teilchen ist zunächst in Ruhe. Dem Druckfeld ausgesetzt, unterliegt es der Gradientkraft $G$, die es in Richtung des Druckgefälles beschleunigt. Zunächst ist die Geschwindigkeit noch gering. Mit der Zeit aber wird durch die dauernd auf das Teilchen wirkende Beschleunigung in Richtung von $G$ die Geschwindigkeit immer größer und damit auch $A$. Die Ablenkung aus der Richtung des Druckgefälles nimmt immer mehr zu, und zwar so lange, bis die Geschwindigkeit die Größe erreicht hat, bei der sich $A$ und $G$ das Gleichgewicht halten. In diesem Fall bewegt sich dann das Teilchen parallel zu den Isobaren. Wir können also sagen:
Bei einer Strömung zwischen parallel verlaufenden geradlinigen Isobaren hält die Gradientkraft der ablenkenden Kraft der Erdrotation das Gleichgewicht.

$$-\frac{1}{\varrho}\frac{dp}{dx} = -2\cdot\omega\cdot v\cdot\sin\varphi = -l\cdot v \tag{2a}$$

$$-\frac{1}{\varrho}\frac{dp}{dy} = l\cdot u \tag{2b}$$

Hierin bedeuten: $\frac{dp}{dx}$ und $\frac{dp}{dy}$ die horizontalen Druckgradienten in der $x$- und $y$-Richtung, $u$ und $v$ die Geschwindigkeitskomponenten von $V$ in diesen beiden Richtungen. Der diesen Gesetzen gehorchende Wind heißt Geostrophischer Wind (Abb. 9).

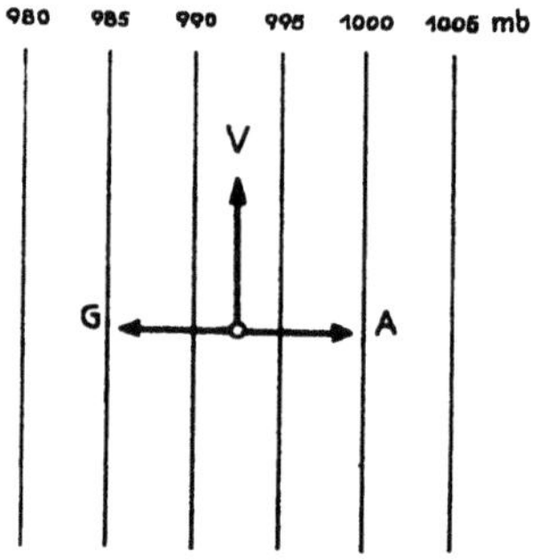


Abb. 9.
Geostrophischer Wind

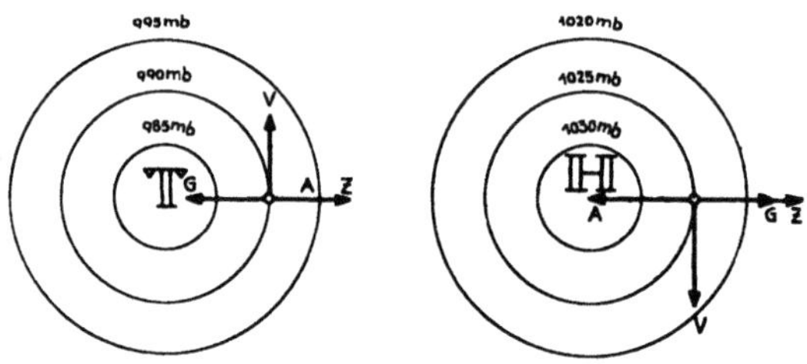


Abb. 10a und b.
Die auf ein Luftteilchen wirkenden Kräfte ohne Reibung a) im Tief-, b) im Hochdruckgebiet

Die durch den Druckunterschied in Bewegung gesetzte Luft wird also nicht wie in Abb. 7 in Richtung des Druckgefälles von $A$ nach $B$ fließen, sondern senkrecht dazu, und zwar immer so, daß der hohe Druck, in Strömungsrichtung gesehen, rechts liegt. Die Gleichungen (2) gelten natürlich nur, wenn keine anderen Kräfte dazukommen, besonders also nur für solche Höhenschichten, in denen wir die Reibung vernachlässigen können.

Sind die Linien gleichen Druckes, die Isobaren, nicht geradlinig, sondern gekrümmt — z. B. kreisförmig —, so tritt zu den Kräften $A$ und $G$ noch die Zentrifugalkraft $Z$ hinzu: Bei sonst gleichbleibender Strömung stehen dann also die drei Kräfte $A$, $G$ und $Z$ im Gleichgewicht. Je nachdem, ob es sich um ein Tief- oder ein Hochdruckgebiet handelt, tritt $Z$ auf die Seite der ablenkenden Kraft der Erdrotation oder auf die der Gradientkraft (siehe Abb. 10a bzw. 10b). Im Falle des Hochdruckgebietes steht $A$ im Gleichgewicht mit $G + Z$, im Falle des Tiefdruckgebietes mit $G - Z$. Zu einem größeren $A$ gehört eine größere Geschwindigkeit, so daß also bei gleichem Isobarenabstand und gleicher Krümmung der Isobaren die Geschwindigkeit im Tiefdruckgebiet kleiner ist als im Hochdruckgebiet. Folgende Tabelle gibt darüber einen kleinen Überblick:

Tabelle 1

Die Geschwindigkeiten in Tief- und Hochdruckgebiet bei jeweils gleichem Isobarenabstand und Krümmungsradien:

| | Geschwindigkeit | | | |
|---|---|---|---|---|
| **Radius = 1000 km** | | | | |
| Tiefdruckgebiet | 30 | 40 | 50 | 60 km/$h$ |
| Hochdruckgebiet | 35 | 51 | 68 | 89 ,, |
| **Radius = 800 km** | | | | |
| Tiefdruckgebiet | 30 | 40 | 50 | 60 km/h |
| Hochdruckgebiet | 38 | 54 | 75 | 106 ,, |
| **Radius = 600 km** | | | | |
| Tiefdruckgebiet | 30 | 40 | 50 | 60 km/h |
| Hochdruckgebiet | 41 | 63 | 107 | — ,, |
| **Radius = 400 km** | | | | |
| Tiefdruckgebiet | 30 | 40 | 50 | 60 m/h |
| Hochdruckgebiet | 53 | — | — | — ,, |

Die unausgefüllten Stellen in dieser Tabelle zeigen an, daß bei den betreffenden Geschwindigkeiten und Krümmungsradien im Hochdruckgebiet die ablenkende Kraft der Erdrotation den beiden anderen Kräften: Gradientkraft und Zentrifugalkraft nicht mehr das Gleichgewicht halten kann. Das Hochdruckgebiet würde dann so weit abgebaut werden, bis sich die drei Kräfte wieder das Gleichgewicht halten.

Die Gleichungen (2) erweitern sich durch die Zentrifugalkraft zu:

$$-\frac{1}{\varrho}\frac{dp}{dx} = -lv \pm \frac{v^2}{r} \qquad (3a)$$

$$-\frac{1}{\varrho}\frac{dp}{dy} = lu \pm \frac{u^2}{r} \qquad (3b)$$

wobei $r$ der Krümmungsradius ist und das $+$Zeichen für zyklonale, das $-$Zeichen für antizyklonale Strömung gilt.

Die Gleichungen (3a) und (3b) bilden zusammen mit der Gleichung (1) das Barische Windgesetz. Es gilt für in tangentialer Richtung unbeschleunigte Bewegungen und ist eines der wichtigsten Gesetze der Meteorologie. In der freien Atmosphäre ist es meistens erfüllt. Stärkere Abweichungen von ihm führen zu wetterwirksamen Vorgängen.

### 3. Die hydrodynamischen Bewegungsgleichungen ohne Reibung

Wird das Druckfeld durch Vergrößern oder Vermindern der Isobarenabstände oder der Isobarenkrümmung geändert, so erfahren die Luftmassen Beschleunigungen. Wir müssen dann im Barischen Windgesetz das Zentrifugalbeschleunigungsglied durch das allgemeinere Beschleunigungsglied $\frac{d}{dt}$ ersetzen und erhalten so die sogenannten hydrodynamischen Bewegungsgleichungen:

$$\frac{du}{dt} + \frac{1}{\varrho}\frac{dp}{dx} = l v \tag{4a}$$

$$\frac{dv}{dt} + \frac{1}{\varrho}\frac{dp}{dy} = -l u \tag{4b}$$

$$\frac{dw}{dt} + \frac{1}{\varrho}\frac{dp}{dz} = -g \tag{4c}$$

Hierin bedeuten $\frac{du}{dt}, \frac{dv}{dt}, \frac{dw}{dt}$ die individuellen Beschleunigungen eines Luftteilchens in der $x$-, $y$- und $z$-Richtung.

### 4. Die Reibung

In der Nähe der Erdoberfläche wirkt noch eine andere Kraft auf das Luftteilchen: die Reibung $R$. Sie bewirkt eine Verzögerung der bewegten Luftmassen. Infolgedessen wird auch die ablenkende Kraft der Erdrotation, die ja von der Geschwindigkeit abhängt, geringer. Die vier Kräfte $A$, $G$, $Z$ und $R$ müssen im stationären Fall wieder im Gleichgewicht sein. $R$ liegt entgegengesetzt der Strömungsrichtung, $A$ und $Z$ stehen senkrecht darauf, die Resultierende beider muß entgegengesetzt von $G$ liegen (Abb. 11). Das ist aber nur dann der Fall, wenn die Strömungsrichtung gegen den tiefen Druck hin gerichtet ist. Wenn wir die Wetterkarten ansehen, so finden wir dieses bestätigt. Die Windpfeile zeigen im Mittel gegen den tiefen Druck hin (Abb. 12).

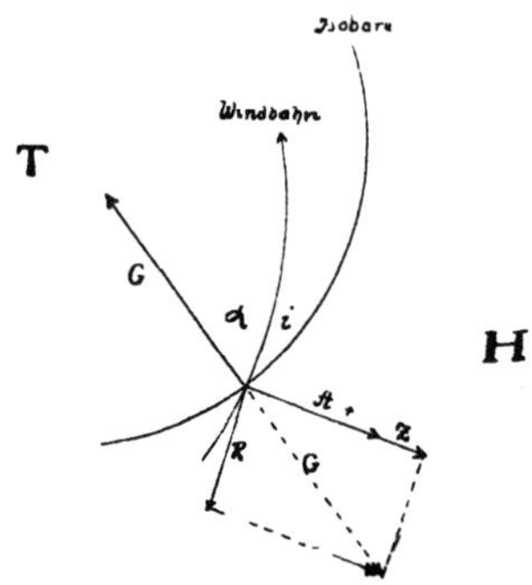


Abb. 11. Die Wirkung der Reibung auf ein bewegtes Luftteilchen

Durch den vertikalen Luftmassenaustausch, der durchschnittlich zwischen dem Boden und etwa 1000—2000 m vonstatten geht, ist auch noch in diesen Schichten ein Einfluß der Reibung und damit eine einströmende Windkomponente vorhanden, die allerdings mit der Höhe immer kleiner wird. Da in Windrichtung gesehen der tiefe Druck, wohin die Strömung abgelenkt wird, immer links liegt, findet also mit der Höhe bis etwa 2000 m eine Rechtsdrehung des Windes statt.

Trägt man in einem Diagramm für die verschiedenen Höhen von einem Punkt aus die Windrichtungen als Vektoren auf und verbindet deren Enden miteinander, so ergibt sich eine Spirale, die nach Ekman, der sie zuerst in die Literatur einführte, als „Ekmanspirale" bezeichnet wird (Abb. 13).

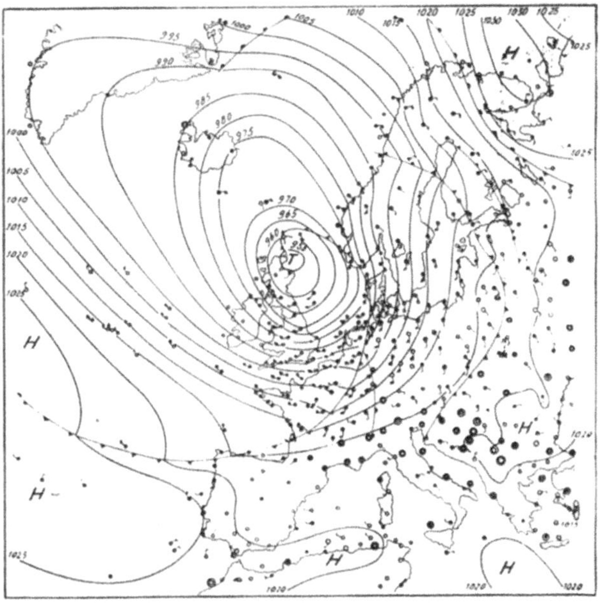

Abb. 12. Strömungsverlauf in einem Tiefdruckgebiet

Wir haben mit Guldberg und Mohn in erster Näherung die Reibungskraft der Windrichtung genau entgegengesetzt gerichtet angenommen und ihre Größe proportional der Geschwindigkeit gesetzt, also die Luft als starren Körper angenommen, der über die Erde hinweggleitet. Für genauere Betrachtungen muß man aber den schiebenden Einfluß des gegen die unteren Schichten nach rechts gedrehten und schnelleren Oberwindes berücksichtigen.

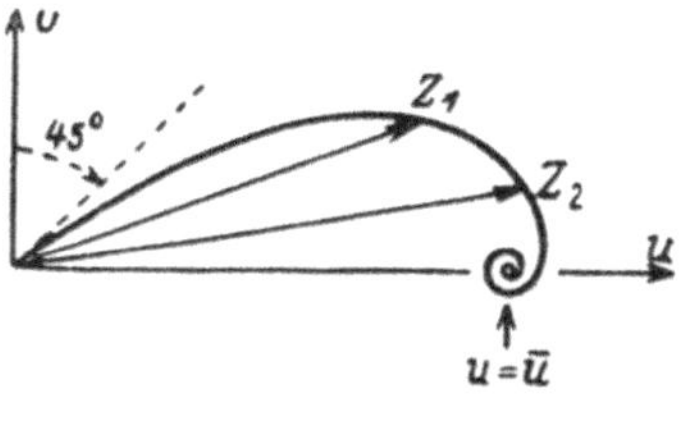


Abb. 13. Ekman-Spirale nach Exner (ü = Gradientwind)

Die Reibung ist in weitem Maße von der Rauhigkeit des Untergrundes abhängig, was sich besonders beim Übergang der Strömungen vom Meer zum Land bemerkbar macht.

## a) Der virtuelle Wind

Wir erkennen die Reibung auch an der turbulenten Windströmung am Boden. Durch die Rauhigkeit der Erdoberfläche hat der Wind nicht nur eine horizontale, sondern auch noch eine vertikale Komponente. Er ist böig. Gemessen wird mit den Schalenkreuzanemometern oder den Staudruckanzeigern im wesentlichen nur die horizontale Komponente, obwohl — besonders bei starkem Wind — für energetische Betrachtungen der Anteil der vertikalen Komponente nicht vernachlässigt werden darf, wie Robitzsch zeigte. Aus den Windregistrierungen (Abb. 14) erkennt man schon qualitativ die Böigkeit an der Breite der Schriebe, und zwar ist er um so breiter, je stärker der Wind ist. Die Schriebbreite bzw. die Böigkeit ist also der Windgeschwindigkeit porportional. Das Verhältnis Schriebbreite — in m/sec ausgedrückt — zur mittleren Windgeschwindigkeit nennt man den Böigkeitsfaktor. Je trägheitsloser nun ein Windmesser arbeitet, um so besser wird er auch die Extreme der Windgeschwindigkeit aufzeichnen und um so größer wird die Schriebbreite sein. Damit aber der Böigkeitsfaktor eindeutig bestimmt ist, muß man ihn auf ein Standardgerät beziehen und die anderen Geräte darauf eichen. Robitzsch[1]) hat zum Standardgerät das empfindliche „Lindenberger Gerät" bestimmt.

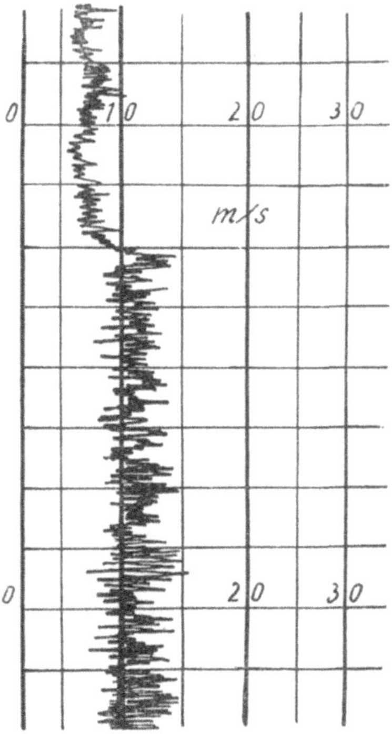


Abb. 14. Windregistrierung

Für energetische Betrachtungen zerlegt Robitzsch die Windströmung in eine translatorische und eine rotatorische.

Die kinetische Energie $E_T$ der Translationsbewegung eines Luftvolumens mit der mittleren Geschwindigkeit $V_m$, der Höhe $A$ und der Dicke 1 $m$ ist:

$$E_T = \frac{\varrho \cdot V_m \cdot A}{2} \cdot V_m^2 = \frac{\varrho\, V_m^3 \cdot A}{2} \tag{5a}$$

Hierin ist $\varrho$ die Dichte der Luft.

Für die Rotationsbewegung denkt sich Robitzsch Luftwalzen von der Dicke 1 m und dem Durchmesser $A$ und bestimmt deren kinetische Energie $E_R$. Sie rotieren in der Periode der Windschwankungen, also — wie die Erfahrung zeigt — in etwa 5 Sekunden einmal um ihre Achse. $V_R$, ihre Umfangsgeschwindigkeit, ist also $\frac{A \cdot \pi}{5}$; dann ist:

$$E_R = \frac{V_R^2}{4} \cdot \frac{\pi}{4} \cdot \varrho \cdot A^2 \approx A^4 \cdot \varrho \frac{30}{400} \approx 0{,}07 \cdot \varrho \cdot A^4 \tag{5b}$$

[1]) Z.Meteorologie **1949,** 247.

In dem anfangs betrachteten Luftkörper der Dimensionierung $V_m \cdot A \cdot 1\,m^2$ haben nun $\frac{V_m}{A}$ solcher Rotationskörper Platz.

Also:
$$E'_R = E_R \cdot \frac{V_m}{A} = 0{,}07 \cdot \varrho \cdot A^4 \frac{V_m}{A} = 0{,}07 \cdot \varrho \cdot A^3 \cdot V_m; \frac{E'_R}{E_T} = 0.14 \left(\frac{A}{V_m}\right)^2.$$

Die Gesamtenergie ist also $E_G = E_T + E'_R = E_T \left[1 + 0{,}14 \left(\frac{A}{V_m}\right)^2\right]$ (6a)

In dieser Gleichung ist die Größe $A$ noch eine willkürliche Größe. Ihren Wert findet man empirisch zu $0{,}7\, A_m$: wobei $A_m$ die Amplitude der geschätzten mittleren Kurvenbreite ist.

Es wird also $E_G = E_T \left[1 + 0{,}14 \cdot 0{,}7^2 \left(\frac{A_m}{V_m}\right)^2\right] = E_T \left[1 + 0{,}07 \left(\frac{A_m}{V_m}\right)^2\right]$ (6b)

Für andere als das Lindenberger Gerät würde die Formel lauten:

$$E_G = E_T \left[1 + 0{,}07 \cdot R^2 \left(\frac{A'_m}{V_m}\right)^2\right] \tag{7}$$

Dabei bedeuten $A'_m$ die mittlere Amplitude dieses Gerätes und $R$ den Faktor, mit dem $A'_m$ multipliziert werden müßte, um $A_m$ zu erhalten.

Robitzsch geht nun noch einen Schritt weiter und fragt: „Wie groß müßte die Geschwindigkeit einer reinen translatorischen Bewegung sein, damit diese die gleiche Energie besitzt wie der böige Wind?“
Er setzt also:

$$E_G = \varrho \cdot \frac{V_v^2}{2} = E_T \left[1 + 0{,}07 \cdot R^2 \left(\frac{A'_m}{V_m}\right)^2\right] = \varrho \cdot \frac{V_m^2}{2} \left[1 + 0{,}07 \cdot R^2 \left(\frac{A'_m}{V_m}\right)^2\right]$$

Daraus ergibt sich: $V_v = V_m \sqrt{1 + 0{,}07 \cdot R^2 \left(\frac{A'_m}{V_m}\right)^2}$ (8)

$V_v$ nennt Robitzsch den virtuellen Wind. Die Wurzelgröße stellt den Faktor dar, mit dem man den mittleren Wind $V_m$ multiplizieren muß, um zum virtuellen Wind $V_v$ zu gelangen. Dieser Faktor ist abhängig vom Böigkeitsgrad.

Bei geringer Böigkeit (Böigkeitsfaktor $A_m = 0{,}6$) beträgt die Rotationsenergie nur 1%. Bei großer Böigkeit ($A_m = 1{,}7$) beträgt sie aber bereits 10%.

## 5. Die hydrostatischen Gleichgewichtszustände der Atmosphäre in der Vertikalen

Unter Gleichgewicht verstehen wir einen Zustand, der solange erhalten bleibt, als keine Störungen auf ihn wirken. Treten Störungen auf, so verhalten sich die Zustände verschieden, und man definiert: 1. das stabile Gleichgewicht als ein solches, bei dem sich der ursprüngliche Zustand nach einer kleinen Störung von selbst nach kurzem Einpendeln wieder herstellt; 2. das indifferente Gleichgewicht als ein solches, bei dem der nach der kleinen Störung eingetretene Zustand wieder ein Gleichgewichtszustand ist; 3. das labile Gleichgewicht als einen solchen Zustand, der nach einer kleinen Störung zu einem neuen, gänzlich anderen Gleichgewichtszustand führt.

Man denke an den aus dem Schulunterricht her bekannten Versuch über das Verhalten einer Kugel nach einem Anstoß 1. in einer Halbkugel, 2. auf dem horizontalen Tisch und 3. auf einer anderen Kugel (Abb. 15a bis 15c). Wir machen besonders darauf aufmerksam, daß es sich hierbei um kleine Störungen des Gleichgewichts handelt, denn wir werden später Fälle kennenlernen (bei der Feuchtlabilität), wo bei kleinen Störungen das Gleichgewicht stabil, bei großen labil ist. (Vgl. die auf verschiedene Seiten gestellte Zigarrenkiste oder die Kugel in der Schale, der man einen so großen Stoß gegeben hat, daß sie herausgeschleudert wird.)

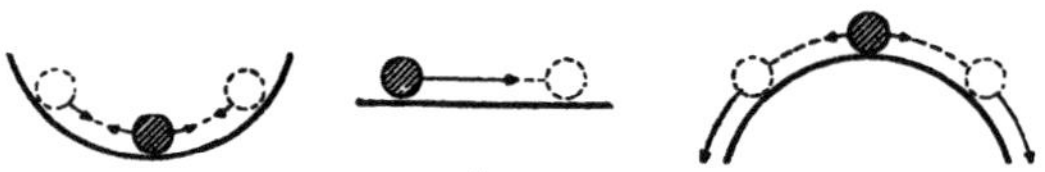

a b c

Abb. 15a—c. Gleichgewichtszustände
a) stabil, b) indifferent, c) labil

Auch in der Atmosphäre unterscheidet man im wesentlichen diese drei statischen Gleichgewichtszustände: das stabile, das labile und das indifferente Gleichgewicht.

### a) Das mechanische Gleichgewicht

Da der Druck mit der Höhe abnimmt, nimmt nach der allgemeinen Gasgleichung

$$\frac{p}{\varrho} = R \cdot T \quad \text{oder} \quad \varrho = \frac{p}{R \cdot T},$$

wo $\varrho$ die Luftdichte, $p$ der Druck, $R$ die allgemeine Gaskonstante und $T$ die absolute Temperatur in Grad Kelvin ($T = 273^0 + t^0$; $t^0$ = Temperatur in Grad Celsius) ist, damit auch die Dichte ab, vorausgesetzt, daß die Temperaturabnahme den Einfluß des abnehmenden Druckes nicht mindestens kompensiert.

Wenn der Druck konstant bleibt und die Temperatur erniedrigt wird, nimmt die Dichte zu. Bekanntlich nimmt aber in der Atmosphäre im Durchschnitt die Temperatur mit abnehmendem Druck ab. Wenn sie beide im gleichen Maße kleiner würden, also das Verhältnis $\frac{P}{T}$ = konstant bliebe, dann bliebe auch die Dichte konstant. Wie stark in diesem Falle die Temperaturabnahme sein müßte, kann man aus der statischen Grundgleichung berechnen:

$$\text{Es gilt } dp = -g\,\varrho\,dz \text{ und } p = R \cdot \varrho \cdot T.$$

Wenn man diese letztere Gleichung total differenziert und beachtet, daß $\varrho$ konstant bleiben soll, erhält man

$$dp = R \cdot \varrho \cdot dT;$$

dieser Ausdruck für $dp$ in die statische Grundgleichung eingesetzt gibt:

$$R \cdot \varrho \cdot dT = -g \cdot \varrho \cdot dz$$

oder den Temperaturgradienten mit der Höhe bei konstanter Dichte

$$\frac{dT}{dz} = \frac{-g}{R};$$

da $-g = 9{,}81 \left[\frac{\text{m}}{\text{sec}^2}\right]$ und $R = 286 \left[\frac{\text{m}^2}{\text{sec}^2} \cdot {}^\circ\text{C}\right]$ ist, ergibt also

$$\frac{dT}{100\ \text{m}} = -3.4^\circ\ \text{C}.$$

Wenn also die Temperatur pro 100 m um 3,4° C abnehmen würde, wäre die Dichte mit der Höhe konstant. Die Luft wäre dann im sogenannten „mechanischen Gleichgewicht". Wenn der Gradient größer wäre als 3,4° pro 100 m, d. h. $T$ rascher mit wachsender Höhe abnimmt, wären die oberen Luftmassen schwerer als die unteren, und es würde sofort bei der geringsten Störung eine Umlagerung stattfinden.

In Wirklichkeit kommt aber ein Gradient von 3,4° pro 100 m außer in der untersten bodennahen Schicht (einige dm) nie in der freien Atmosphäre vor. Der bodennächsten Schicht wird bei Sonneneinstrahlung vom Boden immer wieder Wärme neu zugeführt, so daß zwar im Mittel ein sehr großer Gradient von oft mehr als 3,4° C/100 m erhalten bleibt, die Teilchen selber aber lagern sich dauernd um, was oft als „Flimmern" zu sehen ist. Auf Grund der folgenden Überlegungen wird der Gradient selbst den Wert von 1°/100 m nur in den untersten 100 Metern erreichen. Im Durchschnitt beträgt er 0,5—0,7°/100 m.

### b) Der trockenadiabatische Temperaturgradient

Wenn eine Luftmasse gegen einen langgestreckten Berg strömt, so wird sie über ihn hinweggehoben. Dabei kommt sie unter immer geringeren Druck, bis sie schließlich wieder hinter dem Gipfel absinkt. Beim Aufstieg dehnt sie sich aus, sie wird „expandiert" und erniedrigt lediglich durch die „Expansion" ihre Temperatur. Von außen her wird ihr weder Wärme zu- noch abgeführt. Man nennt einen solchen Vorgang, den wir im folgenden formelmäßig beschreiben wollen, adiabatisch. Nach dem ersten Hauptsatz der Wärmetheorie bewirkt die Zuführung einer Wärmemenge $dq$ in einem Gas die Erhöhung seiner inneren Energie $c_v \cdot dT$ (Erhöhung der Temperatur) und eine Arbeitsleistung $p \cdot da$ (Ausdehnung des Gases gegen den Außendruck $p$). Es ist also:

$$dq = c_v dT + pda \tag{9}$$

($c_v$ = spezifische Wärme bei konstantem Volumen = 0,18 cal/gr °C; $p$ = Druck, $T$ = Temperatur, $a = \frac{1}{\varrho}$ = spezifisches Volumen). Wenn von außen keine Wärme zugeführt wird — wie in unserem Fall —, reduziert sich die Gleichung auf:

$$c_v dT = -pda.$$

Damit beide Größen dieselben Dimensionen haben, schreiben wir:

$$c_v dT = -\frac{1}{J} adp;$$

wobei $\frac{1}{J} = \frac{1}{427}$ [cal/m kg] der Faktor für die Umrechnung von mechanischer

Arbeit in Wärme ist. $p \cdot da$ ersetzen wir aus der differenzierten Gasgleichung: $pda = R \cdot dT - adp$. Dieses oben eingesetzt, ergibt:

$$c_v\, dT = -\frac{1}{J} R\, dT + \frac{1}{J} adp \quad \text{oder} \quad \left(\frac{1}{J} R + c_v\right) dT = \frac{1}{J} adp.$$

Da $\frac{1}{J} R + c_v = c_p$ und $a = \frac{R \cdot T}{p}$ ist, erhalten wir also:

$$c_p dT = \frac{1}{J} \cdot \frac{R \cdot T}{p} dp \tag{10}$$

Wenn sich nun das isolierte Luftquantum vom Boden aus um die Höhe $dz$ gehoben hat, so ist der Druck der umgebenden Luft, den auch das Quantum in jedem Augenblick bei seinem Aufstieg annimmt, um $dp$ gefallen. Beträgt die mittlere Dichte der umgebenden Luft $\varrho'$, die man nach der Gasgleichung ersetzen kann durch $\frac{P}{RT'}$, so ist also

$$dp = -g \cdot \varrho' \cdot dz = -g \cdot \frac{p}{RT'} \cdot dz.$$

($T'$ = Temperatur der umgebenden Luft.)
Diesen Ausdruck oben eingesetzt, ergibt:

$$c_p dT = -\frac{1}{J} \cdot \frac{g \cdot T}{T'} dz$$

oder

$$\frac{dT}{dz} = -\frac{1}{J} \cdot \frac{g}{c_p} \cdot \frac{T}{T'} \tag{11}$$

Ist die Temperatur der umgebenden Luft nicht wesentlich von der des aufsteigenden Luftteilchens verschieden, so daß man $\frac{T}{T'} = 1$ setzen kann, so wird

$$\frac{dT}{dz} = -\frac{1}{J} \frac{g}{c_p} = 0{,}0097^0 \text{ C/m}.$$

Der Gradient der adiabatisch aufsteigenden Teilchen, der „adiabatische Temperaturgradient", beträgt also etwa 1° pro 100 m. Da dieser Wert nur für wolkenfreie Luft gilt, nennt man ihn den „trockenadiabatischen Temperaturgradienten".

Hat die umgebende Luft in allen Höhen die gleiche Temperatur wie das isoliert aufsteigende Teilchen, dann herrscht in ihr auch der gleiche, also der trockenadiabatische Gradient. Da auch noch die Drucke innerhalb und außerhalb des Teilchens einander gleich sind, sind es auch die Dichten. Das heißt aber, daß das aufsteigende Teilchen in jedem Punkt liegenbleiben kann, ohne einen Auf- oder Abtrieb durch archimedische Kräfte zu erfahren. Das Luftquantum befindet sich also bei einer adiabatisch geschichteten Atmosphäre (ebenso wie die Kugel auf der ebenen Platte) im indifferenten Gleichgewicht (Abb. 16a).

Anders ist es, wenn der Gradient der umgebenden Luft kleiner als 1°/100 ist (Abb. 16b). Dann wird ein nach oben verschobenes Teilchen kälter, ein nach unten verschobenes wärmer als die Umgebung, wenn es in seiner Ausgangshöhe die Temperatur der Umgebung hatte. Im ersten Fall wird es wieder absinken, im zweiten Falle wieder emporsteigen und in der ehemaligen Lage zur Ruhe kommen. Es verhält sich genau so wie die Kugel in der Schale. Die Atmosphäre ist bei einem kleineren als adiabatischen Gradienten für ein auf- bzw. absteigendes Luftteilchen stabil geschichtet. Da während des Aufsteigens keine Kondensation innerhalb des Teilchens stattfinden soll, nennen wir die Schichtung trocken-stabil.

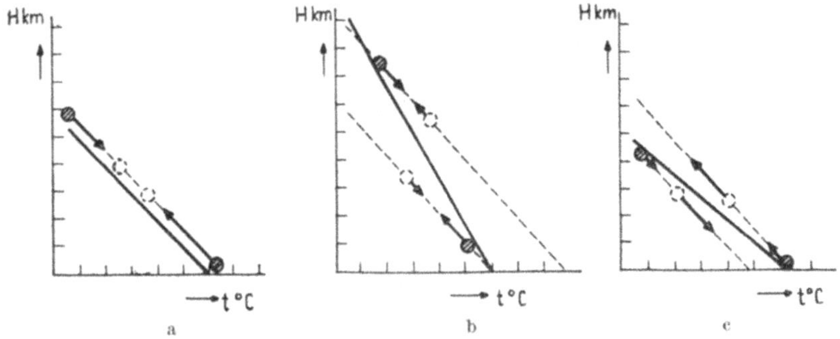


Abb. 16a—c. Hydrostatische Gleichgewichtszustände in der Atmosphäre
a) indifferent, b) stabil, c) labil

Ist der Gradient der umgebenden Luft aber größer als der adiabatische (Abb. 16c), so wird ein nach oben verschobenes Teilchen immer wärmer, ein nach unten verschobenes Teilchen immer kälter sein als die umgebende Luft. Ersteres wird also weiter emporsteigen und letzteres weiter sinken und nie wieder in seine alte Lage zurückkehren wie die Kugel auf der umgestürzten Schale. In diesem Fall ist also die Luftschicht für das aufsteigende Teilchen trocken-labil geschichtet.

Im Mittel ist die Atmosphäre stabil geschichtet. Doch kommt in den untersten 100 Metern bei Strahlungswetter auch öfters eine labile Schichtung vor. Bei diesen Wetterlagen wird der Boden durch die Sonne stärker erwärmt; die Wärme teilt sich den untersten Luftschichten mit. Wird nun an irgendeiner Stelle die Erwärmung so groß, daß der Gradient größer als 1°/100 wird, so genügt ein kleiner Anstoß, und das „überhitzte" Luftquantum steigt nach oben, und zwar wird es dort, wo seine Temperatur gleich der der Umgebung wird, wieder nach einigem Auf- und Abpendeln zur Ruhe kommen (Abb. 17). Dabei ist natürlich vorausgesetzt, daß das Teilchen nicht infolge Durchmischung mit umgebender Luft seine ursprünglichen Eigenschaften verliert, wie wir das in den untersten paar Dezimetern bei Strahlungswetter ständig erleben.

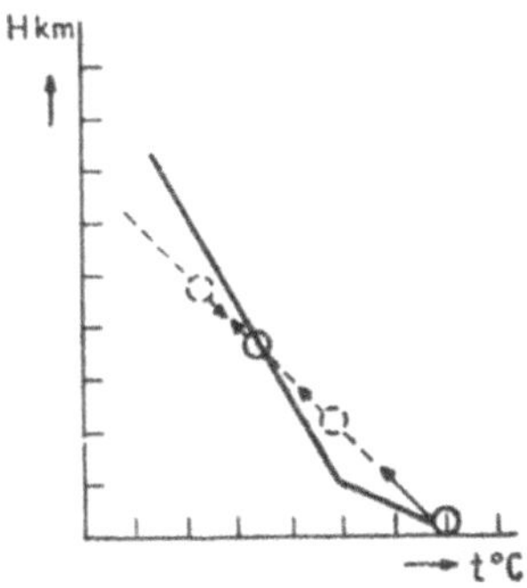


Abb. 17. Adiabatisch aufsteigendes Luftteilchen

### c) Der feuchtadiabatische Temperaturgradient und die verschiedenen Feuchtadiabaten

Beim Aufsteigen nimmt die Temperatur eines Luftteilchens um 1°/100 m ab. Steigt es hoch genug, so wird für den in dem Luftquantum vorhandenen Wasserdampf die Temperatur erreicht, bei der er beginnt zu kondensieren; denn die Luft kann bei einer bestimmten Temperatur nur eine bestimmte Menge Wasser als unsichtbares Gas (Wasserdampf) enthalten. Der für diese Temperatur überschüssige Wasserdampf fällt als Tröpfchen aus. Es beginnt die Wolkenbildung. Als Teil der Wolke steigt das Luftquantum weiter.

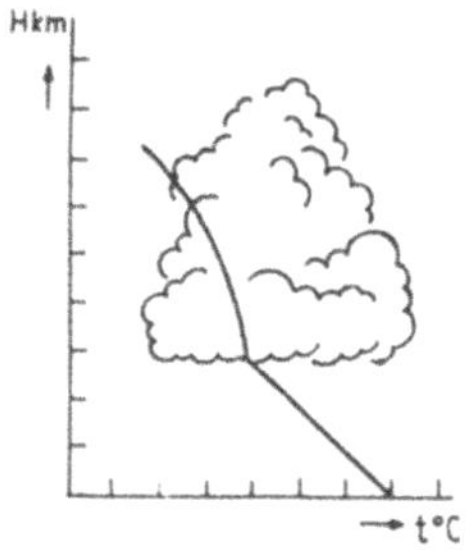


**Abb. 18. Zunächst trocken-, dann feuchtadiabatisch aufsteigendes Luftteilchen**

Durch die dabei nun dauernd stattfindende Kondensation des Wasserdampfes wird Wärme frei, die dem Luftquantum selbt zugeführt wird. Aus diesem Grunde kann seine Temperatur nicht mehr um 1°/100 m abnehmen, sondern um weniger (Abb. 18). Wollen wir für diesen Fall den Temperaturgradienten berechnen, so haben wir in unserer Ausgangsgleichung für $dq$ nicht mehr Null, sondern den Betrag der bei der Bildung der Tröpfchen freiwerdenden Kondensationswärme einzusetzen. Sinkt durch das kondensierende Wasser die spezifische Feuchte $s$, die angibt, wieviel Gramm Wasserdampf in 1 g Luft vorhanden sind, um den Betrag $ds$, so ist

$$dq = -r \cdot ds = c_v \cdot dT + p da \tag{12}$$

($r$ = die Kondensationswärme, die frei wird, wenn 1 Gramm Wasserdampf sich bei konstant gehaltener Temperatur in 1 Gramm Wasser verwandelt). Daraus ergibt sich dann wieder:

$$r ds + c_p dT = \frac{1}{J} \cdot R \cdot T \cdot \frac{dp}{p}$$

Nun ist die spezifische Feuchtigkeit $s = \frac{0{,}623 e}{p - 0{,}377 e}$. Angenähert ist dies: $= \frac{0{,}623 e \text{ gr Wasserdampf}}{p \text{ gr Luft [trockene Luft + Wasserdampf]}}$ ($e$ = Dampfdruck, $p$ = Luftdruck). In unserem Fall, wo es sich um Wolkenluft handelt, ist $e$ der bei einer bestimmten Temperatur maximal mögliche Dampfdruck. Logarithmiert man diese Gleichung und differenziert dann, so erhält man:

$$\frac{ds}{s} = \frac{de}{e} - \frac{dp}{p}$$

Setzt man für $ds$ den Wert oben ein, so erhält man nach einigen Umformungen und unter Zuhilfenahme der statischen Grundgleichung (1):

$$\frac{dT}{dz} = -\frac{\frac{1}{J} g + \frac{r \cdot s}{R \cdot T} g}{c_p + \frac{r \cdot s}{e} \cdot \frac{de}{dT}} \tag{13}$$

(Nach Magnus können wir hierin noch $\frac{1}{e}\frac{de}{dT}$ durch $\frac{4025}{(235+t)^2}$ ersetzen ($t$ = Temperatur in °C.)
Die Temperaturdruckkurve, längs der sich das aufsteigende Wolkenteilchen bewegt, nennt man Feucht- oder Pseudoadiabate.

Gleichung (13) genügt in den meisten Fällen den praktischen Bedürfnissen. Sie ist aber nicht ganz exakt; denn die Kondensationswärme $r\,ds$ erwärmt ja insgesamt die trockene Luft, den in der Wolke vorhandenen Wasserdampf $s$ und das Wasser $w$.

Nach O. Dinkelacker und F. Schnaidt kann man in der Atmosphäre im wesentlichen zwei Fälle unterscheiden:

1. Das kondensierte Wasser fällt nicht aus, d. h. der Gesamtwassergehalt bleibt während der aufsteigenden Luftbewegung konstant: In diesem Fall erhalten wir die „Wolkenadiabate";
2. das kondensierte Wasser fällt sofort aus. In diesem Fall ergibt sich die „Hauptadiabate".

Neben anderen Autoren hat O. Dinkelacker[1]) für alle praktisch in der Atmosphäre vorkommenden Adiabaten eine auf der Energiebetrachtung beruhende allgemeine Differentialgleichung aufgestellt, die sämtliche vorkommenden Fälle enthält*). Sie lautet:

$$[c_p + (M + w) \cdot c]\, dlnT - \frac{R}{J}(1 + w) \cdot dlnp + d\left(\frac{r \cdot M}{T}\right) = O \qquad (14)$$

$c$ ist die spezifische Wärme des Wassers. $M$ ist das sogenannte Mischungsverhältnis. Es gibt an, wieviel Gramm Wasserdampf sich in 1 g trockener Luft befindet. $M = \frac{0{,}623\,e}{p - e}$. Zahlenmäßig ist es praktisch gleich der spezifischen Feuchte. Wir können also im folgenden anstatt $M$ $s$ schreiben.

Sind $s$ und $w = O$, haben wir es also mit trockener Luft zu tun, so erkennt man sofort, daß dann die Gleichung der Trockenadiabate stehen bleibt.

$$c_p \frac{dT}{T} - \frac{R}{J} \cdot \frac{dp}{p} = O$$

Setzen wir $s + w = \text{const} = M$, so erhalten wir die Gleichung der Wolkenadiabate:

$$(c_p + M \cdot c) \cdot dlnT - \frac{R}{J} \cdot (1 + w)\, dlnp + d\left(\frac{r \cdot s}{T}\right) \qquad (15)$$

Fällt das Kondensat gleich aus, ist also kein flüssiges Wasser vorhanden, so geht ein Teil der Energie $= -c \cdot T \cdot dw = c \cdot T \cdot ds$ für die betrachtete Feuchtluft verloren und es ergibt sich mit der Annahme, daß $c \cdot T \cdot ds = c \cdot s \cdot dT$ die Gleichung der Hauptadiabate:

$$c_p dlnT - \frac{R}{J} \cdot dlnp + d\left(\frac{r \cdot s}{T}\right) = O \qquad (16)$$

---

[1]) Z. Meteorologie **1948**, 65.

*) Im Falle einer sich in einem verhältnismäßig schmalen Aufwindstrom bildenden Cumuluswolke wird umgebende Luft in die Wolke eingesaugt, so daß der Temperaturgradient dadurch etwas geändert wird. Von diesem Fall wollen wir aber bei unseren Betrachtungen absehen.

Da in der Atmosphäre meistens nicht nur die Wolken- oder nur die Hauptadiabate anzuwenden ist, wird die tatsächliche Feuchtadiabate zwischen beiden liegen (Abb. 19). Für den praktischen Wetterdienst genügt sogar vollkommen die durch Gleichung (*13*) dargestellte Feuchtadiabate, da die für die exakte Rechnung der Feuchtadiabate notwendigen Wärmemengen zur Erwärmung des Wasserdampfes und des flüssigen Wassers gegenüber $r \cdot ds$ nur eine untergeordnete Rolle spielen, wie es auch Koschmieder betonte. Dinkelacker und Raethjen führen noch eine Vorkondensations- bzw. Dunstadiabate ein, wobei dem Übergangsstadium von der noch verhältnismäßig sehr sichtigen Luft zur Wolke Rechnung getragen werden soll. Man nennt dieses Stadium das Vorkondensations- oder Fumulusstadium, in dem die Kondensationskerne schon stark gequollen sind und der Luft ein milchiges Aussehen verleihen. Praktisch unterscheidet sich aber diese Dunstadiabate von der Trockenadiabate nur wenig. Man kann in den meisten Fällen mit der Trockenadiabate rechnen.

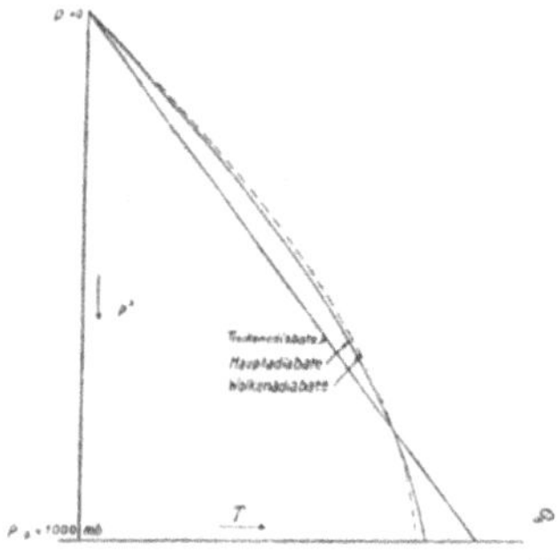

Abb. 19. Die Haupt- und die Wolkenadiabate

Die Differenz zwischen dem trockenadiabatischen und feuchtadiabatischen Gradienten ist um so größer, je mehr Wasserdampf pro Grad Temperaturabnahme kondensiert und je geringer die Luftmenge ist, die damit geheizt werden muß. Das ist bei hohen Temperaturen und tiefen Drucken der Fall. Folgende Tabelle gibt einen Überblick über den feuchtadiabatischen Gradienten in Abhängigkeit von Temperatur und Druck.

Tabelle 2

Feuchtadiabatischer Temperatur-Gradient (nach Frischmut 1932)

| | —20° | —10° | 0 | +10° | +20° | +30° C | |
|---|---|---|---|---|---|---|---|
| 1000 mb | 0,87 | 0,76 | 0,65 | 0,53 | 0,43 | 0,36 | ° C/100 m |
| 750 mb | 0,84 | 0,71 | 0,59 | 0,48 | 0,39 | 0,33 | |
| 500 mb | 0,78 | 0,64 | 0,51 | 0,41 | 0,33 | 0,29 | |
| 250 mb | 0,67 | 0,50 | 0,39 | 0,31 | 0,27 | 0,25 | |

Das noch nicht kondensierte Teilchen kann nur größere Höhen im vertikalen Aufstieg erreichen, wenn der Gradient der umgebenden Luft 1°/100 m und größer ist, oder wenn das Teilchen in seiner Ausgangshöhe schon eine Übertemperatur besaß. Da aber meistens nur in den untersten 100 Metern überadiabatischer Gradient herrscht, muß unser Teilchen auch schon in verhältnismäßig niederen Höhen wieder zur Ruhe kommen. Wie Tabelle 2 zeigt, kann dagegen ein Wolkenluftquantum, dessen Gradient bis in große Höhen kleiner als 0,7°/100 m ist, große Höhen erreichen, wenn die Temperaturabnahme mit der Höhe in der umgebenden Luft 0,7°/100 m, wie das im Mittel der Fall ist, beträgt. Im Fall eines größeren Gradienten kommt es dann zu den sehr hoch reichenden Gewitterwolken. Die Schichtung, bei der der Gradient größer als der feuchtadiabatische ist, nennt man **feuchtlabil**, und umgekehrt nennt man ihn **feuchtstabil**, wenn der Gradient kleiner als der feuchtadiabatische ist.

Die hoch aufschießenden Cumuluswolken würden weit häufiger auftreten, wenn die aufsteigende Luft nicht in vielen Fällen durch eine sogenannte „Sperrschicht“ gebremst und schließlich gestoppt würde. Diese „Sperrschicht“ nennt man Inversion oder Umkehrschicht, weil sich dort die normale Temperaturabnahme mit der Höhe umkehrt in eine Temperaturzunahme.

## d) Der thermodynamische Weg eines aufsteigenden Luftteilchens

An Hand der Abb. 20 wollen wir uns noch einmal die sehr wichtigen stabilen und labilen Verhältnisse in der Atmosphäre vor Augen führen und ein aufsteigendes Teilchen auf seinem Weg verfolgen: Durch Sonneneinstrahlung sollen die bodennächsten Schichten überadiabatisch, d. h. der Gradient größer als $1^0/100$ m geworden sein. Darüber wird der Gradient kleiner, und noch höher schließt sich eine Inversion an. Was geschieht nun mit einem vom Boden aufsteigenden Teilchen? Zunächst steigt es beschleunigt auf. Wenn es sehr trocken ist, wird es bei Punkt *B* die Temperatur der Umgebungsluft erreicht haben. Da es noch Schwung hat, wird es darüber hinwegsteigen. Dabei kommt es aber in ein Gebiet, das eine höhere Temperatur als das Teilchen selbst hat. Die Folge davon ist, daß es stark abgebremst wird und schließlich nach einigen Pendelungen in Punkt *B* zur Ruhe kommt.

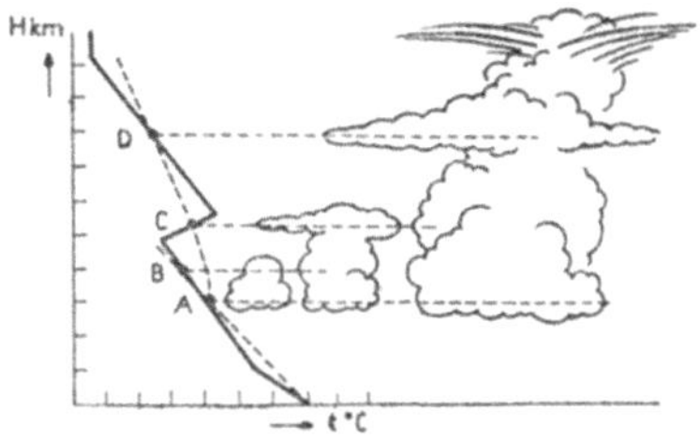


Abb. 20. Der thermodynamische Weg eines aufsteigenden Luftteilchens

Ist nun aber schon bei Punkt *A* Kondensation eingetreten, so tritt an Stelle des trockenen - der kleinere feuchtadiabatische Gradient. Das Teilchen steigt als Wolkenteil höher als *B*; aber ab *C* wird auch die aufschießende Wolkenspitze abgebremst und sinkt zurück, und die Wolke reicht nach Aufhören der Vertikalbewegungen nur von *A* bis *C*. Hat die Wolkenluft aber so viel Schwung, daß auch noch Punkt *D* erreicht wird, dann steigt die Wolkenspitze beschleunigt weiter auf, und erst an einer weiteren starken Inversion wird sie endgültig abgebremst. Diese Inversion ist bei vielen Gewittern die Stratosphärengrenze.

Durch die oft mehrfach mit Inversionen durchsetzte Schichtung der Atmosphäre erreichen auch die *Cu* je nach ihren Vertikalgeschwindigkeiten mehr oder weniger große Höhen. Die Lage der Inversionen kann man vom Boden aus an dem mehr oder weniger starken Ausbreiten der Wolken unter ihnen erkennen.

### e) Der Energieinhalt der thermodynamischen Schichtung in der Atmosphäre

Solange ein aufsteigendes Luftteilchen wärmer ist als die umgebende Luft der gleichen Höhe, wird es auf Grund des von Archimedes gefundenen Gesetzes nach oben beschleunigt. Die Beschleunigung läßt sich leicht berechnen:

Bezeichnen wir mit $\varrho$ die Dichte eines beschleunigt isoliert aufsteigenden Teilchens, so lautet seine Bewegungsgleichung ohne Berücksichtigung der Reibung [siehe II (4c)]:

$$-\frac{dp}{dz} = \varrho \cdot \frac{d^2z}{dt^2} + g\,\varrho$$

wobei $\frac{dp}{dz}$ nicht nur das Druckgefälle innerhalb des isolierten Teilchens, sondern auch das der umgebenden Luft ist. In dieser sei die Dichte $\varrho'$, so daß hier $\frac{dp}{dz} = -g\,\varrho'$ ist. Setzt man dies in die obige Gleichung ein, so erhält man:

$$g\,\varrho' = \varrho \cdot \frac{d^2z}{dt^2} + g\,\varrho$$

oder

$$\frac{d^2z}{dt^2} = g\,\frac{\varrho' - \varrho}{\varrho} \tag{17}$$

Wegen des in jedem Augenblick herrschenden gleichen Druckes inner- und außerhalb des aufsteigenden Teilchens ist $\frac{\varrho}{\varrho'} = \frac{T'}{T}$; wobei $T$ die Temperatur des Teilchens, $T'$ die der Umgebung ist.

Damit wird die Beschleunigung eines isoliert aufsteigenden Luftteilchens ohne Berücksichtigung der Reibung:

$$\frac{d^2z}{dt^2} = g\,\frac{(T - T')}{T'} = g\,\frac{\Delta T}{T'} \tag{18a}$$

Je größer also der Temperaturunterschied zwischen der umgebenden Luft und der Temperatur des aufsteigenden Teilchens ist, um so größer sind die Beschleunigungen, die das Teilchen bei seinem Aufsteigen erfährt. Bei Berücksichtigung der Reibung ist nach Raethjen (2) die Beschleunigung nur $^2/_3$ des angegebenen Wertes.

$$\frac{d^2z}{dt^2} = \frac{2}{3}\,g\,\frac{(T - T')}{T'} \tag{18b}$$

Das Teilchen in Abb. 20 würde im Falle der Wolkenbildung in $C$ die größte Geschwindigkeit haben und dann verzögert werden. Im anderen Falle, wo keine Kondensation eintritt, hätte es in $B$ die größte Geschwindigkeit, die natürlich geringer ist als die in $C$. Man sieht, daß infolge der Feuchtlabilität große Energien frei werden, die man nach Refsdal (1) folgendermaßen berechnen kann:

Die Energie, die dem um $dz$ aufsteigenden Teilchen mit der Masse 1 zugeführt wird, ist

$$dE = \frac{d^2z}{dt^2}\,dz = g\,\frac{\Delta T}{T'}\,dz$$

Wegen $dp = -g\cdot\varrho'\,dz$ und $\frac{p}{\varrho'} = R\cdot T'$ folgt: $dE = -\frac{\Delta T\cdot dp}{T'\cdot\varrho'} = -\frac{\Delta T\cdot R\cdot dp}{p}$ oder integriert:

$$\int_{E_1}^{E_2} dE = \int_{p_1}^{p_2} \Delta T\cdot R\cdot d\ln p \tag{19}$$

Wenn man also den Druck logarithmisch als Ordinate aufträgt und die Temperatur im linearen Maßstab als Abszisse, so ist die Energie, die einem aufsteigenden Teilchen beim Aufstieg von $p_1$ nach $p_2$ zugeführt wird, proportional der Fläche, die begrenzt wird von der Kurve, auf der das Teilchen seine Temperatur ändert, also der Adiabate, der Temperatur-Druckkurve der umgebenden Luft und den Isobaren $p_1$ und $p_2$ (Abb. 21).

### f) Die Aufwindgeschwindigkeiten im thermischen Aufwind

Diese Energien, die bei einer feuchtadiabatischen Schichtung aufgespeichert sind, stellen sehr wirkungsvolle Energiespender für wetterwirksame Vorgänge dar.

Aus Gleichung (18b):

$$\frac{d^2z}{dt^2} = \frac{2}{3}\,g\,\frac{(T - T')}{T'}$$

kann man nach Raethjen auch die Geschwindigkeit berechnen, die ein beschleunigt aufsteigendes Luftteilchen erhält; denn man kann die Formel durch Erweitern mit $dz$ umschreiben zu:

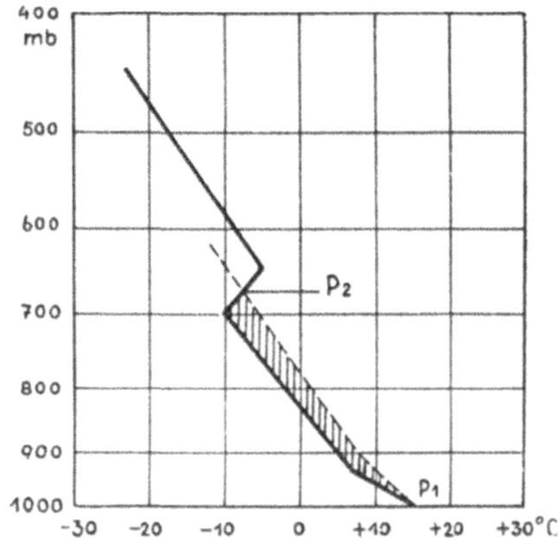

Abb. 21. Das Energie-Massen-Diagramm (nach Refsdahl)

$$d\left(\frac{1}{2}\frac{dz}{dt}\right)^2 = \frac{2}{3}\,g\,\frac{(T - T')}{T'}\,dz$$

Integriert von Höhe $z_1$ bis zur Höhe $z_2$ ergibt sich das Quadrat der Vertikalgeschwindigkeit:

$$w^2 = \frac{4}{3}\,g\int_{z_1}^{z_2}\frac{T - T'}{T'}\,dz$$

In der Nähe von 0° C ist näherungsweise

$$w^2 = 0.05\int_{z_1}^{z_2}(T - T')\,dz \tag{20}$$

Dies gilt für den Fall, daß sich keine Wolken bilden, d. h. $T$ = Temperatur auf der Trockenadiabate.

Bilden sich beim Aufstieg Wolken, so gilt dann für die aufsteigende Wolkenluft:

$$\frac{d^2z}{dt^2} = \frac{2}{3} g \, \frac{T'' - T'}{T'},$$

wobei $T''$ jetzt die Temperatur der längs der Feuchtadiabaten aufsteigenden Wolkenluft ist. Fällt nun das kondensierte Wasser $W$ nicht als Regen aus, so muß es mit gehoben werden, und es ist dann:

$$\frac{d^2z}{dt^2} = \frac{2}{3} g \left( \frac{T'' - T'}{T'} - W \right)$$

Wenn $W$ Gramm Wasser kondensieren, wird die Kondensationswärme $q = W \cdot r$ cal frei ($r$ = Verdampfungswärme)! Da aber $q = c_p \, (T'' - T)$ und $r = 606{,}6 - 0{,}695 \, (T - 273)$ ist, ist

$$W = \frac{0{,}241 \, (T'' - T)}{606{,}5 - 0{,}695 \, (T - 273)}$$

und es wird in diesem Fall nahe 0° C

$$w^2 = 0{,}05 \int_{E_1}^{E_2} \left[ T'' - T' - 0{,}11 \, (T'' - T) \right] ds \qquad (21\,b)$$

Abb. 22. Das Stüwe-Diagrammpapier

Um die Stabilitäts- und Energieverhältnisse einer Luftmasse rasch übersehen zu können, zeichnet man die durch einen Flugzeug-, Drachen- oder Radiosondenaufstieg gewonnenen Werte des Druckes, der Temperatur und der relativen Feuchtigkeit in ein Diagrammpapier ein. Im deutschen Wetterdienst ist als solches das von Stüve entworfene „Stüve-Diagrammpapier“ (Abb. 22) eingeführt. Neben den Isobaren und Isothermen sind als wesentliche Kurven noch eingezeichnet: Die Trockenadiabaten (schrägliegende, von rechts unten nach links oben gehende, ausgezogene, grüne Graden), die Feuchtadiabaten (von rechts unten nach links oben gehende, ausgezogene, gekrümmte braune Linien), die Linien maximaler spezifischer Feuchtigkeit (braun gestrichelte, von rechts unten nach links oben gehende, leicht gekrümmte Kurven). Liegt die eingezeichnete Temperaturdruckkurve steiler als die Trockenadiabate, so ist die Schicht trockenstabil, liegt sie flacher, so ist sie trockenlabil. Entsprechendes gilt für die Lage der Zustandskurve in bezug auf die Feuchtadiabaten. Liegt die Kurve steiler als die Feuchtadiabate, so ist die Schichtung feuchtstabil, liegt sie flacher, so ist sie feuchtlabil. Diese letzten Definitionen haben natürlich nur Sinn, wenn innerhalb des Luftquantums bereits Kondensation eingetreten ist. Um das Kondensationsniveau, von dem ab diese Definitionen sinnvoll angewandt werden dürfen, für vom Boden aufsteigende Luftmassen zu bestimmen, entnimmt man dem Stüve-Papier die für die jeweiligen Bodentemperaturen und den dazugehörigen Druck maximal mögliche spezifische Feuchtigkeit. Herrscht z. B. am Boden eine relative Feuchtigkeit von 50% (die relative Feuchtigkeit trägt man meistens so ein, daß man 1° C auf der Abszissenachse = 10% setzt), so befindet sich nur die Hälfte des maximal möglichen Wasserdampfes in der Luftmasse. Diese kann dann so weit aufsteigen und sich dabei trockenadiabatisch abkühlen, bis sie nur mehr diese 50% der Bodenfeuchtigkeit maximal aufnehmen kann. Der Schnittpunkt der Linie dieser maximalen spezifischen Feuchtigkeit mit der durch den Bodenpunkt gehenden Trockenadiabate stellt also das Kondensationsniveau dar.

### g) Die potentiellen und pseudopotentiellen Temperaturen

Wenn man Gleichung (10) (II5b) etwas umschreibt, lautet sie

$$\frac{dT}{T} = k \cdot \frac{dp}{p}\text{; wobei } k = \frac{1}{J}\frac{R}{c_p} = 0{,}2884 \text{ ist.}$$

Integriert man diese Gleichung, so erhält man die Poissonsche Gleichung:

$$\frac{T}{T_0} = \left(\frac{p}{p_0}\right)^k \tag{22}$$

Diese Gleichung bedeutet, daß ein Luftteilchen unter dem Druck $p$ und der Temperatur $T$ längs der Adiabate schließlich unter den Druck $p_0$ und die Temperatur $T_0$ gebracht werden kann (Abb. 23). Definieren wir nun mit W. von Betzold den Druck $p_0 = 1000$ mb, so würden in einer adiabatisch geschichteten Atmosphäre alle von einer beliebigen Höhe aus unter den Druck

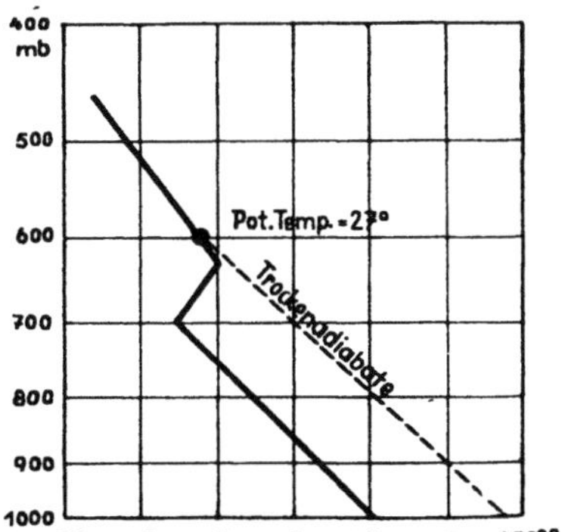


Abb. 23. Definition der potentiellen Temperatur

$p_o = 1000$ mb gebrachten Teilchen die gleiche Temperatur $T_o$ bekommen. W. von Betzold nannte diese Temperatur „Potentielle Temperatur" mit der Bezeichnung $\vartheta$. $\vartheta$ ist also längs einer Adiabate konstant. Diese Aussage können wir auch noch formelmäßig belegen. Dazu logarithmieren und differenzieren wir Gleichung (22) und erhalten, wenn wir anstatt $T_o = \vartheta$ setzen:

$$\frac{d\,\vartheta}{\vartheta} = \frac{dT}{T} - k \cdot dp$$

Andererseits ist nach Umschreibung von (9) unter Berücksichtigung von:

$$c_v dT = -\frac{1}{J} R \cdot dT + \frac{1}{J}\, adp$$

$$\frac{dT}{T} - k \cdot \frac{dp}{p} = \frac{dq}{T} c_p$$

Also ist

$$\frac{d\,\vartheta}{\vartheta} = \frac{dq}{T} c_p = dSc_p,$$

wobei die Größe $S$ mit „Entropie" bezeichnet wird. Längs der Adiabate ist aber die Entropie konstant, also $dS = 0$ und damit auch $d\vartheta$. Allgemein werden Linien gleicher potentieller Temperatur Isentropen genannt.

Ist die Atmosphäre stabil geschichtet, so nimmt die potentielle Temperatur nach oben zu, ist sie labil geschichtet, so nimmt sie ab.

Führen Luftmassen Vertikalbewegungen durch, so ändert sich dabei wohl ihre Temperatur, nicht aber, da die Bewegungen adiabatisch verlaufen, ihre potentielle Temperatur, vorausgesetzt, daß keine Kondensation auftritt. Unter Berücksichtigung dieser Voraussetzung kann man also entscheiden, ob es sich bei den an verschiedenen Orten angetroffenen Luftmassen um ein und dieselbe Luftmasse handelt — obwohl die Temperaturen in gleichen Höhen verschieden sind — oder ob es verschiedene Luftmassen sind. Die potentielle Temperatur ist also für eine Luftmasse, solange sie nicht kondensiert, eine charakteristische Größe.

Kommt es innerhalb einer Luftmasse zur Kondensation, so tritt eine andere Größe als charakteristisch für die entsprechende Luftmasse an Stelle der potentiellen Temperatur, die „Pseudopotentielle" Temperatur.

Zu ihrer Herleitung betrachten wir zunächst die einfachere Gleichung der Hauptadiabate:

$$c_p dlnT - \frac{R}{J} \cdot dlnp + d\left(\frac{r \cdot s}{T}\right) = 0.$$

Integriert und durch $c_p$ dividiert lautet sie:

$$ln\frac{T}{T_0} - k \cdot ln\frac{p}{p_o} + \left(\frac{r \cdot s}{c_p T} - \frac{r_0 \cdot s_0}{c_p \cdot T_0}\right) = 0.$$

oder — nachdem wir noch für $\frac{r \cdot s}{c_p T} = \varphi$ setzen und potenzieren:

$$\left(\frac{p_0}{p}\right)^k = \frac{T_0}{T} \cdot \frac{e^{\varphi_0}}{e^{\varphi}}; \tag{23}$$

Also:

$$T_0 \cdot e^{\varphi_0} = T \cdot e^{\varphi} \left(\frac{p_0}{p}\right)^k = \Theta_h$$

$\Theta_h$ ist die charakteristische Größe der Hauptadiabate. Den Ausdruck $T \cdot e^{\varphi} = T_{ps}$ nennen wir die *Pseudotemperatur*. Wir wollen $e^{\varphi}$ noch in eine Reihe entwickeln und können dabei nach dem zweiten Glied abbrechen. Man erhält dann:

$$T_{ps} = T e^{\frac{r \cdot s}{c_p \cdot T}} \approx T\left(1 + \frac{r \cdot s}{c_p T}\right) \approx T + \frac{r \cdot s}{c_p} = T_a$$

Die Näherung stellt die Äquivalenttemperatur dar. Das heißt: *Die Äquivalenttemperatur ist gleich der Temperatur der Luft plus dem Zuschlag, der durch die Kondensation des in der Luft enthaltenen Wasserdampfes zustande kommt.* Die Pseudotemperatur liegt entsprechend der Gleichung (23) auf der Trockenadiabate, die bei 1000 mb die Temperatur $T_0 + \frac{r_0 s_0}{c_p} = \vartheta + \frac{r_0 s_0}{c_p} \approx \Theta_h$ erreicht. $\Theta_h$ ist also die „potentielle Pseudotemperatur" oder wie sie *Stüve* nannte, die „*Pseudopotentielle Temperatur*".

Die pseudopotentielle Temperatur für einen Punkt der Zustandskurve erhält man, indem man den bei diesem Punkt in der Luftmasse vorhandenen Wasserdampf kondensieren läßt und die dadurch erwärmte Luft auf den Druck 1000 mb bringt.

Anders formuliert lautet dieser Satz folgendermaßen: Um die pseudopotentielle Temperatur irgendeines Punktes auf der Zustandskurve zu erhalten, kühlt man das Luftquantum längs der Feuchtadiabate so weit ab, bis aller darin vorhandene Wasserdampf kondensiert ist und bringt diese vollkommen trockene Luft längs der Trockenadiabaten bis auf 1000 mb.

Wenn wir der Vollständigkeit halber auch noch die entsprechenden Temperaturen der Wolkenadiabate betrachten wollen, so integrieren wir die Gleichung (15) von $T_0$ bis $T$ und setzen:

$$\frac{r \cdot s}{c_p \cdot T} = \varphi \text{ und } \frac{\overline{M} \cdot c}{c_p} = \psi$$

Man erhält dann:

$$T^{1+\psi} \cdot e^{\varphi} \cdot \left(\frac{p_0}{p}\right)^k = T_0^{1+\psi} e^{\varphi_0} = \text{const} = \Theta_w \tag{24}$$

$\Theta_w$ ist die charakteristische Konstante der Wolkenadiabate. Außerdem können wir setzen:

$$T^{1+\psi} e^{\varphi} = T \cdot e^{\varphi + \psi \ln T} = T_{aw}$$

Diese Größe wollen wir nach *Dinkelacker* die „*Totale Pseudotemperatur*" bezeichnen. Sie ist diejenige Temperatur, die die Luft erhalten würde, wenn ihr der Gesamtwärmegehalt des in ihr enthaltenen Wasserdampfes und flüssigen Wassers zugeführt würde. In erster Näherung können wir wieder die $e$-Potenz in eine Reihe entwickeln und nach dem zweiten Glied abbrechen. Dann ist:

$$T_{aw} \approx \left(T + \frac{r \cdot s}{c_p}\right) \cdot T^{\frac{\overline{M} \cdot c}{c_p}} \tag{25}$$

Im allgemeinen wird man aber in der Praxis nur die Äquivalenttemperatur oder die Pseudotemperatur benutzen.

Abb. 24 zeigt noch einmal zusammenfassend die Trockenadiabate, die Haupt- und Wolkenadiabate und die zugeordneten potentiellen und pseudopotentiellen Temperaturen.

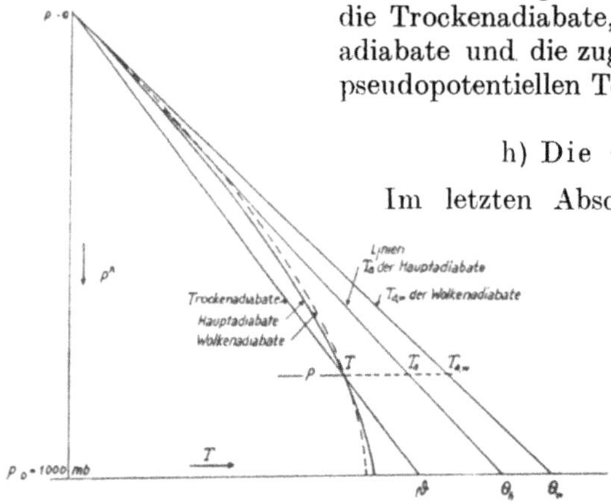


Abb. 24. Die verschiedenen Adiabaten mit den dazugehörigen Temperaturen. $T$ = Aktuelle Temperatur, $T_a$ = Äquivalent- oder Pseudotemperatur, $T_{aw}$ = Totale Pseudotemperatur, $\vartheta$ = Potentielle Temperatur $\Theta_h$ = Pseudopotentielle Temperatur, $\Theta_w$ = Totale pseudopotentielle Temperatur (nach Dinkelacker)

### h) Die Gleitlabilität

Im letzten Abschnitt sahen wir, daß bei vertikal labil geschichteter Atmosphäre, bei der also die potentielle Temperatur mit der Höhe abnimmt $\left(\frac{d\vartheta}{dz} < 0\right)$, ein aus seiner Gleichgewichtslage ein klein wenig nach oben oder unten verschobenes Teilchen beschleunigt weiter auf- bzw. absteigt und daß bei vertikal stabil geschichteten Luftmassen $\left(\frac{d\vartheta}{dz} > 0\right)$ das aus seiner Gleichgewichtslage nach oben oder unten verschobene Teilchen wieder in diese einschwingt. Wir werden nun im Folgenden sehen, daß z. B. ein Teilchen auch beschleunigt aufsteigen kann, ohne daß die vertikale Schichtung labil ist, und in seine Gleichgewichtslage zurückwandern kann, ohne daß sie stabil ist. Die Bewegungsrichtung des Teilchens liegt dann aber nicht mehr in der Vertikalen, sondern irgendwie schräg. Wir werden sehen, daß für die Auf- bzw. Abwärtsbewegung eines Luftteilchens nicht nur das statische Gleichgewicht zwischen der vertikal wirkenden Kräfte, also der Schwerkraft und dem vertikalen Druckgradienten, sondern auch das „dynamische" zwischen der Kraft der ablenkenden Erdrotation und der horizontalen Druckgradientkraft berücksichtigt werden muß. Auf diese Tatsache hat zum erstenmal neben H. Ertel[1]) besonders E. Kleinschmidt[2]) aufmerksam gemacht. Wir werden im Folgenden aber zunächst im wesentlichen einer Ableitung nach F. Möller[3]) folgen, die uns geeignet erscheint, den Sachverhalt recht deutlich zu machen.

Das vorgegebene Druck- und Temperaturfeld sei nur von $x$ und $z$ abhängig. Isobaren und Isothermen verlaufen also parallel der $x$-Achse $\left(\frac{\partial p}{\partial y} = 0; \frac{\partial T}{\partial y} = 0\right)$. Daß wir nur die $x$- und $z$-Richtung zu betrachten haben, deuten wir durch das runde Differentialzeichen $\partial$ an.

---

[1]) M.Z. 57, 397. [2]) M.Z. 58, 157. [3]) M.Z. 60, 269.

Für das bewegte Teilchen gelten dann die Bewegungsgleichungen (4):

$$\frac{du}{dt} = -\frac{1}{\varrho} \cdot \frac{\partial p}{\partial x} + lv$$

$$\frac{dv}{dt} = -l \cdot u$$

$$\frac{dw}{dt} = -\frac{1}{\varrho} \frac{\partial p}{\partial t} - g$$

Alle Vorgänge sollen adiabatisch verlaufen. Deshalb ersetzen wir besser $\varrho$ durch $\vartheta$ (potentielle Temperatur).
Aus Gleichung (22) erhält man mit Hilfe der Gasgleichung

$$\left(\frac{p}{1000}\right)^k = \left(\frac{\varrho}{\varrho_0}\right)^{\frac{k}{1-k}}; \; \varrho_0 = \frac{R \cdot \vartheta}{1000}$$

und daraus nach einfacher Umrechnung:

$$\varrho = \frac{p}{R \cdot \vartheta}\left(\frac{1000}{p}\right)^k$$

Damit wird $\frac{1}{\varrho} \frac{\partial p}{\partial x} = R \cdot \vartheta \cdot 1000^{-k} \cdot p^{k-1} \cdot \frac{\partial p}{\partial x} = c \cdot \vartheta \cdot \frac{\partial p^k}{\partial x}$;
wobei $c = R \cdot 1000^{-k} \cdot p^{k-1}$ ist.
Setzt man das in Gleichung (4) ein und kennzeichnet durch den Index $i$, daß diese Gleichungen für die Bewegung eines Luftindividuums gelten, so ist:

$$\begin{aligned} \frac{du_i}{dt} &= -c \cdot \vartheta_i \frac{\partial p_i^k}{\partial x} + l \cdot v_i \\ \frac{dv_i}{dt} &= -l \cdot u_i \\ \frac{dw_i}{dt} &= -c \cdot \vartheta_i \frac{\partial p_i^k}{\partial z} - g \end{aligned} \tag{26}$$

Für die Umgebung soll beschleunigungsfreie, stationäre Bewegung herrschen, also geostrophischer Wind. Wir versehen zur Kennzeichnung die Komponenten des geostrophischen Windes mit $g$ und die potentielle Temperatur sowie den Druck für „außen" mit $a$.

$$\begin{aligned} 0 &= -c \cdot \vartheta_a \frac{\partial p_a^k}{\partial x} + l \cdot v_g \\ 0 &= l \cdot u_g \\ 0 &= -c \cdot \vartheta_a \frac{\partial p_a^k}{\partial z} - g \end{aligned} \tag{27}$$

Kommt das Teilchen in das Druck- und Temperaturfeld der Umgebung, so ist in jedem Augenblick natürlich der Druck des Teilchens gleich dem der Umgebung, und seine potentielle Temperatur bleibt bei seiner Bewegung konstant.

Also $p_i = p_a = p$
und $\vartheta_i = \text{const}$

Aus der 2. Gleichung (26) folgt durch Integration:

$$v_i - v_{go} = -l\,(x_i - x_0)$$

Durch Einsetzen der Gleichungen für außen (27) in die für das Individuum (26) erhält man:

$$\begin{aligned} \frac{du_i}{dt} &= -\frac{\vartheta i}{\vartheta_a}\cdot l\cdot v_g + l\,[v_{g_0} - l\,(x_i - x_0)] \\ \frac{dw_i}{dt} &= \frac{\vartheta i}{\vartheta_a} g - g \end{aligned} \tag{26a}$$

Da sich der Wind und die potentielle Temperatur von Ort zu Ort ändert, müssen wir sie in eine Taylor-Reihe entwickeln, wobei der Ausgangswert für $v_g = v_{g_0}$ und für $\vartheta_a = \vartheta_{a_0} = \vartheta_i$ ist.

Also:
$$\frac{1}{\vartheta_a} = \frac{1}{\vartheta_i} - \frac{1}{\vartheta_a^2}\cdot\frac{\partial\vartheta_a}{\partial x}\cdot\Delta x - \frac{1}{\vartheta_a^2}\cdot\frac{\partial\vartheta_a}{\partial z}\cdot\Delta z + \ldots.$$
und
$$\frac{v_g}{\vartheta_a} = \frac{v_{g_0}}{\vartheta_i} + \frac{\partial}{\partial x}\cdot\left(\frac{v_g}{\vartheta_a}\right)\cdot\Delta x + \frac{\partial}{\partial z}\left(\frac{v_g}{\vartheta_a}\right)\cdot\Delta z + \ldots. \tag{28}$$

Setzen wir (28) in (26a) ein, so erhalten wir, indem wir die quadratischen Größen mit $\Delta x$ und $\Delta z$ als Größen 2. Ordnung vernachlässigen:

$$\begin{aligned} \frac{du_i}{dt} &= -l\vartheta_i\frac{\partial}{\partial x}\left(\frac{v_g}{\vartheta_a}\right)\cdot\Delta x - l\cdot\vartheta_i\frac{\partial}{\partial z}\left(\frac{v_g}{\vartheta_a}\right)\cdot\Delta z - l^2\,\Delta x \\ \frac{dw_i}{dt} &= -g\frac{\vartheta_i}{\vartheta_a^2}\cdot\frac{\partial\vartheta_a}{\partial x}\cdot\Delta x - g\frac{\vartheta_i}{\vartheta_a^2}\cdot\frac{\partial\vartheta_a}{\partial z}\cdot\Delta z \end{aligned} \tag{29}$$

Wir können dies in die Form schreiben:

$$\begin{aligned} \frac{du_i}{dt} &= -A\cdot\Delta x - B\cdot\Delta z \\ \frac{dw_i}{dt} &= -B\cdot\Delta x - C\cdot\Delta z \end{aligned} \tag{30}$$

So haben wir also die Beschleunigungen in Abhängigkeit von Verschiebungen des Teilchens um die Strecken $\Delta x$ bzw. $\Delta z$ ausgedrückt. In Gleichung (30) bedeuten:

$$\begin{aligned} A &= l\cdot\vartheta_i\frac{\partial}{\partial x}\left(\frac{v_g}{\vartheta_a}\right) + l^2 \\ B &= l\cdot\vartheta_i\frac{\partial}{\partial z}\left(\frac{v_g}{\vartheta_a}\right) = g\cdot\frac{\vartheta_i}{\vartheta_a^2}\cdot\frac{\partial\vartheta_a}{\partial x} \\ C &= g\cdot\frac{\vartheta_i}{\vartheta_a^2}\cdot\frac{\partial\vartheta_a}{\partial z} \end{aligned} \tag{31}$$

Die beiden Werte für $B$ erhält man durch Differentiation der 1. Gleichung (27) nach $z$ und der 3. nach $x$.

Diese Größen kennzeichnen das Temperatur- und Windfeld der Umgebung mit Hilfe der vertikalen und horizontalen Gradienten.

Rein qualitativ können wir schon aus (30) erkennen, daß, wenn $C$ positiv ist, d. h. wenn $\frac{\partial\vartheta_a}{\partial z}$ positiv ist ($\partial_i$ und $\partial_a^2$ sind immer positive

Größen), $\frac{\partial w_i}{\partial t}$ positiv wird, wenn nur der Faktor $B \cdot \Delta x$ negativ und sein absoluter Betrag größer als $C \cdot \Delta z$ ist, daß also bei stabil geschichteter Atmosphäre Beschleunigungen auf ein Teilchen mit Komponenten in der Vertikalen auftreten können, und daß andererseits die Luftmasse dynamisch stabil sein kann, wenn $\frac{\partial \vartheta_a}{\partial z} < 0$ ist.

Wann herrscht nun Indifferenz in bezug auf das Teilchen? Augenscheinlich dann, wenn $du_i = dw_i = 0$
Dann ist:

$$A \cdot C - B^2 = 0$$

Berücksichtigt man dies, so erhält man für die Neigung der Ebene, in der die Bewegung im Indifferenzfall stattfinden muß.

$$\frac{\Delta z}{\Delta x} = -\frac{B}{C}$$

Wie man aus (31) erkennt, ist das die Tangentialebene an die Fläche gleicher potentieller Temperatur, die man Isentropenfläche nennt. Auf ihr herrscht also indifferentes Gleichgewicht.

Wie sieht nun im Falle der Indifferenz das Windfeld längs der Isentropen aus? Wir folgen nun Kleinschmidt und schreiben zu diesem Zweck $A - B \cdot \frac{B}{C} = 0$. Setzt man die Werte aus (31) ein, so erhält man:

$$\vartheta_i \left[\frac{\partial}{\partial x}\left(\frac{v_g}{\vartheta_a}\right) - \frac{\partial}{\partial z}\left(\frac{v_g}{\vartheta_a}\right) \cdot \left(\frac{\partial \vartheta_a}{\partial x} : \frac{\partial \vartheta_a}{\partial z}\right)\right] = -l$$

Daraus ergibt sich unter der Berücksichtigung, daß

$$\delta = \frac{\partial}{\partial x} dx + \frac{\partial}{\partial z} dz$$

und somit

$$\frac{\delta}{\delta x} = \frac{\partial}{\partial x} - \frac{\partial}{\partial z}\left(\frac{\partial \vartheta_a}{\partial x} : \frac{\partial \vartheta_a}{\partial z}\right)$$

wobei $\frac{\delta}{\delta x}$ die Ableitung nach $x$ auf der Isentropenfläche bedeutet:

$$\vartheta_i \frac{\delta}{\delta x}\left(\frac{v_g}{\vartheta_a}\right) = -l$$

Da aber $\frac{\delta \vartheta_a}{\delta x} = 0$ und $\vartheta_i = \vartheta_a$, so folgt:

$$\frac{\delta v_g}{\delta x} = -l \tag{32}$$

Befindet sich also ein Teilchen bei seiner Bewegung auf den Isentropen im indifferenten Gleichgewicht, so muß das Windgefälle auf diesen in $x$-Richtung $= \frac{\delta v}{\delta x} = -l$ sein.

Dieses Ergebnis kann man auch noch anders ableiten:
Wir gehen von den Gleichungen (4) und (27) aus, indem wir in (27) wieder $\varrho$ anstatt $\vartheta$ einsetzen.
Dann lautet diese Gleichung für die Umgebung („außen"):

$$u_g = 0$$

$$v_g = \frac{1}{l \cdot \varrho_a} \cdot \frac{\partial p}{\delta x} \tag{27a}$$

$$\varrho_a = \frac{1}{g} \cdot \frac{\partial p}{\partial z}$$

In diesem Druckfeld ist nun:

$$\frac{d}{dt}\left(-\frac{1}{\varrho_a}\frac{\partial p}{\partial x}\right) = u_g \frac{\delta}{\delta x}\left(-\frac{1}{\varrho_a}\frac{\partial p}{\partial x}\right) \tag{33}$$

denn

$$\frac{d}{dt} = \frac{\partial}{\partial t} + u\frac{\partial}{\partial x} + v\frac{\partial}{\partial y} + w \cdot \frac{\partial}{\partial t} \tag{34}$$

Hierin bedeuten: $\frac{d}{dt}$ den individuellen, $\frac{\partial}{\partial t}$ den lokalen und $u \cdot \frac{\partial}{\partial x} + v\frac{\partial}{\partial y} + w \cdot \frac{\partial}{\partial t}$ den advektiven Differentialquotienten.

Wegen der vorausgesetzten stationären Strömung und ihrer Parallelität zur $y$-Achse ist $\frac{\partial}{\partial t}$ und $\frac{\partial}{\partial y} = 0$. Die beiden anderen Glieder der rechten Seite von (34) ergeben zusammen $u_g \frac{\delta}{\delta x}$; ($\frac{\delta}{\delta x}$ ist wieder die lokale Ableitung nach $x$ auf der Isentropenfläche),

Die ersten beiden Gleichungen von (4) führen dann zusammen mit $\frac{\partial p}{\partial y} = 0$ zu:

$$\frac{d^2u}{dt^2} = \left[-l^2 + \frac{\delta}{\delta x}\left(-\frac{1}{\varrho_a} \cdot \frac{\partial p}{\partial x}\right)\right] u_g \tag{35}$$

Ist in dieser Gleichung das zweite Glied in der eckigen Klammer $= 0$, so wird $\frac{d^2u}{dt^2} = -l^2 u_g$. Das ist aber die Gleichung einer harmonischen Schwingung. Sie ist der Grundbewegung des geostrophischen Windes überlagert. Die stabilisierende Wirkung der ablenkenden Kraft der Erdrotation ($l^2 > 0$) verhindert ein Abwandern des Teilchens, seine Lage ist stabil. Wenn aber

$$\frac{\delta}{\delta x}\left(-\frac{1}{\varrho_a}\frac{\partial p}{\partial x}\right) > +l^2$$

wird, so wird die eckige Klammer positiv. Die ablenkende Kraft der Erdrotation kann dann der Gradientkraft nicht mehr standhalten, ihre Wirkung reicht nicht mehr zur Stabilisierung aus, das Teilchen schwingt nicht mehr um seine Gleichgewichtslage, sondern entfernt sich immer mehr davon. Wir nennen diesen Zustand mit Möller „dynamisch labil".

Beachten wir die 2. Gleichung von (27a), so besagt also die Labilitätsbedingung:

$$\frac{\delta v_g}{\delta x} < -l$$

Halten sich die beiden Ausdrücke in der eckigen Klammer von (35) die Waage, so besteht indifferentes Gleichgewicht. Dann ist also $\frac{\delta v_g}{\delta x} = -l$, was zu beweisen war. Ist andererseits $\frac{\delta v_g}{\delta x} > -l$, so herrscht stabiles Gleichgewicht.

Wir müssen also 4 Stabilitätskriterien unterscheiden:

1. Die total stabile Anordnung

$$\frac{\partial \vartheta}{\partial z} > 0; \frac{\delta v_g}{\delta x} > -l$$

2. die partiell-stabile Anordnung bei hydrostatischer Stabilität

$$\frac{\partial \vartheta}{\partial z} > 0; \frac{\delta v_g}{\delta x} < -l$$

3. die partiell-labile Anordnung bei hydrostatischer Labilität

$$\frac{\partial \vartheta}{\partial z} < 0; \frac{\delta v_g}{\delta x} > -l$$

4. die total-labile Anordnung

$$\frac{\partial \vartheta}{\partial z} < 0; \frac{\delta v_g}{\delta x} < -l$$

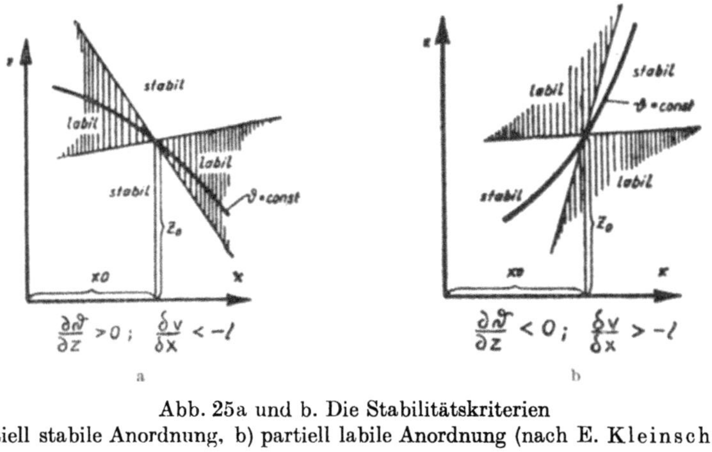


Abb. 25a und b. Die Stabilitätskriterien
a) partiell stabile Anordnung, b) partiell labile Anordnung (nach E. Kleinschmidt)

An den Grenzen der vier Bereiche ist $\frac{\delta v_g}{\delta x} = -l$. Die Fälle der partiell-stabilen bzw. partiell-labilen Anordnung sind in Abb. 25 dargestellt.

Wir sehen also, daß trotz der hydrostatischen Stabilität (Abb. 25a) um die Isentropenfläche labile Sektoren und daß trotz hydrostatischer Labilität (Abb. 25b) stabile Sektoren vorhanden sind, daß also, wie bereits oben erwähnt, trotz stabiler Schichtung Schräglabilität vorhanden sein kann oder anders ausgedrückt, daß bei geeignetem Windgefälle vor der allgemeinen Labilität „Schräglabilität" herrscht. Die Luftquanten steigen dann zwar nicht senkrecht, sondern schräg nach oben beschleunigt auf.

Der Luftmassenaustausch in der Atmosphäre geht nun im allgemeinen längs der Isentropen vor sich, da sie ja die Gleichgewichtsflächen der auf- oder absteigenden Luftteilchen darstellen. Ist die Luft noch ungesättigt, so kommen dafür die Trockenisentropen = Trockenadiabaten, ist sie gesättigt, die Feuchtisentropen = Feuchtadiabaten in Betracht.

Bei dynamischer Labilität müßte $\frac{\delta v_g}{\delta x} < -l$ sein, bei Indifferenz $\frac{\delta v_g}{\delta x} = -l$ sein. In unseren Breiten ist $l$ etwa $10^{-4} \frac{1}{\text{sec}}$. Das würde bedeuten, daß der Wind im indifferenten Gleichgewicht längs der Isentropenfläche auf 100 m etwa 10 m/sec zu- bzw. abnehmen müßte.

Wenn die Luftquanten aber längs der Isentropenflächen auf- und absteigen, so sollte man annehmen, daß sich ihre Geschwindigkeiten dadurch nach und nach ausgleichen. Im nächsten Abschnitt werden wir aber sehen, daß auf der rotierenden Erde gerade dieses Windgefälle ein Teilchen durchläuft, das aus seiner Gleichgewichtsruhelage gestoßen wird.

### i) Der Trägheitskreis

Wir denken uns einen Massenpunkt auf der rotierenden Erde im Ruhegleichgewicht, d. h. auf ihn wirken keine horizontalen Kräfte, so daß er während der Erddrehung auf der Stelle liegen bleibt. Man sieht aus Abb. 26a leicht ein, daß das auf einer Kugel nicht möglich ist; denn auf einer sich drehenden Kugel hat die Schwerkraft $G$ stets eine Komponente $G_\lambda$, die nach dem Äquator gerichtet ist, und die durch keine andere Kraft kompensiert wird. Das Wasser und die früher einmal mehr oder weniger flüssige Erdoberfläche werden also bei der Erddrehung nach dem Äquator abgewandert sein, und zwar so lange, bis die Newtonsche Massenanziehungskraft (Attraktionskraft) $A$ und die Zentrifugalkraft $Z$ zusammen eine Resultierende $G$ (Schwerkraft) ergaben, die senkrecht auf der Erdoberfläche stand (Abb. 26b). Dadurch hat unsere Erde die abgeplattete Form erhalten, die sich so auswirkt, daß der Polhalbmesser etwa 6357 und der Äquatorhalbmesser etwa

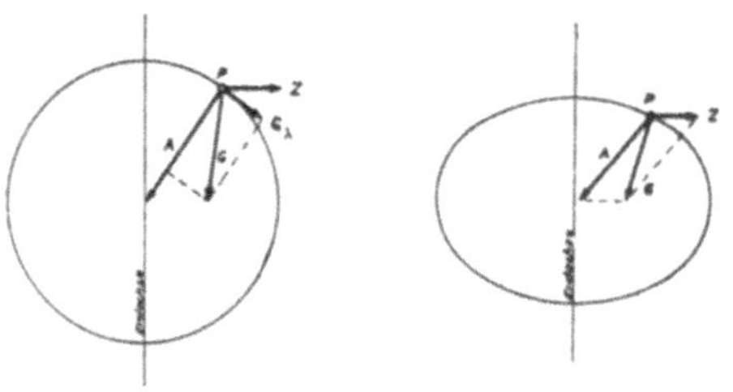

Abb. 26. Ruhegleichgewicht auf der abgeplatteten Erdoberfläche. a) Kräftegleichgewicht auf einer sich drehenden Kugel, b) auf der Erde

[1]) M.Z. 5, 161 (1941), Abb. 1 und 2.

6378 km beträgt. Auf der so abgeplatteten Erde sei also ein Luftquantum im Ruhegleichgewicht, in dem auch keine Gradientkräfte vorhanden seien. Bekommt es nun einen Impuls, so bewegt er sich in seiner Gleichgewichtsfläche, der Isentropen. Mit der Bewegung beginnt die ablenkende Kraft der Erdrotation zu wirken, und die Bewegungsgleichungen lauten dann, da Gradientkräfte in der Horizontalen ausgeschaltet sind und in der Isentropen auch keine Kräfte vertikal wirken:

$$\frac{du}{dt} = 2w \cdot \sin w \cdot v = lv$$

$$\frac{dv}{dt} = -2w \cdot \sin\varphi \cdot u = -lu$$

$$\frac{dw}{dt} = 0,$$

Wie wir in II/2 sahen, trifft diese Gleichung exakt nur für eine Bewegung in der Tangentialebene der Breite $\varphi$ zu. Bei flach geneigter Isentropenfläche gilt sie in guter Näherung aber ebenfalls. Das Teilchen beschreibt eine Trägheitsbahn, die wir durch Integration der obigen Gleichungen bestimmen können. Dabei nehmen wir noch an, daß der Bereich der Trägheitsbahn so klein ist, was meistens gerechtfertigt ist, daß man $l$ als konstant ansehen kann.

Da $u = \frac{dx}{dt}$ und $v = \frac{dy}{dt}$ ist, kann man auch die Gleichungen schreiben:

$$\frac{1}{l}\frac{du}{dt} = \frac{dy}{dt}; \quad \frac{1}{l} \cdot \frac{dv}{dt} = -\frac{dx}{dt} \tag{36}$$

Sie liefern integriert:

$$\cdot\frac{u}{l} = y + \frac{u_0}{l}; \quad \frac{v}{l} = -x + \frac{v_0}{l}$$

$u_0$ und $v_0$ sind die Geschwindigkeiten im Punkt $x_0$ und $y_0 = 0$. Beide Gleichungen quadriert und addiert liefern:

$$\left(y + \frac{u_0}{l}\right)^2 + \left(x - \frac{v_0}{l}\right)^2 = \frac{u^2 + v^2}{l^2} = \frac{c^2}{l^2}$$

Diese Gleichung stellt einen Kreis, den sogenannten Trägheitskreis dar (Abb. 27), dessen Mittelpunktskoordinaten $-\frac{u_0}{l}$ und $\frac{v_0}{l}$ und dessen Radius $\frac{c}{l}$ ist. Für $l > 0$ (Nordhalbkugel) liegt er rechts, für $l < 0$ (Südhalbkugel) links von der Bahn des Teilchens. Dieser Trägheitsbahn ist die Strömung überlagert, die durch den Gradientwind gegeben ist. Die Umlaufzeit auf dem Trägheitskreis beträgt nach Obigem:

$$\tau = \frac{2c \cdot \pi}{l \cdot c} = \frac{2c \cdot \pi}{2\omega \cdot \sin\varphi \cdot c} = \frac{2c \cdot \pi \cdot 24}{2\pi \cdot 2\sin\varphi \cdot c} \text{ Stunden, da } \omega = \frac{2\pi}{24}$$

$$\tau \text{ ist also } = \frac{12}{\sin\varphi} \text{ Stunden oder } = 12 \text{ Pendelstunden.}$$

Aus dem vorhergehenden Abschnitt sahen wir, daß, je nach der Windzunahme, senkrecht zu den Isobaren die Trägheitsbahn (bei dynamischer Stabilität) immer wieder durch ihre „Nullinie“ geht, sie also eine Schwingung — oder (bei dynamischer Labilität) sich von der Nullinie immer mehr entfernt — und dann eine Hyperbel beschreibt. Auf seiner Bahn quer durch das Stromfeld der Umgebung trifft das Luftteilchen natürlich verschiedene Geschwindigkeiten an, die ihm irgendwelche Impulse verleihen. Nur wenn seine Geschwindigkeit in jedem Augenblick gerade so groß ist wie die der Umgebung, wird es keinen zusätzlichen Impuls erhalten. Man nennt diesen Zustand nach Raethjen[1]) „Austauschgleichgewicht“. — Die zweite Gleichung (36) können wir auch

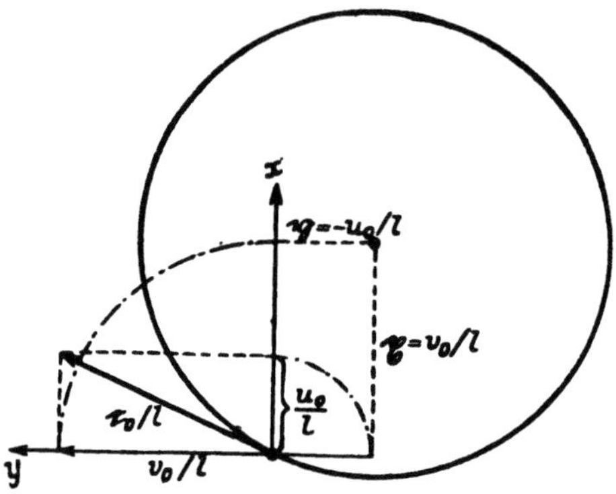


Abb. 27. Trägheitskreis

schreiben:

$$\frac{dv}{dx} = -l$$

Dieser Ausdruck ähnelt dem der Gleichung (24), die die Bedingung für dynamische Indifferenz darstellt, nur daß in jenem Fall $\frac{\delta v}{\delta x}$ das Windgefälle in $x$-Richtung längs der Isentropen darstellt, während $\frac{dv}{dx}$ das in der Horizontalen bedeutet. Die Isentropenflächen liegen aber meistens so flach, daß man, ohne einen großen Fehler zu begehen, $\frac{\delta v}{\delta x} = \frac{dv}{dx}$ setzen kann. Das bedeutet aber, daß bei dynamischer Indifferenz isentropes Austauschgleichgewicht herrscht.

Bei isentropem Austauschgleichgewicht kann also jedes Teilchen in der Isentropenfläche seinen Platz wechseln, ohne daß es dort andere Geschwindigkeiten antrifft als die, die es selbst mitbringt.

Isentropes Austauschgleichgewicht besteht aber nur, wenn in der Isentropenfläche indifferentes Windgefälle vorherrscht, denn dann ist $= \frac{\delta v}{\delta x} = -l.$

### 6. Gleichgewicht in der Horizontalen zwischen zwei Luftmassen

Das vorhergehende Kapitel zeigte die verschiedenen Gleichgewichtszustände eines Luftquantums innerhalb seiner Umgebung auf. Im Folgenden

1) P. Raethjen, Kurzer Abriß der Meteorologie dynamisch gesehen, Teil I. (Hannover 1947.)

wollen wir nun die Gleichgewichtszustände zwischen zwei verschieden temperierten, nebeneinanderfließenden Luftmassen kennenlernen. Die Betonung liegt hier auf dem Wort „fließend". Im ruhenden Zustand können zwei verschieden temperierte Luftmassen nicht nebeneinander liegen; denn, wie wir wissen, entsteht durch die ungleichen Temperaturen ein horizontales Druckgefälle. Dieses bewirkt eine Umlagerung der beiden Luftmassen solange, bis seine Ursache nicht mehr vorhanden ist. Das ist dann der Fall, wenn die kalte Luftmasse unten und die warme darüber zu liegen kommt. An der Grenze beider entsteht dadurch eine Inversion. In diesem Zustand verlaufen die Linien gleichen Druckes und gleicher Temperatur bzw. gleicher Dichte horizontal. Die Inversion zwischen beiden Luftmassen liegt damit ebenfalls horizontal. Man nennt einen Zustand einander paralleler Druck-, Temperatur- und damit Dichteflächen barotrop. Im barotropen Zustand sind also erstens die Luftmassen in Ruhe, und zweitens liegen die wärmeren und damit leichteren über den kälteren und damit schwereren.

Ist nun eine der beiden Luftmassen in Bewegung, so liegt die Inversion nicht mehr horizontal. Es gibt aber eine Lage, die ebenfalls stationär ist, d. h. die sie relativ zu den beiden Luftmassen beibehält. An dieser Grenzfläche zwischen den beiden Luftmassen ist ein Temperatursprung, ein Sprung im Druckfeld kann natürlich nicht auftreten. Aus diesem Grunde kann die Grenzfläche auch nicht senkrecht stehen, d. h. die Kalt- und Warmluft wie zwei Quaderblöcke nebeneinander fließen, denn dann würde an der Grenzfläche ein plötzlicher Drucksprung vorhanden sein. Damit dieser nicht auftritt, muß sich die Kaltluftmasse wie ein Keil unter die Warmluft schieben. Nur so kann sich der Druck zwischen beiden Luftmassen stetig ändern. Der Druckgradient allerdings, d. h. die Druckänderung, ändert sich an der Grenzfläche plötzlich, wenn man sich von der einen in die andere Luftmasse bewegt.

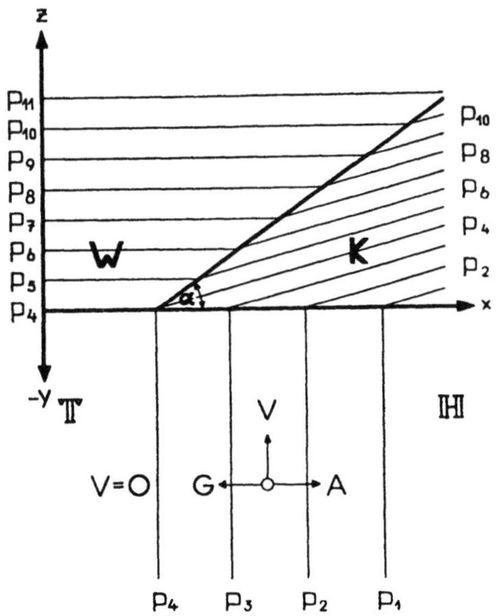

Abb. 28a. Beispiel für die Margulessche Gleichgewichtsformel bewegte Kaltluft — ruhende Warmluft

Wir nehmen nun an, der Druck in der Warmluft sei in jeder horizontalen Fläche konstant und erst, wenn wir von der Warmluft zur Kaltluft kommen, steige er in letzterer an (Abb. 28a). Die Isobaren mögen parallel verlaufen. Dann besteht in der Warmluft kein Druckgradient, sie ist deshalb in Ruhe. Der Druckgradient der Kaltluft hingegen versucht, diese nach der warmen hin zu bewegen. Wir wissen aber, daß, sobald Bewegung auftritt, die ablenkende Kraft der Erdrotation in Erscheinung tritt. Offenbar bleibt nun die Grenzfläche zwischen beiden Luftmassen stationär, wenn die ablenkende Kraft der Erdrotation der Gradientkraft das Gleichgewicht hält. Je steiler die Grenzfläche ist, um so größer ist der Druckgradient in der Kaltluft, und um so größer muß deshalb auch die ablenkende Kraft der Erdrotation, d. h. die Geschwindigkeit, werden, damit zwischen beiden Luftmassen Gleichgewicht besteht. Es muß also eine Beziehung zwischen der Neigung der Grenzfläche, dem Dichte- bzw. Temperaturunterschied und der Windgeschwindigkeit bestehen. Diese Beziehung wollen wir nun ableiten:

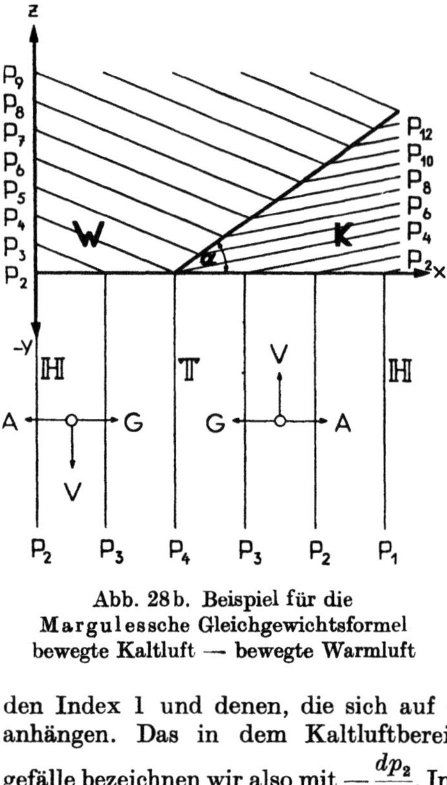


Abb. 28b. Beispiel für die Margulessche Gleichgewichtsformel bewegte Kaltluft — bewegte Warmluft

a) Die Grenzflächenneigung zweier bewegter Luftmassen

(Margulessche Formel)

In einem rechtssinnigen Koordinatensystem liege die Kaltluft in positiver $X$-Richtung ansteigend. In der $Y$-Richtung sei keine Druckänderung vorhanden. Wir wollen allen Größen, die sich auf die Warmluft beziehen, den Index 1 und denen, die sich auf die Kaltluft beziehen, den Index 2 anhängen. Das in dem Kaltluftbereich bestehende horizontale Druckgefälle bezeichnen wir also mit $-\frac{dp_2}{dx}$. In dem Punkt $x$ der auf der Trennungslinie der beiden Luftmassen liege, betrage der Druck $p$. Im Punkt $x + dx$ sei er um $dp$ größer. Nach der statischen Grundgleichung ist dieser Mehrbetrag

$$dp_2 = g\,(\varrho_2 - \varrho_1)\,dz$$

Also ist:

$$-\frac{dp_2}{dx} = -g\,(\varrho_2 - \varrho_1)\,\frac{dz}{dx}$$

$\frac{dz}{dx}$ ist aber der $tg$ des Neigungswinkels $\alpha$ der Grenzfläche, also:

$$\frac{dp_2}{dx} = g\,(\varrho_2 - \varrho_1)\,tg\,\alpha \tag{37}$$

Da nun Gleichgewicht zwischen der Gradientkraft und der ablenkenden Kraft der Erdrotation bestehen muß, und da wir die Bewegung beschleunigungsfrei vorausgesetzt haben, ist also:

$$\frac{1}{\varrho_2}\frac{dp_2}{dx} = lv_2 = g\,\frac{(\varrho_2 - \varrho_1)}{\varrho_2}\,tg\,\alpha \text{ oder}$$

$$tg\,\alpha = \frac{l}{g}\,\frac{\varrho_2 \cdot v_2}{\varrho_2 - \varrho_1} \tag{38}$$

Das ist die Margulessche Formel für die Grenzflächenneigung einer stationären Front bei ruhender Warmluft und bewegter Kaltluft.

Ist die Warmluft auch bewegt (Abb. 28b), so besteht auch in ihr ein Druckgefälle, das dem der Kaltluft überlagert ist und in der Gleichung (37) auf der rechten Seite nur addiert werden muß.
Es ist dann:

$$\frac{dp_2}{dx} = g\,(\varrho_2 - \varrho_1)\,tg\,\alpha + \frac{dp_1}{dx} \tag{37a}$$

Auch in der Warmluft ist $\frac{1}{\varrho_1} \cdot \frac{dp_1}{dx} = lv_1$

und somit ist:

$$\frac{dp_2}{dx} - \frac{dp_1}{dx} = g\,(\varrho_2 - \varrho_1)\,tg\,\alpha = l\,(\varrho_2 \cdot v_2 - \varrho_1 \cdot v_1)$$

Daraus wieder: $tg\,\alpha = \frac{l}{g}\,\frac{\varrho_2 \cdot v_2 - \varrho_1 \cdot v_1}{\varrho_2 - \varrho_1}$ (39)

Wie wir noch sehen werden, liegen die Isobarenflächen nur sehr wenig gegen den Erdboden geneigt, so daß wir sie praktisch als ihm parallel ansehen können.
Längs der Isobarenfläche ist aber

$$\frac{T_1}{T_2} = \frac{\varrho_1}{\varrho_2}$$

also

$$tg\,\alpha = \frac{l}{g}\,\frac{T_1 \cdot v_2 - T_2 \cdot v_1}{T_1 - T_2} \tag{40}$$

Wenn man $v_2 - v_1 = \Delta v$ und $T_1 - T_2 = \Delta T$ setzt, kann man obigen Ausdruck noch folgendermaßen schreiben:

$$tg\,\alpha = \frac{l}{g}\,\frac{\Delta v\,(T_1 + v_1)\,\frac{\Delta T}{\Delta v}}{\Delta T} = \frac{l}{g}\,\frac{\Delta v}{\Delta T} \cdot T_1 + \frac{l}{g}\,v_1 \tag{41}$$

Der zweite Summand auf der rechten Seite ist nur etwa 3% des ersteren und kann in erster Näherung gegen diesen vernachlässigt werden.
Es bleibt also:

$$tg\,\alpha = \frac{l}{g}\,T_1 \cdot \frac{\Delta v}{\Delta T} \tag{42}$$

Wenn die Grenzfläche zwischen zwei bewegten Luftmassen stationär sein soll, so steigt sie um so steiler an, je größer die Geschwindigkeitsunterschiede zwischen beiden Luftmassen und je kleiner die Temperaturunterschiede sind Sie ist um so flacher, je größer die Temperaturunterschiede und je kleiner die Unterschiede der Windgeschwindigkeiten sind.

Das ist auch sehr einleuchtend, denn: je größer der Temperaturunterschied ist, um so kleiner braucht die Neigung der Kaltluft zu sein, damit der

Druckgradient erzeugt wird, der der ablenkenden Kraft der Erdrotation in der Kaltluft das Gleichgewicht halten muß. Andererseits muß, je größer die Geschwindigkeit der Kaltluft gegenüber der der Warmluft ist, der Druckgradient in der ersteren um so größer sein, da er der durch die große Geschwindigkeit hervorgerufenen ablenkenden Kraft der Erdrotation das Gleichgewicht halten muß. Weiterhin zeigt die Formel, in der ja der Faktor $l = 2\,\omega \sin\varphi$ steht, daß am Äquator die Neigung verschwindet und jenseits des Äquators auf der Südhalbkugel ihr Vorzeichen ändert. In unseren Breiten beträgt die Neigung durchschnittlich etwa 1:100.

Diese für die Meteorologie sehr wichtige Margulessche Formel, die sich aus den hydrodynamischen Bewegungsgleichungen ergibt, kann man etwa folgendermaßen in Worte fassen:

Soll auf der rotierenden Erde die geneigte Grenzfläche zwischen warmen und kalten Luftmassen stationär sein, so muß, wenn man von der kalten zur warmen Luft sieht, erstere relativ zur letzteren auf der Nordhalbkugel nach rechts, auf der Südhalbkugel nach links parallel zur Grenzfläche bewegt sein.

### b) Die Neigung der Isobarenflächen

Außer der Neigung der Grenzfläche läßt sich noch leicht die Neigung der Isobarenflächen berechnen. Auf ihnen muß $dp = 0$ sein. Wir können also schreiben:

$$dp = \frac{\partial p}{\partial x} \cdot dx + \frac{\partial p}{\partial z} dz = 0$$

$$\frac{dz}{dx} = \text{Steigung der Isobarenfläche} =$$

$$= -\frac{\partial p}{\partial x} \cdot \frac{\partial p}{\partial z} = \frac{l \cdot \varrho \cdot v}{g \cdot \varrho} = \frac{l\,v}{g} \qquad (42\text{a})$$

Dieser Ausdruck ist gleich dem zweiten Summanden der Gleichung (41), der nur etwa $^1/_{30}$ der Grenzflächenneigung beträgt. Die Isobarenflächen liegen also wesentlich flacher als die Grenzfläche.

## 7. Die Zirkulation

Nach II/6 heißt eine Massenanordnung barotrop, bei der die Druck- und Temperatur- bzw. Dichteflächen einander parallel verlaufen. Sind mehrere Luftmassen vorhanden, dann liegt die Kaltluft unter der Warmluft, wobei die Grenzfläche zwischen beiden horizontal verläuft. Beide Luftmassen sind in Ruhe. In der Horizontalen wirken keine Kräfte auf sie. Bei bewegten Luftmassen schneiden sich die Druck- und Dichteflächen, wie es Abb. 29 zeigt. Eine solche Massenanordnung nennt man baroklin.

Da die Gradientkraft der Dichte umgekehrt proportional ist, wird erstere bei gleichbleibendem Isobarenabstand nach der abnehmenden Dichte hin zunehmen. So entsteht ein in der Vertikalebene wirkendes Drehmoment in dem Massenfeld (Abb. 29), das versucht, wenn keine anderen Kräfte entgegenwirken, die Druck- und Dichteflächen so zu verdrehen, daß sie parallel zueinander zu liegen kommen. Es kommt dann zu einer Zirkulation.

Eine Zirkulation ist eine Bewegung, die Flüssigkeits- bzw. Gasteilchen entlang einer geschlossenen Bahn führt (Abb. 30). Ist $S$ die geschlossene Bahnkurve, $ds$ ein Element auf ihr und $v_s$ die Tangentialgeschwindigkeit in $ds$, so ist die Zirkulation:

$$C = \int_s v_s \, ds \tag{43}$$

wobei über die geschlossene Kurve $S$ integriert werden muß. Die zeitliche Änderung dieser Zirkulation, die öfters mit „Zirkulationsbeschleunigung“ bezeichnet wird, ist dann:

$$\frac{dC}{dt} = \frac{d}{dt} \oint_s v_s \cdot ds \tag{44}$$

Der Dimension nach aber ist dieser Ausdruck eine Energie, und wir wollen sie im Folgenden auch so bezeichnen.

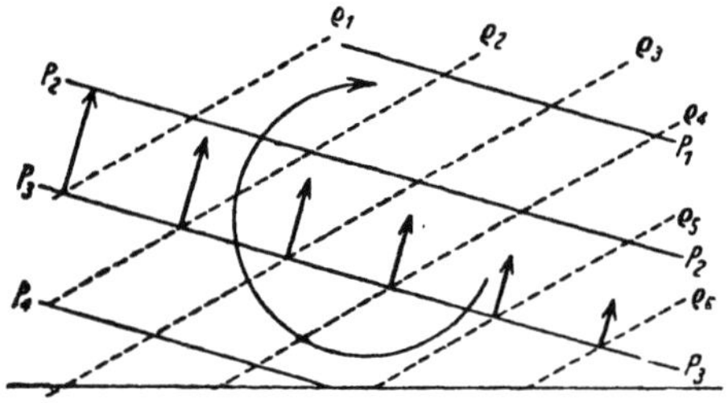

Abb. 29. Baroklines System mit daraus folgender Zirkulation

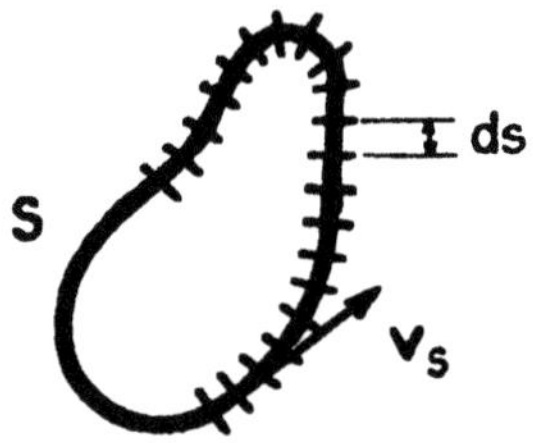


Abb. 30. Zirkulation einer flüssigen Linie

## a) Die Zirkulationsenergie

Für die Atmosphäre wollen wir $\frac{dC}{dt}$ zunächst so ausdrücken, als wenn die Erde in Ruhe wäre, d. h. wir beziehen die Zirkulationsenergie auf ein Koordinatensystem, das unabhängig von der Erddrehung ist. Wir erhalten so die absolute Zirkulationsenergie $C_a$. Dann werden wir die Zirkulationsenergie $C_e$ einer geschlossenen flüssigen Linie bestimmen — bezogen auf ein Koordinatensystem —, das mit der Erde starr verbunden ist. Die Differenz beider Ausdrücke ergibt dann die relative Zirkulationsenergie $C_r$, also diejenige, die relativ zur Erde auftritt, und die vor allem interessiert.

$$C_r = C_a - C_e \tag{45}$$

## b) Die absolute Zirkulationsenergie

Wir betrachten die hydrodynamischen Bewegungsgleichungen für geradlinige Isobaren ohne Berücksichtigung der Erdrotation:

$$\frac{du}{dt} = -\frac{1}{\varrho}\frac{dp}{dx} \quad \Big| \cdot dx$$
$$\frac{dv}{dt} = -\frac{1}{\varrho}\frac{dp}{dy} \quad \Big| \cdot dy$$
$$\frac{dw}{dt} = -\frac{1}{\varrho}\frac{dp}{dz} - g \quad \Big| \cdot dz$$

Diese Gleichungen multiplizieren wir, wie oben angegeben, mit $dx$, $dy$ und $dz$, addieren sie und erhalten dann:

$$-\frac{1}{\varrho}\left(\frac{dp}{dx}dx + \frac{dp}{dy}dy + \frac{dp}{dz}dz\right) - g\,dz = \frac{du}{dt}dx + \frac{dv}{dt}dy + \frac{dw}{dt}\cdot dz$$

oder

$$-\frac{1}{\varrho}\frac{dp}{ds}ds - gdz = \frac{du}{dt}dx + \frac{dv}{dt}dy + \frac{dw}{dt}\cdot dz$$

Integriert man längs der geschlossenen Kurve $S$, so erhält man:

$$-\oint\limits_s \frac{1}{\varrho}\frac{dp}{ds}ds - \oint\limits_s gdz = \oint\limits_s \left(\frac{du}{dt}dz + \frac{dv}{dt}dy + \frac{dw}{dt}dz\right)$$

$gdz$ ist ein Potential, also vom Weg unabhängig. Das Integral über ein Potential längs einer Kurve, die wieder in den Anfangspunkt zurückkehrt, ist aber 0. Das Integral auf der rechten Seite dürfen wir schreiben:

$$\frac{d}{dt}\oint\limits_s (u\cdot dx + vdy + wdz) = \frac{d}{dt}\oint\limits_s v_s\cdot ds$$

Also:

$$-\oint\limits_s \frac{1}{\varrho}\frac{dp}{ds}\cdot ds = \frac{d}{dt}\oint\limits_s v_s\cdot ds$$

oder

$$-\oint\limits_s \frac{dC}{dt} = adp$$

$dp$ = Druckunterschied zweier Punkte auf $S$ zur Zeit $t$; $a = \frac{1}{\varrho}$ = spezifisches Volumen.

V. **Bjerknes** (4) hat für das linke Integral eine einfache Lösungsmethode angegeben:

Zeichnen wir von eins zu eins die Druckflächen und von eins zu eins die Flächen gleichen spezifischen Volumens (reziproke Dichte), so bilden beide zusammen sogenannte „Einheitsröhren" oder „Einheitssolenoide" (Abb. 31). Den Gradienten des Druckes $-\frac{dp}{dz}$, wobei $dz$ der Höhenunterschied für die Druckdifferenz $dp$ ist, nennen wir $G$. $z$ ist nach oben positiv gerechnet; den Gradienten $a$ des spezifischen Volumens $\frac{da}{dz}$ nennen wir $B$ = Bewegungsvektor. Der Drehsinn der Zirkulation ist durch die Drehung von $B$ nach $G$ auf dem kürzesten Weg gegeben. Werden die Einheitssolenoide von der Kurve $S = 1, 2, 3, 4$ umschlossen, so ist:

$$\oint_s a\,dp = \int_2^3 + \int_4^1 = [a+n][(p-m)-p] + a[p-(p-m)] =$$

$$= [a+n-a][-m] = -m \cdot n = -\frac{dC}{dt}\,;\ \text{also:}\ \frac{dC}{dt} = m \cdot n.$$

($m$ und $n$ = fortschreitende Numerierung der Druck- bzw. Dichteflächen)

Also: Die Zirkulationsenergie längs einer geschlossenen Kurve ist gleich der Anzahl der $pa$-Einheitssolenoide, die von der Kurve umschlossen werden, wenn wir in CGS-Einheiten rechnen.

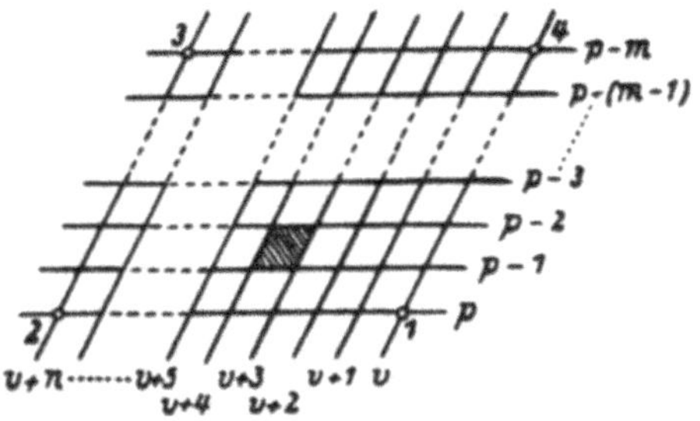

Abb. 31. Solenoidfeld zur Berechnung der Zirkulationsenergie

Solche Zirkulationen sehen wir z. B. in der Atmosphäre im kleineren Maßstab im Land- und Seewind. Zu seiner Erklärung gehen wir von dem Zustand aus, bei dem das Land und das angrenzende Wasser gleichmäßig temperiert sind, z. B. am Spätnachmittag oder am frühen Vormittag eines klaren Sommertages. Bei diesem Zustand liegen die Druck- und Dichteflächen über Land und See in der unteren Atmosphärenschicht parallel. Erwärmt nun die Sonne gegen Mittag das Land stärker, so dehnt sich die Luft darüber aus. Die Flächen gleicher Dichte neigen sich von der See zum Land hin (Abb. 32). Druck- und Dichteflächen schneiden sich (Baroklines System). Es entstehen Solenoide, und es setzt eine Zirkulation in dem in der Abb. 31 angegebenen Sinn ein. Am Boden weht der Wind von der See zum Land, in der Höhe vom Land zur See. In der Nacht verläuft der Vorgang gerade umgekehrt. Im größeren Maßstab haben wir eine gleiche Zirkulation bei dem sogenannten Monsum, einem jahreszeitlichen Wind, der im Sommer am Boden vom Meer zum Kontinent und im Winter vom Kontinent zum Meer weht. In noch größerem Maßstab unabhängig von den Jahreszeiten zeigt dies die allgemeine Zirkulation der Atmosphäre in allerdings etwas komplizierten Bahnen zwischen dem Äquator und den Polen.

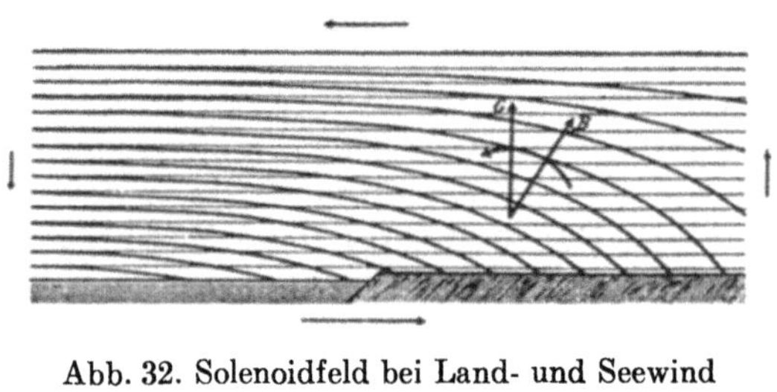
Abb. 32. Solenoidfeld bei Land- und Seewind

c) Die Zirkulation einer starr mit der Erde verbundenen Kurve

Um die Zirkulation längs einer geschlossenen Kurve, die mit der Erde starr verbunden ist, zu berechnen, nehmen wir mit V. Bjerknes (5)

zuerst einmal an, die Kurve sei ein Breitenkreis mit dem Radius $r$. Dann ist die Tangentialgeschwindigkeit $\omega \cdot r$ und

$$C_e = \int v_s \cdot ds = \omega \cdot r \int ds = \omega r \cdot 2\pi \cdot r = 2\,\omega \cdot F, \tag{47}$$

wobei F die Fläche des Breitenkreises ist. Sie ist positiv, wenn die Zirkulationsrichtung im Sinne der Erddrehung, also zyklonal, ist. Ist nun die geschlossene Kurve nicht der Breitenkreis selbst, sondern eine Kurve in der Ebene des Breitenkreises, so ist in einem Punkt im Abstand $r$ von der Erdachse wieder die Geschwindigkeit $w \cdot r$. Ist der Winkel zwischen dieser Geschwindigkeit und der Tangente an die Kurve $\Phi$, so ist die Tangentialgeschwindigkeit $\omega \cdot r \cdot \cos \Phi$. Setzt man dies in (47), ein und zieht den konstanten Faktor $2\,\omega$ vor das Integralzeichen, so erhält man:

$$C_e = 2\,\omega \int \frac{1}{2} r \cdot ds \cdot \cos \Phi \tag{48}$$

Unter dem Integral steht der Inhalt des Elementardreiecks, dessen Seiten das Linienelement $ds$ und die Vektorradien $r$ nach den Endpunkten von $ds$ sind. Die Höhe ist dann $r \cdot \cos \Phi$. Das Integral ausgewertet ergibt also wieder die Fläche, die die geschlossene Kurve $S$ begrenzt.

Liegt nun die Kurve nicht in der Breitenkreisebene, sondern irgendwie dazu, so ist deren Zirkulation gleich der Zirkulation derjenigen Kurve, die die Projektion der gegebenen Kurve auf die Breitenkreisebene darstellt; denn dem Element $ds'$ der Projektion entspricht auf der gegebenen Kurve $ds = \frac{ds'}{\cos \psi}$, wenn $\psi$ der Winkel zwischen der Ebene der angegebenen Kurve und der Breitenkreisebene darstellt. Dafür ist aber die Projektion der Geschwindigkeit $\omega \cdot r \cdot \cos \Phi$ auf die Tangente der gegebenen Kurve gleich $\omega \cdot r \cdot \cos \psi \cdot \cos \Phi$. In dem Integral hebt sich also $\cos \psi$ im Zähler und Nenner heraus und es bleibt $\omega \cdot r \cdot \cos \Phi \cdot ds$ wie oben stehen. Wir können uns also merken:

Die Zirkulation einer starren, mit der Erde fest verbundenen Kurve ist gleich der Fläche ihrer Projektion auf die Breitenkreiseene, multipliziert mit der doppelten Winkelgeschwindigkeit der Erde.

$$C_e = 2\,\omega \cdot F' \tag{49}$$

wo $F'$ die Projektion der gegebenen, mit der Erde starr verbundenen Fläche $F$ auf die Breitenkreisebene bedeutet.

Die Zirkulationsenergie ist dann:

$$\frac{dC_e}{dt} = 2\,\omega \cdot dF'$$

## d) Die Zirkulation relativ zur Erde

Die Zirkulationsenergie einer gegebenen Kurve relativ zur Erde ist also nach (45):

$$\frac{dC_r}{dt} = -\int_s a dp - 2\,\omega \cdot \frac{dF'}{dt} \tag{51}$$

Während das erste Glied durch die Gradientkraft, wird das zweite durch die Erdrotation hervorgerufen. Ist

$$\frac{dC_r}{dt} = 0$$

ist also keine relative Zirkulation vorhanden, so ist

$$\int_s a dp = -2\,\omega \cdot \frac{dF'}{dt} \tag{52}$$

und wir haben eine ähnliche Gleichgewichtsbedingung, wie sie bei beschleunigungsfreien Strömungen zwischen der Gradientkraft und der ablenkenden Kraft der Erdrotation besteht.

Stüwe und Mügge (50) weisen darauf hin, daß der Ausdruck $2\,\omega \cdot \frac{dF'}{dt}$ aufzufassen ist als die Zirkulation, die hervorgerufen wird durch die in einer baroklinen Massenanordnung mit der Höhe zunehmenden Winde (Abb. 33), denn sie erzeugen eine ebenfalls mit der Höhe zunehmende ablenkende Kraft der Erdrotation, die ein Drehmoment ausübt, das im Gleichgewicht denen der Gradientkräfte entgegengesetzt gleich ist. Das ist einmal die Bedeutung dieser Gleichung. Das Glied $2\,\omega \cdot \frac{dF'}{dt}$ gibt uns aber noch weitere wichtige Aufschlüsse:

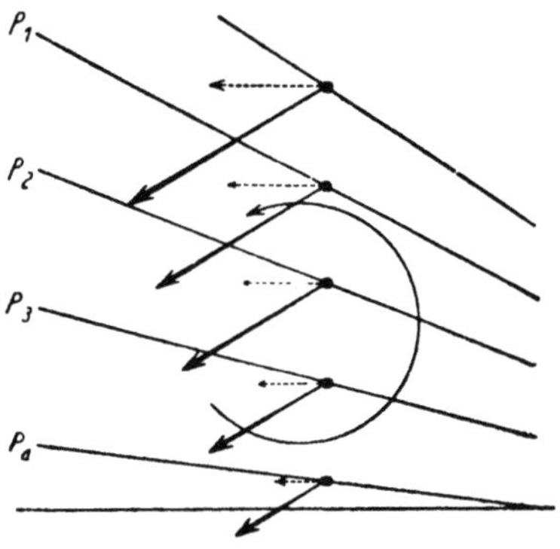

Abb. 33. Zirkulationssystem der Corioliskräfte

Die erste Ursache für die Zirkulation ist das Auftreten von Solenoiden, und die Zirkulation wird zunächst nur in der Vertikalen stattfinden, wie wir am Beispiel des Land- und Seewindes schon zeigten. Das würde auch so bleiben, wenn die Erde in Ruhe wäre. Über den erwärmten Stellen steigt die Luft auf, über den kalten steigt sie wieder ab. In der Höhe fließt sie von den warmen zu den kalten Gebieten, am Boden umgekehrt. Durch die Erdbewegung und die damit auftretende ablenkende Kraft der Erdrotation tritt aber keine direkte Strömung am Boden von den kalten zu den warmen Gebieten ein, sondern — wenn wir von der Reibung absehen — die Gebiete werden, vorausgesetzt, daß es sich um genügend großräumige Zirkulationen handelt, von der Strömung ringförmig umschlossen, und dann kommt das Glied $-2\,\omega \cdot \frac{dF'}{dt}$ allein zur Geltung; denn für diese horizontale Zirkulationsenergie gilt, da sie, wenn in der Isobarenebene verlaufend, keine Solenoide umschließt:

$$\frac{dCr}{dt} = -2\,\omega \cdot \frac{dF'}{dt}$$

Diese Gleichung kann für das Zeitintervall $t_0$ bis $t$ integriert werden und lautet dann:

$$C_r = -2\,\omega\,(F' - F_0') \tag{53}$$

$Fo'$ ist die Projektion der von der Zirkulationskurve umschlossenen Fläche $F$ zur Zeit $t_0$, $F'$ zur Zeit $t$.

Die Zirkulation der Kurve nimmt also zu proportional der Abnahme des Flächeninhaltes ihrer Projektion auf die Breitenkreisebene, sie nimmt ab proportional der Zunahme des Flächeninhaltes. Die Zirkulationsrichtung sei positiv, wenn sie, wie die Erddrehung, also zyklonal, negativ, wenn sie antizyklonal ist. $F'$ wird dann im ersten Fall durch die Integration entsprechend (47) eine positive Größe, und es ergibt sich folgender Satz: Eine horizontale Kurve, die sich zusammenzieht, erhält zyklonische, eine, die sich ausdehnt, antizyklonische Zirkulation.

Damit haben wir in diesem Abschnitt einige wichtige Gesetze kennengelernt, die die mathematisch-physikalischen Grundlagen für die Wettervorgänge darstellen. Weitere werden wir innerhalb der nächsten Kapitel noch kennenlernen.

KAPITEL III

# Allgemeine Zirkulation der Atmosphäre

Wie alles auf der Erde, so erhält auch das Wettergeschehen seine Energie von der Sonne. Diese unerschöpfliche Energiequelle strahlt der Erde Wärme zu. Im Durchschnitt sind es etwa 2 cal/cm² und min. Der größte Anteil dieser zugestrahlten Wärmemenge entfällt auf den Äquator, am wenigsten kommt den polaren Gebieten zugute. Aus diesem Grund ist es in niederen Breiten am wärmsten und in hohen am kältesten. Eine derartige Temperaturverteilung bedingt aber in der Höhe ein Druckgefälle vom Äquator nach den Polen (siehe II/1).

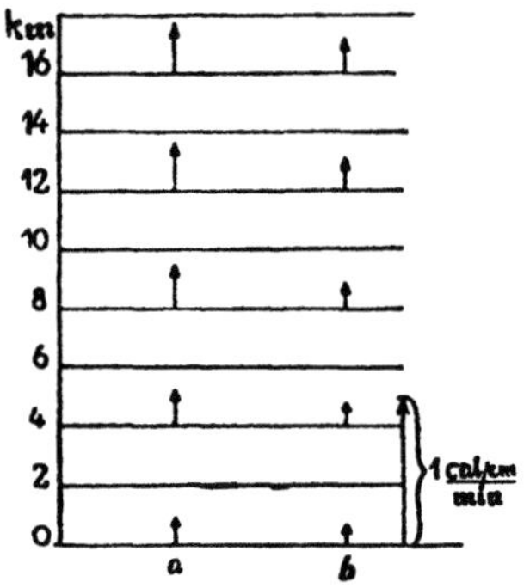


Abb.34. Ausstrahlungsströme am Äquator und Pol (nach Mügge)

Allein die starke Erwärmung am Äquator gegenüber der weniger starken an den Polen kann für das Höhenhoch am Äquator und das Höhentief an den Polen nicht verantwortlich gemacht werden. Hieran ist noch im besonderen Maße das Verhalten unserer Atmosphäre auf Grund des in ihr enthaltenen Wasserdampfes beteiligt, was mit der Wirkung eines Glashauses verglichen werden kann. Diese Wirkung besteht einerseits darin, daß die kurzwellige Strahlung des sichtbaren Lichtes weitgehend ungeschwächt von der Atmosphäre durchgelassen wird, während die langwellige Strahlung vom Wasserdampf absorbiert wird und als sogenannte Gegenstrahlung der Erdoberfläche zur Hälfte wieder zustrahlt, und nur die andere Hälfte der absorbierten Strahlungsenergie in den Weltenraum ausgesendet wird. Ohne die Gegenstrahlung wäre die Mitteltemperatur der Erdoberfläche nicht $+14^0$, wie es der Fall ist, sondern nur $+6^0$.

Andererseits strahlt aber die Wasserdampfatmosphäre auch stark aus, und zwar ist die Ausstrahlung in der Höhe in den Tropen am größten und an den Polen am kleinsten. Schematisch dargestellt ist das nach Mügge (6) in Abb. 34. Durch diese Strahlungsverhältnisse entsteht über den Tropen in der Höhe ein thermisches Hoch, über den Polen ein thermisches Tief. Stüve (7) hat längs eines Meridians die virtuellen Temperaturen zwischen jeweils 100 mb bestimmt (Abb. 35a) und daraus die Hauptisobarenflächen berechnet (Abb. 35b).

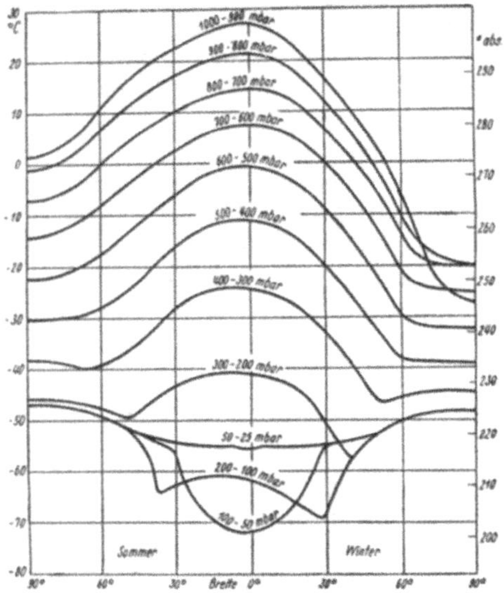

Abb. 35a. Meridianschnitt Äquator—Pol (nach Stüve) Temperaturverteilung

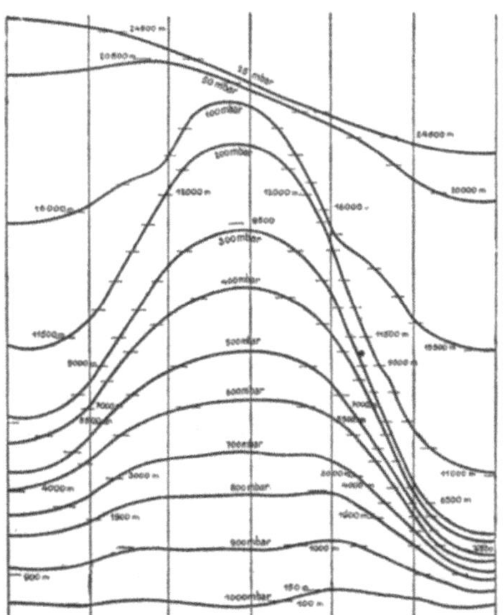


Abb. 35b. Meridianschnitt Äquator–Pol (nach Stüve). Druckverteilung

## 1. Die Aktionszentren auf der Nordhalbkugel

Wäre die Erde in Ruhe, so würde ein Luftaustausch zwischen Äquator und Pol derart stattfinden, daß in der Höhe die Luftmassen vom Äquator zum Pol fließen, hier absinken und am Boden vom Pol nach dem Äquator zurückfließen, wo sie aufsteigen und den Kreislauf von neuem beginnen. Die ablenkende Kraft der Erdrotation bewirkt aber, daß die Luftmassen in der Höhe bereits in etwa 30° Breite parallel zu den Breitenkreisen strömen und hier unter Mitwirkung der kalten Stratosphäre ein Hochdruckgebiet aufbauen, das man mit dem Namen „Roßbreiten-Hoch" bezeichnet. Ein weiteres Hochdruckgebiet liegt — durch die größere troposphärische Kälte bedingt — über den Polarkalotten. Zwischen diesen beiden Hochdruckgebieten liegt die Tiefdruckrinne der gemäßigten Breiten. Wäre die Oberfläche der Erde einheitlich, so würde es sich bei dem „Roßbreiten-" oder „Subtropischen" Hochdruckgürtel tatsächlich um einen geschlossenen „Gürtel" handeln. Ebenso stellte die Tiefdruckzone der gemäßigten Breiten eine um die ganze Erde geschlossene Rinne tiefen Druckes dar. Die Erde hat aber durchaus keine einheitliche Oberfläche, sondern es wechseln große Landmassen mit großen Wassermassen ab. Bei beiden sind aber die Wärmeumsatzbedingungen grundverschieden. Wir wissen, daß sich z. B. die Temperatur des Meeres im Laufe des Jahres nur wenig ändert, während die eines Kontinents sehr große Unterschiede zwischen Sommer und Winter aufweist. Es bilden sich dadurch je nach der Jahreszeit thermisch bedingte Druckgebilde, die die „Gürtel" unterbrechen und in mehrere Teilstücke unterteilen. Nach Bergeron können wir uns z. B. für das Winterhalbjahr auf der N-Halbkugel die Verteilung der großen Hoch- und Tiefdruckgebiete in erster Näherung so vorstellen, wie es uns die Abb. 36 für die nördliche Halbkugel zwischen Pol und Äquator zeigt. Wir unterscheiden acht „Aktionszentren", wie man die großräumigen, stationären Druckgebilde nennt, und zwar sind dies:

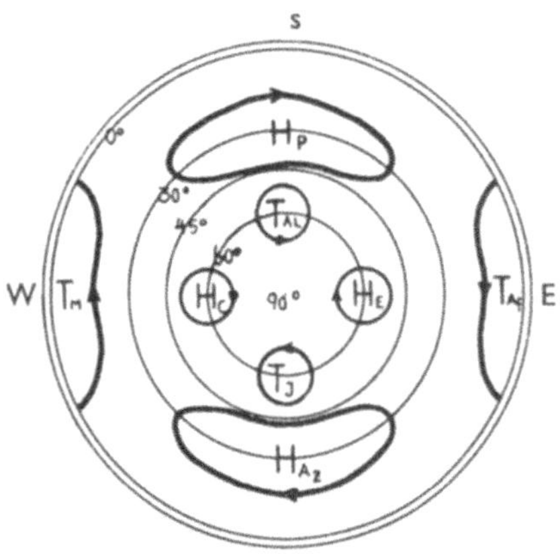


Abb. 36. Verteilung der Aktionszentren auf der Nordhalbkugel (nach Bergeron)

Das Island-Tief ($T_J$), das Kanada-Hoch ($H_C$), das Aleuten-Tief ($T_{AL}$), das Eurasien-Hoch ($H_E$), das Azoren-Hoch ($H_{AZ}$), das Amazonas-Mexiko-Tief ($T_M$). das Pazifik-Hoch ($H_p$) und das Zentralafrika-Tief ($T_{Af}$).

## 2. Die Luftmassen

Während sich in den Tiefdruckgebieten das eigentliche Wetter bei mehr oder weniger großen Luftmassenbewegungen abspielt, sind die Luftmassenversetzungen und Windgeschwindigkeiten innerhalb der großen Hochdruckgebiete klein, was man an den besonders großen Isobarenabständen im Gegensatz zu den kleineren in Tiefdruckgebieten erkennen kann. Die Luftmassen stagnieren hier und nehmen dabei Eigenschaften des Untergrundes an. Je nachdem, ob die Luftmassen über kalten oder warmen Gebieten lagern, werden sie tiefe oder hohe Temperaturen aufweisen. Je nachdem, ob sich das Hochdruckgebiet über dem Meer oder über dem Kontinent befindet, werden auch seine Luftmassen feucht bzw. trocken sein. Entsprechend teilt man auch die Klassifikation der Luftmassen ein. Zunächst unterscheidet man Kaltluftmassen und Warmluftmassen[1]).

### a) Die Kaltluftmasse

Die Kaltluftmasse bildet sich naturgemäß meist in polaren Gegenden. Im Winter allerdings wird sie auch über kontinentalen Gebieten erzeugt, die in mittleren Breiten liegen. Aus diesen Gebieten fließen die Kaltluftmassen in wärmere Gegenden. Die unteren Schichten strömen dabei über wärmeren Boden. Das bedingt aber — zunächst in den alleruntersten Schichten — einen großen vertikalen Temperaturgradienten, und es kommt zu lebhaftem Austausch. Die Durchmischungszone wird mit der Zeit immer mächtiger. Der Gradient in ihr wird etwa trockenadiabatisch. Ist die ursprüngliche Kaltluftmasse größere Strecken über das Meer geflossen, so hat sie viel Feuchtigkeit aufgenommen, und es kommt in verhältnismäßig geringen Höhen zur Wolkenbildung, die wegen des lebhaften Austausches und der dabei auftretenden verhältnismäßig großen Vertikalgeschwindigkeiten überwiegend cumuloide Formen aufweist, aus denen dann großtropfiger Regen fällt.

### b) Die Warmluftmasse

Die Warmluftmassen entstehen in den Hochdruckgebieten der Roßbreiten und im Sommer auch über den Kontinenten höherer Breiten, soweit sie nicht schneebedeckt sind. Sie bewegen sich gegen kältere Gebiete. Aus diesem Grunde sind die unteren Schichten sehr stabil geschichtet, der Temperaturgradient ist sehr klein. Der Austausch unterbleibt fast ganz. Bei trockenen Warmluftmassen kommt es dabei zunächst zu keiner Cumulusbewölkung. Entstammen die Luftmassen den Gebieten warmer Meere, so sind sie sehr wasserdampfreich. Strömen diese feuchten Luftmassen über kälteren Boden, so kommt es zur Nebelbildung. Wird der Boden noch von einer Kaltluftschicht bedeckt, so daß die Warmluft über diese strömen muß, so kommt es zu gleichmäßiger Schichtbewölkung, aus der es kleintropfig regnet — nieselt. (Bei längerem Lagern über kälteren Gebieten entstehen durch Sonneneinstrahlung auch in der Warmluft Cumuli.)

### c) Die Luftmasseneinteilung nach ihren Entstehungsgebieten

Nach ihren Ursprungsgebieten läßt sich zweckmäßig eine speziellere Unterteilung der Luftmassen vornehmen. Zunächst teilt man die Erdhalbkugel in vier Zonen ein: die Äquatorialzone E, die Tropikzone T, die

[1]) In der Meteorologie laufen zwei Luftmassendefinitionen parallel, und von Fall zu Fall wird die eine oder die andere zur Kennzeichnung einer Luftmasse benutzt. Einmal nennt man Kaltluftmassen solche, deren Temperatur tiefer ist als die Monatstemperatur des Gebietes, über das sie fließen. Zweitens bezeichnet man häufig ohne Rücksicht auf die absolute Höhe ihrer Temperatur bei der Betrachtung der Wettervorgänge an Luftmassengrenzen eine Luftmasse als Kaltluft, wenn sie kälter ist als die angrenzende. Bei Warmluftmassen verhält es sich entsprechend.

gemäßigte Polarzone G und die Arktikzone A. Nach ihnen werden auch die aus diesen Gebieten stammenden Hauptluftmassen bezeichnet. Diese unterteilt man zunächst wieder nach spezielleren Zonen innerhalb dieser großen Gebiete in:

| | |
|---|---|
| Arktische Kaltmasse .................. | $= A_A$ |
| Arktische Randmasse .................. | $= A_G$ |
| Kühlere Masse der gemäßigten Breiten ... | $= G_A$ |
| Wärmere Masse der gemäßigten Breiten .. | $= G_T$ |
| Kühlere Masse der Subtropen ........... | $= T_G$ |
| Wärmere Masse der Subtropen .......... | $= T_E$ |
| Äquatoriale Randmasse................ | $= E_T$ |
| Äquatoriale Warmmasse ............... | $= E_E$ |

Je nachdem, ob die Entstehungsgebiete der Luftmassen, also die antizyklonalen Aktionszentren oder sonstigen stationären Hochdruckgebiete, auf dem Kontinent oder dem Meere liegen, teilt man sie noch ein in kontinentale oder maritime Luftkörper. Wenn es notwendig ist, kann man auch da noch feinere Unterteilungen vornehmen, die den zurückgelegten Weg der Luftmassen vom Entstehungsort zum Beobachtungsort mitberücksichtigen.

Nach diesen Gesichtspunkten entstand die Luftmasseneinteilung, die u. a. im deutschen Wetterdienst den Wetteranalysen zugrunde gelegt wird, und die wir in folgender Tabelle wiedergeben:

mAK = Maritim arktische Luft: Sie ist in der Arktis entstanden und dringt über das Nordmeer und die Nordsee nach Mitteleuropa vor.

cAK = Kontinental arktische Luft: Aus dem Gebiet im Raum von Nowaja Semlja-Spitzbergen dringt sie südwärts vor und gelangt über große kontinentale Gebiete mit oft stürmischen Ostwinden nach Mitteleuropa. Sie verursacht meistens die typischen winterlichen Kälteperioden.

mG = Maritime Luftmasse gemäßigter Breiten: Sie stammt in der wärmeren Jahreszeit aus Gebieten des nördlichen Ozeans, in der kälteren aus Kanada und strömt über den nördlichen Atlantik nach Mitteleuropa ein. Je nachdem, ob sie aus mehr oder weniger nördlichen Gebieten des Atlantischen Ozeans strömt, unterscheidet man sie noch als $mG_AK$ (arktisch, kalt) und $mG_TW$ (tropisch, warm). Die maritime Polarluft gemäßigter Breiten ist in Mitteleuropa auf der Rückseite der von Westen driftenden Zyklonen ein sehr häufig auftretender Luftkörper.

cG = Kontinentale Luftmasse gemäßigter Breiten entstammt den winterlichen Antizyklonen Osteuropas bzw. Westasiens. Ihre Auswirkung auf unser Wetter ist ähnlich der AK. Kommt sie aus Innerrußland oder Sibirien nach Mitteleuropa, so bezeichnet man sie mit $cG_AK$, kommt sie aus Südrußland oder dem Balkan, so führt sie die Bezeichnung $cG_TW$.

mTW = Maritime subtropische Warmluft entstammt dem subtropischen Hochdruckgürtel, für Mitteleuropa dem Azorenhoch.

Sie gelangt über den Golf von Biskaya in unser Gebiet, sie ist feucht und mit Ausnahme des Hochsommers wärmer als es den Strahlungsbedingungen bei uns entspricht. Die maritime Tropikluft ist das Gegenstück zur maritimen Polarluft gemäßigter Breiten und kommt auf der Vorderseite der Zyklonen sehr häufig bei uns vor.

cTW = Kontinentale subtropische Warmluft: Sie entsteht in Nordafrika oder auf dem südlichen Balkan und kommt über Italien bzw. den Balkan zu uns. Sie ist meistens noch wärmer als die mT und wesentlich trockener.

mE und cE = Maritime äquatoriale und kontinentale äquatoriale Luftmassen gelangen in der Regel nur im Sommer in der Höhe zu uns. Sie entstehen, wie der Name schon sagt, in maritimen bzw. kontinentalen Äquatorialgebieten.

### d) Eigenschaften der Luftmassen

Jede dieser Luftmassen bringt ihre Merkmale, ihre für sie typischen Eigenschaften mit. Wenn auch diese „konservativen" Eigenschaften durch den Weg über weite Gebiete oder durch längeres Lagern unterwegs abgeschwächt werden, so kann man doch in den meisten Fällen die Luftmassen auf Grund dieser besonderen Merkmale identifizieren. Im Folgenden wollen wir nun die hauptsächlichsten Eigenschaften und Merkmale der oben aufgezählten Luftmassen nach Schinze (8) kennenlernen:

mAK = Bei ihrem Einbruch in Mitteleuropa sinken die Temperaturen am Boden und auf den Bergen stark. Die Winde wehen aus NW bis N und sind böig. Der Temperaturgradient ist etwa 0,8°/100 m, doch bildet sich in den langen, klaren Winternächten durch Ausstrahlung bald eine Bodeninversionsschicht aus, die oft zwischen ihrer Unter- und Obergrenze beträchtliche Temperaturunterschiede aufweist. Die spezifische Feuchtigkeit ist gering ($\approx$ 5 gr Wasserdampf/kg feuchter Luft), die relative in den unteren Schichten, nachdem die Bodeninversion entstanden ist, dagegen hoch. Es kommt in ihr zu Cumulus-Bewölkung. Die Sicht ist sehr gut. In der ersten Zeit nach ihrem Einbruch kommt es öfters zu Schneeschauern im Winter, zu gewitterartigen Regenschauern in der Übergangsjahreszeit. Der Druck steigt zum Teil kräftig an. Das Wetter ist wolkig bis heiter mit Neigung zu örtlichen Schauern.

cAK = Ebenso wie beim Einbruch der mAK sinkt die Temperatur am Boden und auf Bergen stark bei starkem N- bis E-Wind. Der Gradient ist etwa 0,8°/100 m, und auch in der cAK bildet sich wieder eine kräftige Bodeninversion aus. Die spezifische Feuchte ist gering, die relative in den unteren Schichten hoch. Im Gegensatz zu der mAK kommen in der cAK bei geringerem Bedeckungsgrad mehr flachere Cumulusformen vor. Die Sicht ist gut. Der Druck steigt. Das Wetter ist meistens heiter.

$mG_AK$ = Die maritime Kaltluft gemäßigter Breiten bringt auf den Bergen oft kräftigen Temperaturrückgang, im Sommer auch am Boden. Im Winter dagegen räumt sie oft erst noch mit ihren starken böigen Winden alte, am Boden haftende, durch Ausstrahlung sehr stark abgekühlte Kaltluft weg, so daß sie als relativ warme Luftmasse in Erscheinung tritt (maskierter Kälteeinbruch). Die Windrichtung ist W und NW. Der Temperaturgradient beträgt etwa 0,7°/100 m; in den unteren Schichten ist er gewöhnlich größer. Die spezifische Feuchte ist je nach der Jahreszeit 5 bis 7,5 gr/kg. Die relative Feuchtigkeit durchschnittlich hoch, über Mittag sinkt sie. Die Bewölkung besteht vor allem aus stärker quellenden Cumuluswolken und Altocumulus. Die Sicht ist gut. Der Druck steigt mehr oder weniger unregelmäßig. Die $mG_AK$ bringt das typisch unbeständige Aprilwetter.

$mG_TW$ = Die „maritime Warmluft gemäßigter Breiten" bringt gewöhnlich in der kalten Jahreszeit Temperaturanstieg mit westlichen Winden. Der Temperaturgradient ist mit 0,55 bis 0,6° verhältnismäßig klein. Die spezifische Feuchte ist verhältnismäßig hoch (6 bis 9 gr/kg). Die relative Feuchte ist mäßig hoch. Als Wolken kommen besonders Schichtwolken vor. Die Sicht ist schlecht, das Wetter ist diesig. Es herrscht im allgemeinen bewölktes, nebliges und regnerisches Wetter bei meist fallendem Druck.

$cG_AK$ = Mit südlichen bis östlichen Winden strömt die kontinentale Kaltluft gemäßigter Breiten bei uns ein. Es bildet sich sehr schnell eine kräftige Bodeninversion aus, so daß es selbst im Winter auf den Bergen mildes Wetter gibt, am Boden aber vor allem nachts durch starke Ausstrahlung stärkerer Frost herrscht. Der Gradient liegt etwa bei 0,7°/100 m; die spezifische Feuchte ist gering, die relative stark wechselnd mit der Tageszeit. Bei mäßig guter Sicht, die am Boden durch Dunst getrübt ist, herrscht meistens heiteres Wetter mit Schönwettercumuli und gleichmäßigem Druckanstieg.

$cG_TW$ = Die kontinentale Warmluft gemäßigter Breiten gehört der wärmeren Jahreshälfte an. Sie erzeugt am Tage sehr hohe Temperaturen, bringt aber kühle Nächte. Die Winde sind meistens südlich und schwach. Der Gradient liegt etwa bei 0,65°/100 m. Die spezifische Feuchte liegt bei einem mittleren Wert, die relative ist am Tage niedrig. Bei heiterem Wetter sind meistens nur Schönwettercumuli und bei Föhnwirkung lenticularis-Formen vorhanden. Die Sicht ist durch Dunst meist schlecht.

mTW = Die maritime Subtropikluft kommt mit südwest- bis westlichen, meist starken, nicht böigen Winden zu uns und verursacht zu allen Tages- und Jahreszeiten über dem Mittel liegende hohe Temperaturen. Die spezifische Feuchte ist hoch, die relative mittelmäßig. Der Gradient ist klein und liegt bei 0,55°/100 m. Die Sicht wird durch häufigen Nebel oft sehr beschränkt, aber auch sonst ist es diesig. Bei bewölktem bis bedecktem Himmel mit stratusförmiger Bewölkung nieselt es öfters (Schichtbewölkung). Der Druck fällt.

cTW = Die kontinentale Subtropikluft bringt nach Mitteleuropa übernormale hohe Temperaturen. Die Winde wehen aus südlichen und südöstlichen Richtungen. Dadurch kommt es z. B. nördlich der Alpen und anderen quer zur Strömung liegenden Gebirgen zu noch weiterer föhniger Erwärmung. Der Gradient beträgt etwa 0,65°/100 m. Die spezifische Feuchte ist verhältnismäßig hoch, die relative vor allem bei Föhneinwirkung niedrig.

In der Bewölkung treten oft lenticularis-Formen auf. Es herrscht meist heiteres bis wolkiges Wetter. Es ist diesig. Bei Föhn bessert sie sich stark. Der Druck fällt.

Soweit die Eigenschaften der verschiedenen Luftmassen, die infolge der allgemeinen Zirkulation in den gemäßigten Breiten nach Mitteleuropa strömen.

### e) Die Typ-Homologen

Ein zunächst sehr plausibles, aber doch unsicheres Kriterium für eine Luftmasse ist die Temperatur, vor allem dann, wenn sie in Bodennähe gemessen wird. Denn hier wird sie durch die tägliche Einstrahlung und nächtliche Ausstrahlung, die noch von der Bodenbedeckung (Schnee usw.) abhängt, stark gefälscht. Aber auch in der freien Atmosphäre ist sie nicht immer „charakteristisch" für die betreffende Luftmasse, sobald dynamisch adiabatische Hebungen oder Senkungen, wie z. B. beim Föhn, auftreten, denn eine Luftmasse, deren Gradient $0{,}6^0/100$ m beträgt und die um 2000 m gehoben oder gesenkt wird, erleidet dabei eine Temperaturerniedrigung bzw. -erhöhung gegenüber der ruhenden Luft im gleichen Niveau um $8^0$. Deshalb nimmt man oft nicht die Temperatur allein als charakteristische Eigenschaft, sondern eine Größe, die von Temperatur, Höhe und Feuchtigkeitsgehalt abhängt: die potentielle Äquivalent- bzw. die pseudopotentielle Temperatur (vgl. II/5 g).

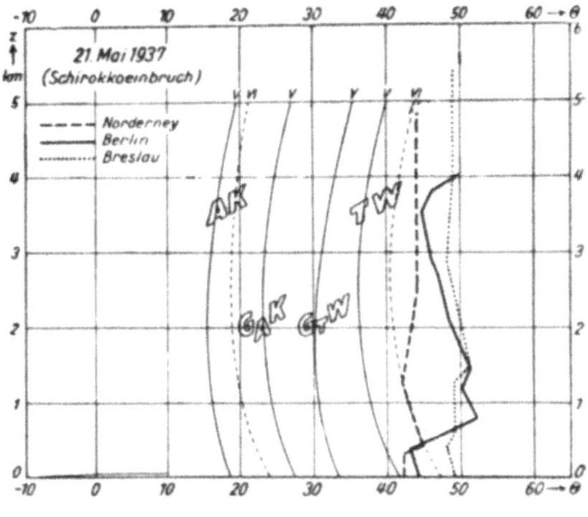


Abb. 37. Typ-Homologen (nach Schinze)

Schinze (8) hat für die oben aufgezählten Luftmassen die potentiellen Äquivalenttemperaturen bestimmt und die potentiellen Äquivalenttemperatur-Druckkurven mit dem Namen „Typ-Homologen" in die Meteorologie eingeführt (Abb. 37). Der Vorteil der Typ-Homologen besteht darin, daß sie im Gegensatz zur üblichen Temperatur-Druckkurve scheinbare Luftmassengrenzen, wie z. B. Boden- und innere Inversionen, ausschaltet und nur wirkliche Luftmassengrenzen zeigt.

KAPITEL IV

# Die Zirkulation außertropischer Breiten auf der Nordhalbkugel

## 1. Das Vertikalzirkulationsschema

Das Wetter unserer außertropischen Breiten ist bedingt durch den Wechsel der verschiedenen Luftmassen. Wie bereits kurz erwähnt, findet eine verhältnismäßig geordnete Zirkulation der Luft nur in der tropischen Zone statt. Sie setzt sich auf der nördlichen Halbkugel zusammen aus dem aufsteigenden Strom am Äquator, dem in der Höhe nach Norden bzw. Nordosten strömenden Antipassat, dem über den Roßbreiten absinkenden Strom und dem von dem Roßbreitenhoch nach dem Äquator zurückströmenden Passat. Je nach der Jahreszeit verschiebt sich dieses Vertikalzirkulationsrad im Sommer nach Norden oder im Winter nach Süden. Überlagert oder ganz verdrängt wird die Passatzirkulation durch den Monsun, jenes jahreszeitliche Windsystem, das ebenfalls ein — zwischen den Kontinenten und den Meeren verlaufendes — Vertikalzirkulationsrad darstellt.

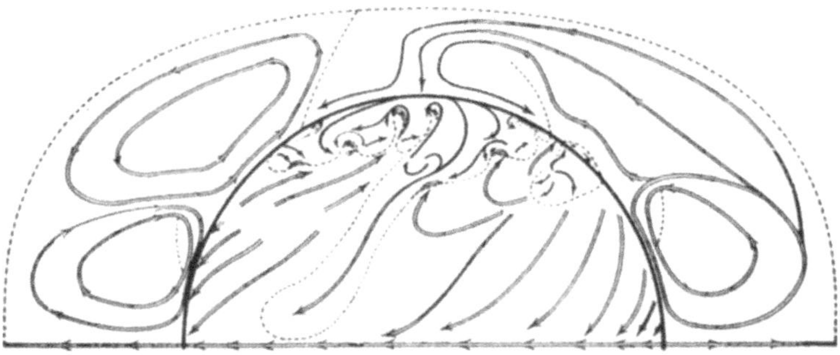

Abb. 38. Vertikalzirkulationsschema auf der Nordhalbkugel (nach V. Bjerknes)

An das verhältnismäßig deutlich in Erscheinung tretende Vertikalzirkulationsrad der Tropen schließen sich nach Norden nur noch ganz verwaschen in Erscheinung tretende Vertikalzirkulationen an Abb. 38. Bergeron (9) und Swoboda (10) haben ein idealisiertes Vertikalzirkulationsschema auch für die außertropischen Breiten aufgestellt, das Abb. 41 zeigt. Es darf nur als Schema betrachtet werden, da man noch zu wenig über den komplizierten Mechanismus des außertropischen Luftmassenaustausches in der Vertikalen weiß. Die beiden Autoren teilen die Tropikluft- und Polarluftzirkulation in je zwei Vertikalzirkulationsräder (rechte Seite), wobei der Teil jedes Rades, der am Boden nach Norden führt, als Warmluft, und der andere, der nach Süden führt, als Kaltluft auftritt. Außer diesen Zirkulationsrädern ist in der Darstellung noch eins nahe am Äquator und ein zweites am Pol eingezeichnet, die die Zirkulation der äquatorialen und der Arktisluft darstellen sollen. In den wenigsten Fällen handelt es sich um für jede Luftmasse in sich geschlossene Zirkulationsräder, sondern es kommt durchaus vor, daß tropische Luft bis zu den Polen vorstößt, wo sie sich dann langsam in Polarluft umwandelt, und auch umgekehrt strömt Polarluft weit in die Tropen hinein.

## 2. Das Horizontalzirkulationsschema

Im Gegensatz zur tropischen Zirkulation besteht der Luftmassenaustausch in der außertropischen Zone zum größten Teil längs mehr oder weniger horizontal liegender, langgestreckter Horizontalzirkulationsräder, die ihrerseits aber wieder, besonders in den stationären großen Tiefdruck-

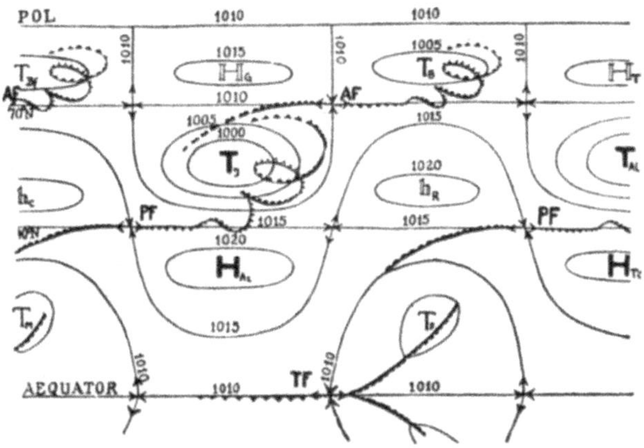


Abb. 39. Horizontal-Zirkulationsschema auf der Nordhalbkugel (nach Bergeron)

zentren, mit Vertikalzirkulationsrädern in Verbindung stehen. Während man, wie gesagt, über das tatsächliche Vertikalzirkulationsschema wegen mangelnder Beobachtungen nur wenig Positives weiß, ist man über das Horizontalschema schon wesentlich genauer unterrichtet. Trotzdem kann es sich auch bei dieser Darstellung nur um ein Schema handeln, das Bergeron (9) für den Herbst und Winter entwarf (Abb. 39).

Wie man sieht, sind die Hoch- und Tiefdruckgebiete schachbrettartig angeordnet, so daß jeweils zwischen zwei Tief- und zwei Hochdruckgebieten ein Sattel entsteht. Diese Anordnung bedingt nun ganz besondere Strömungsbilder, die in Abb. 40 gezeigt sind. Diese Strömungsformen bilden die Grundlage für die norwegische Theorie der Zyklonenbildung und wurden von Bergeron weitestgehend analysiert.

## 3. Die Frontalzonen

Im Mittel besteht, besonders im Sommer, auf der Erdoberfläche ein Temperaturgefälle Äquator—Pol. Entstehen nun Druckgebilde, die ein Stromlinienbild, wie Abb. 40a und b es zeigen, erzeugen, so werden warme und kalte Luftmassen gegeneinander geführt, was zu einer Vermehrung der *pa*-Solenoide pro Raumeinheit führt. Das ist aber gleichbedeutend mit vermehrter Zirkulationsenergie (siehe II/7 b). Derartige Zonen, in denen die Luftmassen verschiedener Herkunft und deshalb meistens verschiedenen Charakters konvergieren, nennt Bergeron (9) „Frontalzonen". In diesen ist der horizontale Gradient der Temperatur bzw. der äquipotentiellen

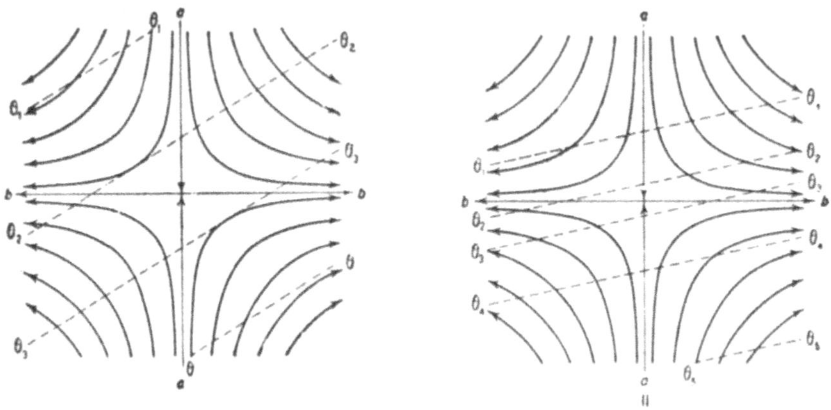

Abb. 40a und b. Frontogenese im Deformationsfeld (nach Bergeron)
I. Ausgangsstadium, II. Endstadium
aa = Schrumpfungsachse, bb = Dehnungsachse
——— Stromlinien, – – – – Isothermen

Temperatur wesentlich größer als in den Massen selbst. Die Frontalzone hat etwa eine Breite — in Richtung des Temperaturgradienten gemessen — von 100 bis 200 km.

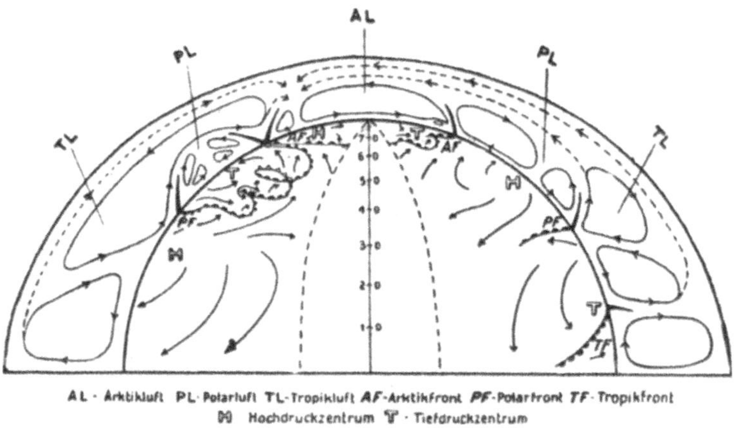


Abb. 41. Schema der allgemeinen Zirkulation auf der Nordhalbkugel mit den Frontalzonen (nach Bergeron–Swoboda)

Auf der Nordhalbkugel der Erde unterscheiden wir im wesentlichen drei große Frontalzonen (Abb. 41).

1. Die Arktik-Front. Sie liegt zwischen der Arktik- und Polarluft etwa in der Gegend des 60. bis 70. Breitenkreises.

2. Die Polar-Front zwischen Polar- und Tropikluft. Sie ist die wichtigste für unser Wettergeschehen und liegt zwischen dem 40. und 50. Breitenkreis.
3. Die Tropik-Front zwischen Tropik- und Äquatorialluft. Sie tritt nur zeitweise auf und liegt zwischen dem 10. und 20. Breitenkreis.

Wie wir aus II/6 a wissen, können zwei verschieden temperierte Luftmassen durchaus nebeneinander herfließen, ohne daß die eine gegen die andere vorrückt. Das ist dann der Fall, wenn die Margulesschen Gleichgewichtsbedingungen erfüllt sind, oder anders ausgedrückt, wenn das thermodynamische Zirkulationssystem der Solenoide dem Zirkulationssystem der ablenkenden Kraft der Erdrotation das Gleichgewicht hält. Im Gleichgewicht hat der Neigungswinkel einen ganz bestimmten Wert, der nach Gleichung (42) (II/6 a) gegeben ist, durch

$$tg\,\alpha = \frac{l}{g}\,T_1 \cdot \frac{\Delta v}{\Delta T}$$

## 4. Die Fronten

Steht die Grenzfläche steiler als es der Gleichgewichtslage entspricht, so vermehren sich die Druck-spez. Volumen Solenoide. Es treten Zirkulationsenergien auf, die die Gleichgewichtslage herzustellen suchen. Dabei gleitet die Warmluft an der Kaltluft aufwärts. Man nennt deshalb diese Art der Grenzfläche „Aufgleitfläche“. Liegt die Grenzfläche flacher, als es das Gleichgewicht fordert, so treten entsprechende Zirkulationsbewegungen im umgekehrten Sinn auf, die die Warmluft an der Kaltluft abgleiten lassen. Die Grenzfläche hat dann den Charakter einer Abgleitfläche nach der Bezeichnung von Stüve. Bei den Aufgleitflächen unterscheidet man zwei Arten. Ist die Warmluft die schneller bewegte, so gleitet sie an der Kaltluft empor. Man nennt die Aufgleitfläche deshalb eine „aktive“. Ist die Kaltluft die schneller bewegte, so wird die Warmluft durch sie mehr oder weniger gewaltsam emporgehoben, die Aufgleitfläche heißt dann „passiv“. Wir werden aber später sehen, daß das Wort „passives Aufgleiten“ nicht ganz mit den tatsächlichen Wettervorgängen im Einklang steht.

Eine andere und vielseitigere Einteilung ist die, daß man die Front nach der an ihr wirkenden Luftmasse benennt. Die aktive Aufgleitfläche bekommt dann den Namen Warmfront, die passive den Namen Kaltfront. Die Wettererscheinungen sind bei beiden verschieden. Wir können sie bei dem „Westwetter“, das ja in unseren Breiten der westlichen Winde das vorherrschende ist, oft verfolgen und studieren.

### a) Die Warmfront

Die Warmfront entsteht durch Aufgleiten der Warmluft an einem vorgelagerten Kaltluftberg, der weniger schnell in östlicher Richtung abwandert, als die Warmluft von Westen her nachströmt. Da die Neigung der Grenzfläche zwischen Kaltluft und Warmluft etwa 1:50 bis 1:100 beträgt, ist die vertikale Komponente der Aufgleitgeschwindigkeit sehr gering gegenüber der horizontalen. Wenn die Warmluft um 5 m/sec schneller ist als die Kaltluft, so beträgt die Vertikalgeschwindigkeit der letzteren 5 bzw. 10 cm/sec, vorausgesetzt, daß die Warmluft stabil geschichtet ist. Meyer fand bei schnell von West nach Ost ziehenden Zyklonen folgende Horizontal- und Vertikalbewegungen an der Vorderseite der Zyklonen (Abb. 42, die Pfeile entsprechen dabei den Windrichtungen und Geschwindigkeiten). In Erdbodennähe, also in der Reibungsschicht bis etwa 1000 m Höhe, besteht in einem frontfesten Koordinatensystem eine gegen die Front gerichtete horizontale Komponente aus dem davor lagernden Zwischenhoch heraus. Die Vertikalbewegung ist noch nach abwärts

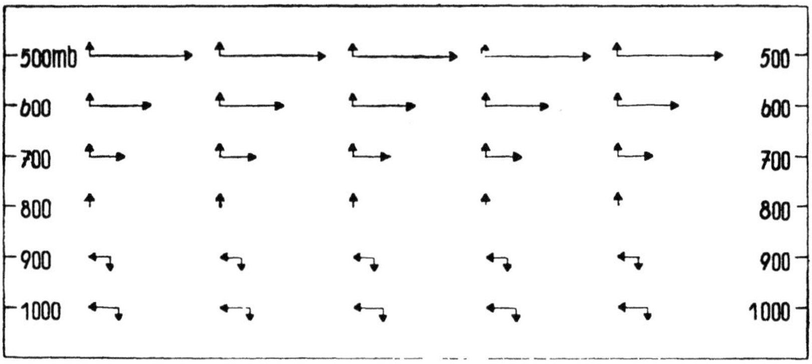


Abb. 42. Bewegungskomponenten an der Warmfront (nach Meyer)

gerichtet. Bis etwa 2500 m bewegen sich dann die Luftmassen so schnell nach Osten wie die Bodenfront. Von dieser Höhe ab ist die Vertikalbewegung nach oben gerichtet und beträgt durchschnittlich 3 cm/sec. Die Horizontalgeschwindigkeit nimmt nun mit wachsender Höhe in Richtung der Frontbewegung stark zu, und zwar ist sie in etwa 6000 m $2^1/_2$mal so groß wie am Boden.

Wir wollen nun eine Warmfront von Westen nach Osten an uns vorüberziehen lassen und das dabei auftretende Wetter studieren:

Der der Warmluft vorgelagerte Kaltluftberg hatte am Boden ein Hochdruckgebiet aufgebaut, in dem wolkenloses, heiteres Wetter herrschte und nur Schönwettercumuli am Himmel zu sehen waren. Durch das Voreilen der Warmluft in der Höhe sind schon da die ersten, durch diesen Vorgang verursachten Wolken zu sehen. Am Westhimmel treten feine weiße Cirren (Federwolken) auf, die meistens aus Eisteilchen bestehen. Sie sind das erste Anzeichen des Aufzuges. Durch irgendwelche periodischen Vorgänge in der Höhe, die zum Teil vom Gelände abhängen, lösen sie sich manchmal noch ein oder mehrere Male auf, um sich dann langsam zu einem kompakten Cirrostratus-Schleier zu verdichten, in dem man an manchen Stellen öfters die durch einen Wind- und Temperatursprung verursachten Gravitationswellen sehen kann, die auch mit Helmholtzwogen bezeichnet werden, da sie Helmholtz als erster untersucht hat (Abb. 43). Im Cirrostratus entstehen oft schöne optische Erscheinungen, sogenannte Halos, von denen der 22°-Halo — ein heller Ring um die Sonne mit einem Radius von 22° — am häufigsten auftritt.

Inzwischen sind schon die höchsten Teile der Aufgleitfront über uns hinweggezogen. Der immer dichter gewordene Cirrostratus geht über in den Altostratus, dessen Untergrenze bereits in 4 bis 6 km liegt. Er ist eine gleichmäßige Schichtwolke, durch die man die Sonne nur noch als matte Scheibe erkennen kann, und besteht teils aus Wasser, teils aus Eisteilchen. Letztere schneien aus, und in manchen Teilen hängen lange „Bärte", sogenannte Fallstreifen, nach unten, die man im Hochgebirge als Schneefall zu spüren bekommt. Bis zum Boden kommen die einzelnen Schneeteilchen noch nicht durch, da sie auf dem noch langen Weg wieder verdunsten.

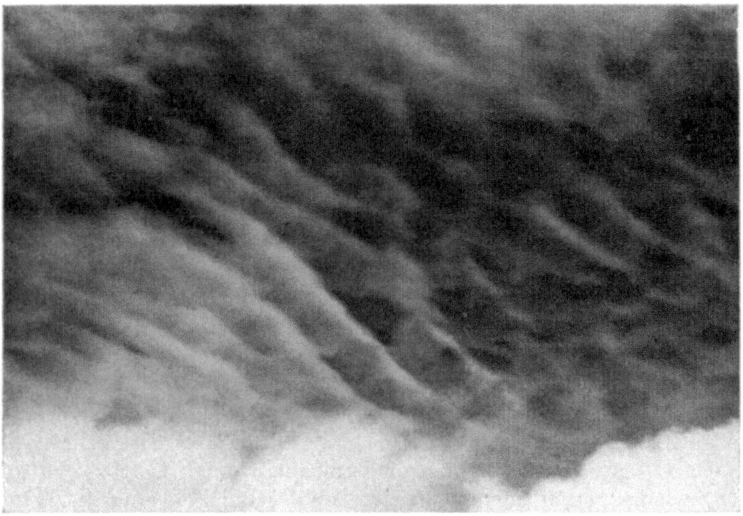

Abb. 43. Helmholtzwogen in Cirrenbewölkung

Dadurch werden die tiefen Schichten aber schon mit Wasserdampf angereichert, ebenso wie in den mittelhohen Schichten durch ausschneiende Cirren die Feuchtigkeit schon zunahm, bevor der Altostratus entstand. Der Kaltluftberg rückt immer weiter nach Osten, die Aufgleitfläche kommt immer tiefer über uns zu liegen; dadurch sinkt die Wolkenbasis weiter ab, die Niederschläge erreichen jetzt auch den Boden in Form von Schnee oder mittelgroßtropfigem Regen. Unter der gleichmäßig grauen Wolkenbasis des Nimbostratus, so nennt man die mächtige Wolke, aus der der Niederschlag fällt, bilden sich oft graue Wolkenfetzen — Fracto-Nimbus. Am Boden bildet sich dann — vor allem im Winter —, nachdem die Kaltluft noch weiter abgewandert ist, Nebel, der durch die Mischung der noch am Boden haftenden Kaltluft und der jetzt auch schon bis zum Boden durchgreifenden Warmluft entsteht. Aus diesem Nebel nieselt es. Allmählich ist die Kaltluft ganz von der Warmluft verdrängt, was man deutlich am Temperaturanstieg erkennt. Die Niederschläge hören auf.

Wegen der meist stabilen Schichtung in der über der Warmfront (Aufgleitfläche) liegenden Warmluft besteht die Warmluftbewölkung zum großen

Teil aus Schichtwolken, die teilweise in mehreren Etagen angeordnet sein können. Oft jedoch, das zeigen die Flugzeugaufstiege, reicht auch der Nimbostratus von wenigen hundert Metern über dem Boden durchgehend bis zu sehr großen Höhen, die gar nicht so selten 8000 und 10000 m betragen. Diese Wolkenmasse besteht in ihrem unteren Teil aus Wassertröpfchen und geht mit der Höhe langsam in Eisteilchen über. Für die Entstehung der mehrere tausend Meter mächtigen Nimbostratuswolke bzw. der manchmal etagenartig angeordneten Aufgleitbewölkung hat Raethjen (11) folgende Erklärung:

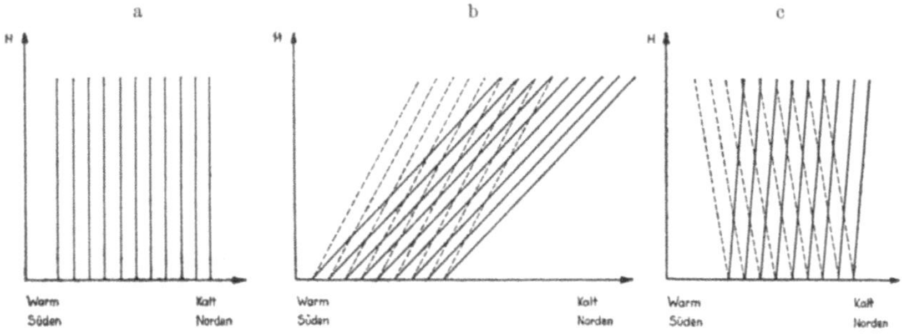


Abb. 44. Isopleten der potentiellen (——) und pseudopotentiellen (......) Temperaturen bei
a) indifferentem Gleichgewicht für noch nicht kondensierte Luft
b) trockenem und feuchtlabilem Gleichgewicht
c) trockenstabilem und feuchtlabilem Gleichgewicht

Nach Helmholtz verlaufen die atmosphärischen Luftbewegungen im Gleichgewichtszustand mit konstanter Geschwindigkeit längs der Trocken- bzw. Feuchtadiabaten, da hierzu, abgesehen von der Reibung, kein Arbeitsaufwand notwendig ist. Befindet sich die Atmosphäre im indifferenten Gleichgewicht, so stehen diese Linien senkrecht auf dem Horizont, ist sie stabil geschichtet, so sind sie, je nach der Stabilität, mehr oder weniger stark geneigt und zwar liegen die Trockenadiabaten flacher als die Feuchtadiabaten (Abb. 44).

Solange noch keine Kondensation auftritt, bewegen sich also die Luftmassen längs der Flächen konstanter potentieller Temperatur. Derartige Ab- bzw. Aufgleitflächen sieht Raethjen in den oft mehrfach übereinanderliegenden Dunstschichten. Besonders gilt dies für die Abgleitflächen in einem Hochdruckgebiet. Überschreitet beim Aufgleiten in den Dunstschichten die relative Feuchtigkeit 100%, so tritt Wolkenbildung ein, und die Aufgleitbewegung folgt fortan nicht mehr der Trocken-, sondern der Feuchtadiabate. Dieser Vorgang kann sich aus den verschiedenen übereinanderliegenden Dunstschichten heraus entwickeln. Es bilden sich Wolkenetagen. Da die Feuchtadiabaten steiler verlaufen als die Trockenadiabaten, steigt auch die Vorderkante dieser Wolkenbänke verhältnismäßig steil an. War die Schichtung selbst über den Dunstbänken nun feuchtadiabatisch, d. h. stehen in ihr die Linien gleicher pseudo-potentieller Temperatur senkrecht oder sind sie bei feuchtlabilen Gradienten sogar negativ geneigt

(Abb. 44c), so wachsen aus den Wolkenbänken mehr oder weniger große Quellungen heraus (Abb. 45), und es kommt schließlich zu einem mächtigen Nimbostratus (Abb. 46).

Da vor der Wolkenbildung die Schichten gleichen Windes, der gewöhnlich mit der Höhe zunimmt, mit den Flächen gleicher potentieller Tem-

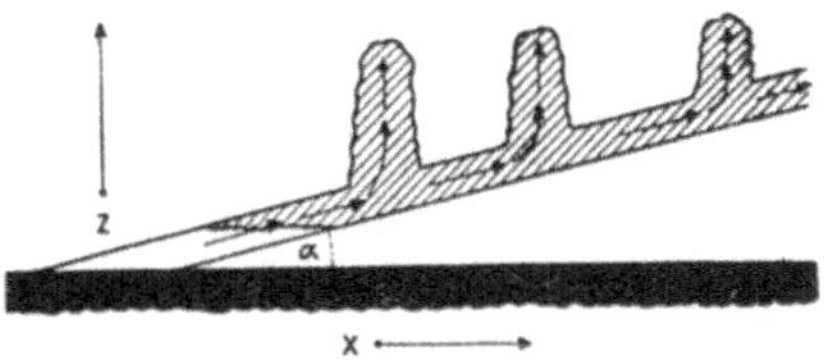


Abb. 45. Bildung von Wolkenschichten an der Warmfront (nach Raethjen)

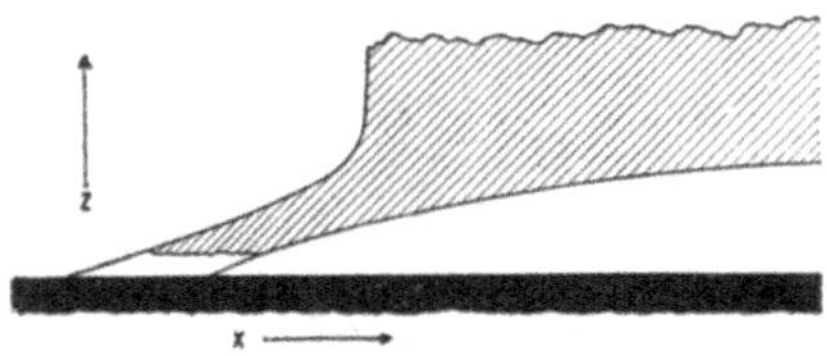


Abb. 46. Nimbostratusbildung an der Warmfront (nach Raethjen)

peratur zusammenfielen, nach der Wolkenbildung aber mit den steiler liegenden Flächen gleicher pseudo-potentiellen Temperatur zusammenfallen, kommt es bei der Entstehung der Wolkenmasse zu einem Luftmassenaustausch zwischen den einzelnen Höhenschichten, der um so lebhafter ist, je mehr der Wind mit der Höhe vorher zunahm, da sich die Luftbewegung in der neuen Richtung quer durch die alten Bewegungsflächen hindurch kämpfen

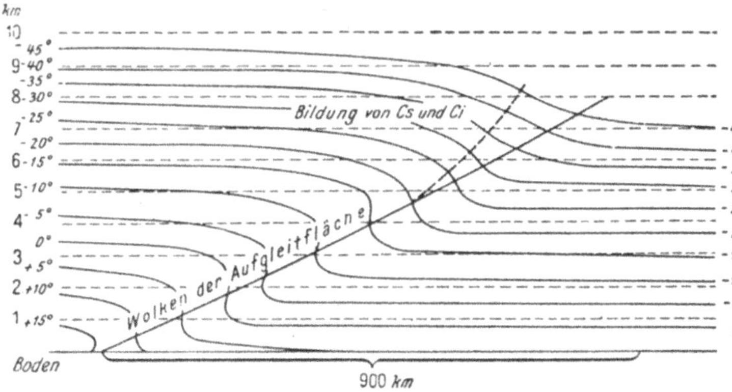


Abb. 47. Schnitt durch eine Warmfront (nach Palmén)

muß. Auf Grund dieses Austausches, der nicht nur in der aufgleitenden Warmluft stattfindet, sondern auch noch in die darunterliegende Kaltluft übergreift, ist nach Raethjen die sonst zu erwartende scharfe Inversion zwischen beiden Luftmassen meistens nur mehr oder weniger gut ausgeprägt. Es bildet sich statt ihrer eine Übergangsschicht aus. Die Mischungszone beträgt in vielen Fällen einige 100 m, wie das auch ein von Palmén gewonnener Schnitt durch eine Aufgleitfläche zeigt (Abb. 47). (In diesem Fall betrug die Neigung der Aufgleitfläche etwa 1:100. Die Aufgleitflächen können aber auch wesentlich steiler liegen, also weiter vom Gleichgewicht entfernt sein, und zwar scheint das vor allem in den zumeist noch jungen Warmfronten über dem Ozean der Fall zu sein.) Abb. 48 zeigt den Gang des Luftdruckes am Boden beim Durchgang einer Warmfront: Mit dem Beginn des Zirrenaufzuges beginnt der Druck zu fallen; der Druckfall setzt sich dann mehr oder weniger gleichmäßig fort, bis die Warmfront am Boden durchzieht und die Kaltluft vollständig von der Warmluft verdrängt ist. Von da ab bleibt entweder

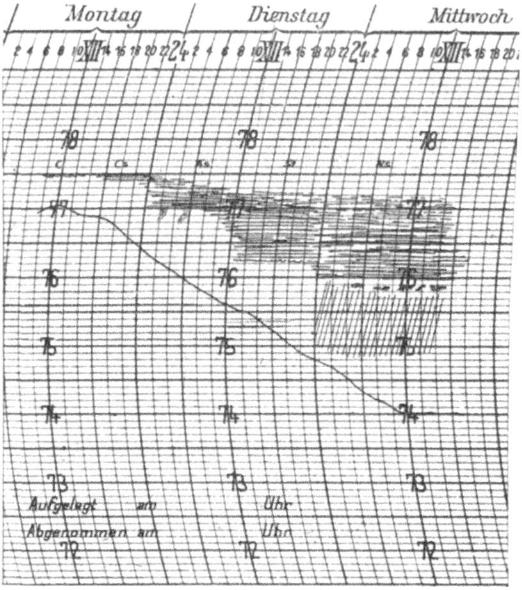


Abb. 48. Gang des Luftdruckes beim Durchzug einer Warmfront mit den dabei auftretenden Wolken
Ci = Cirrus, Cs = Cirrostratus, As = Altostratus, St = Stratus Ns = Nimbostratus

der Druck konstant oder fällt — durch Vorgänge in der Höhe bedingt — wesentlich schwächer. Dabei beginnt sich die Bewölkung zu lockern. Anstatt der Schichtbewölkung kommt jetzt Cumulusbewölkung auf. Wir befinden uns im „Warmsektor".

b) Die Kaltfront

Über der tieferen Cumulusbewölkung des Warmsektors sieht man später auch in den höchsten und mittelhohen Troposphärenschichten (etwa in 10 bzw. 6 km Höhe) Quellbewölkung: Cirrocumulus und Altocumulus. Es muß also in diesen Schichten labiler geworden sein. Diese Labilität wird zum Teil durch nach Norden vorstoßende kalte Höhen-

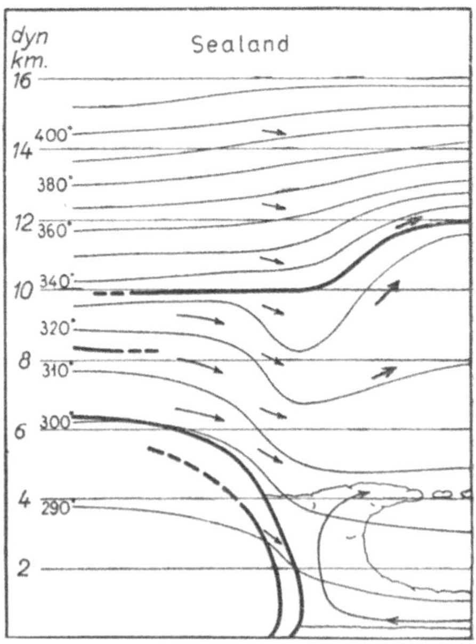


Abb. 49. Linien gleicher potentieller Temperatur und wahrscheinliches Strömungsfeld über der Kaltfront (nach J. Bjerknes—Palmén)

tropikluft (vgl. III), wie es J. Bjerknes und Palmén annehmen, und wohl besonders durch in der Höhe voreilende polare Kaltluft hervorgerufen. Es ist aber auch möglich, daß öfters konvektive Vorgänge dabei eine Rolle spielen, d. h. daß durch aufwärtsgerichtete Vertikalbewegungen in der Warmluft (Streckung) die zunächst sehr stabilen Höhenschichten labiler werden. Dabei müßten Strömungsvorgänge stattfinden, wie wir sie später bei Besprechung des Föhns (VIII, 1) noch kennenlernen werden und wie sie wahrscheinlich tatsächlich in der freien Atmosphäre auftreten. Denn, strömt Warmluft über einen vorgelagerten Kaltluftberg (Abb. 49), so können ähnlich wie hinter einem Gebirge, das quer zur Strömung liegt, Leewellen entstehen, von denen unter bestimmten Voraussetzungen die erste hinter dem Hindernis besonders stark ausgeprägt ist, wie man es in Abb. 49 erkennt.

Abb. 50. Mächtiger Cumulus

Meistens erst nach mehreren Stunden, in denen sich auch die Gipfel der Cumuluswolken der unteren Schichten allmählich in immer größere Höhen hinaufschieben, bricht auch am Boden mit starken Böen die Kaltluft gegen die Warmluft vor und veranlaßt diese zum Aufsteigen. Durch diesen ersten Impuls bedingt, kommt es infolge der oft bis zur Stratosphärengrenze vorherrschenden Labilität in der Warmluft in ihr auf breiter Front gleichzeitig zum aktiven Aufsteigen mit großen Vertikalbewegungen (vgl. II/5f). Es entstehen Cumuli, die besonders im Sommer sehr oft Höhen bis zu 10000 m und noch mehr erreichen (Abb. 50) und dadurch zu Gewittern führen, die längs der ganzen „Einbruchsfront“, welche zum Teil mehr als 1000 km lang ist, einsetzen und am Boden starke Windzunahme hervorrufen.

Die messende Aerologie mit ihren zahlreichen Flugzeugaufstiegen in den letzten Jahren hat unsere Kenntnisse über den Aufbau der Kaltfront wesentlich erweitert. Im Gegensatz zu der noch aus dem ersten Weltkrieg stammenden Darstellung von Bjerknes (12), die in die meisten Lehrbücher auch noch in den letzten Jahren übernommen wurde (Abb. 51), müssen wir uns einen Vertikalschnitt durch die Kaltfront, etwa wie in Abb. 52 (13) gezeigt, vorstellen. Die Grenzfläche ist in den meisten Fällen nicht wie in Abb. 51 stark nach hinten geneigt, sondern steht entsprechend der Windzunahme mit der Höhe mehr oder weniger senkrecht, oder ist

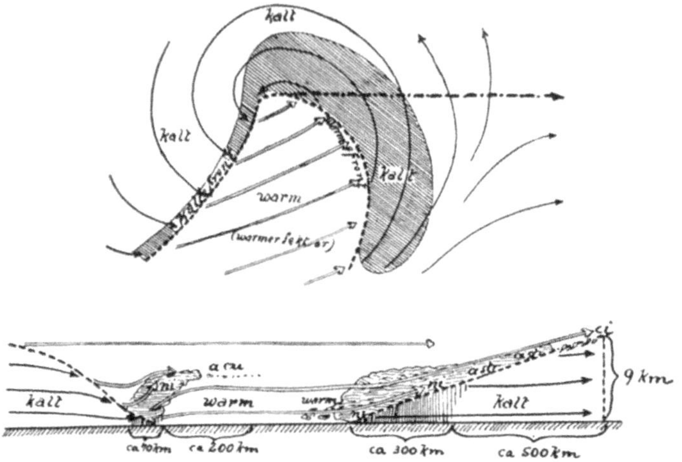


Abb. 51. Vertikalschnitt durch eine Zyklone (nach V. Bjerknes)

sogar, wie J. Künner[1]) (Abb. 53) zeigt, gegen die davorliegende Warmluft geneigt. Außerdem besteht bei der Kaltfront wieder wie bei der Warmfront eine mehr oder weniger mächtige Übergangsschicht an der Stirnseite der Kaltluftmasse.

Unmittelbar hinter der eigentlichen Gewitterfront kommt es zunächst als teilweiser Ausgleich für die in den Gewittern in verhältnismäßig schmalen Streifen kräftig aufsteigenden Luftmassen zu einem allgemeinen, über größerem Gebiet stattfindenden, Absinken. Dadurch lockert sich die Bewölkung stark auf. Öfters folgt aber wieder eine stärkere Bewölkungszunahme mit cumulusartigen Wolken, die zum Teil infolge der Inhomogenität der Kaltluftmasse durch eine weitere interne Einbruchsfront in der Kaltluft hervorgerufen werden kann, oft aber auch ohne diese zu beobachten ist.

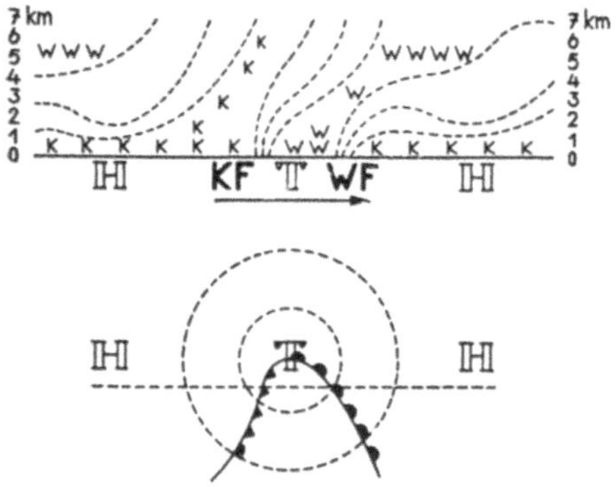


Abb. 52. Vertikalschnitt durch eine Zylone (nach Raethjen)

Die Verhältnisse hinter der Kaltfront hat Sturm (14) näher untersucht und ist zu dem Resultat gekommen, daß im Bereich der noch zyklonal gekrümmten Isobaren Konvergenz, also aufwärtsgerichtete Bewegung vorhanden ist und erst im Zwischenhoch im Bereich

[1]) J. Künner: Vertikalschnitte durch Kaltfronten. M.Z. **1939**, 249.

der antizyklonal gekrümmten Isobaren Absinken stattfindet. Zu diesen Untersuchungen benutzte er den Zirkulationssatz von V. **Bjerknes** (5) [II, 7 c Gleichung (51)], wobei er das Verhalten einer flüssigen Linie auf der Isobarenfläche ($dp=0$) verfolgt.

$$\frac{dC_r}{dt} = -2\,\omega \cdot \frac{dF'}{dt}$$

Die Zirkulationsrichtung erhält man dann aus der Änderung der durch die flüssige Linie umschlossenen Fläche $F'$ zwischen der Zeit $t_0$ und $t_1$. Wird $F'$

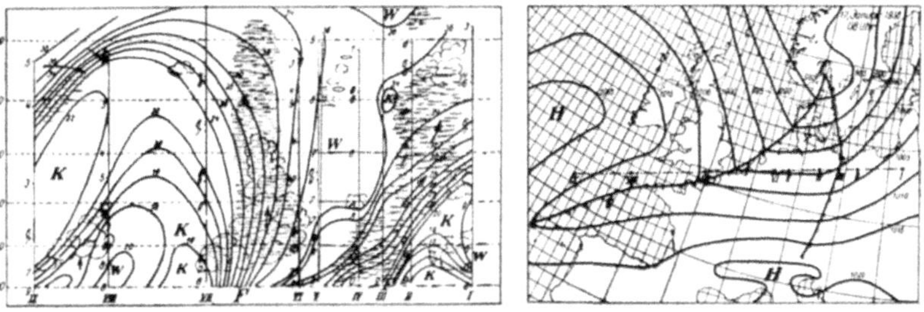

Abb. 53. Vertikalschnitt durch eine Zyklone längs der Spurlinie I......IX (nach **Künner**)

kleiner, so wird nach II/7 d die Zirkulationsenergie positiv, die Richtung also zyklonal, und es tritt Aufwärtsbewegung der Luftmassen ein. Im umgekehrten Fall findet Absinken statt.

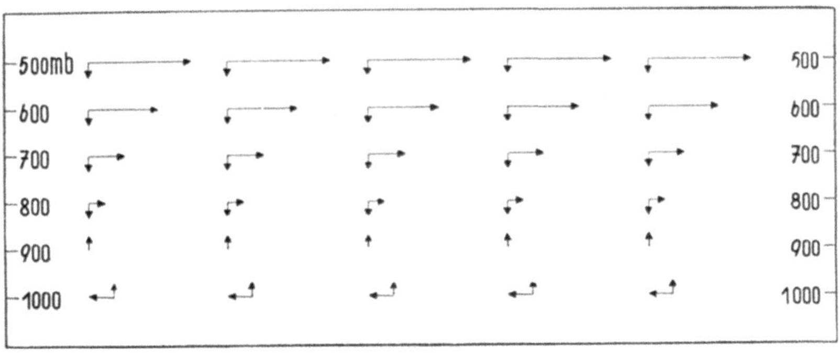


Abb. 54. Bewegungskomponenten an der Kaltfront (nach **Meyer**)

**Meyer** (15) fand für die Kaltfront bzw. Rückseite der schnellziehenden Zyklonen das in Abb. 54 dargestellte Strömungsbild. Vom Boden bis 1000 m ist wie bei der Warmfront — vor ihrem Durchzug — eine Windkomponente gegen die Front vorhanden. Nach dem Durchzug findet sich bis etwa 2000 m eine aufwärtsgerichtete Komponente. In dieser Höhe ist die horizontale Windgeschwindigkeit gleich der Geschwindigkeit, mit der sich die Front am Boden fortbewegt. Ab etwa 2000 m nimmt die Geschwindigkeit in Frontbewegungsrichtung stark zu, und die bis dahin aufwärtsgerichtete Vertikalbewegung wird ersetzt durch eine abwärtsgerichtete von etwa 3 cm/sec.

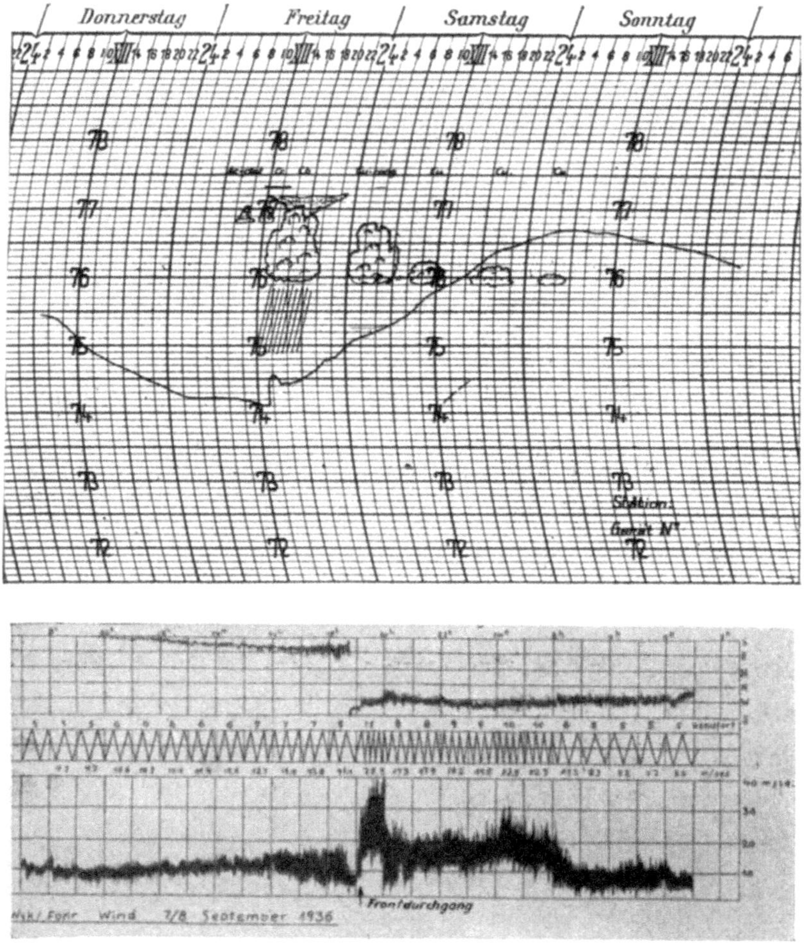


Abb. 55a und b

a) Druckregistrierung vor, bei und nach dem Durchzug einer Kaltfront

b) Windregistrierung an der Kaltfront

Noch charakteristischer als bei der Warmfront ist die Druck- und Windregistrierung bei der Kaltfront, die in Abb. 55a und b dargestellt ist. Vor dem Durchzug der Front am Boden sinkt der Druck, der Wind dreht gegen die Font nach links. In der Höhe zeigt sich bereits die durch die hier voreilende Kaltluft bedingte Quellbewölkung. Mit dem Einbruch der Kaltluft am Boden frischt der Wind stark auf und dreht nach rechts. Zu gleicher

Zeit geht über uns in vielen Fällen die sogenannte Böenwalze (Abb. 56) hinweg, eine quer zur Windrichtung liegende Wolkenwalze mit weißlichem Vorderrand, dem sogenannten Böenkragen. Darüber türmen sich die

Abb. 56. Böenwalze

mächtigen Kumulonimben oft bis 10000 m auf, aus denen dann starke Regen-, Schnee- und öfters auch Hagelschauer fallen. Dabei steigt der Druck sehr stark an, die Registrierung zeigt eine „Nase". Danach steigt

Abb. 57. Wolkenstraße

er meistens — je nach der Homogenität der Kaltluftmasse und den Vorgängen in der Stratosphäre — mehr oder weniger stark weiter. Kommen hinter der eigentlichen Front noch weitere sekundäre Fronten, so zeichnen auch sie sich noch durch kleinere „Nasen" in der Registrierung ab. Der Wind bleibt oft noch lange Zeit nach dem Durchgang der eigentlichen Kaltfront verhältnismäßig stark. Bei nicht zu starker Einstrahlung kommt es dann über homogenem Gelände leicht zur Ausbildung von langen, einander parallel in der Windrichtung liegenden Ketten von Cu mittlerer Mächtigkeit, den Wolkenstraßen, wie sie in Abb. 57 gezeigt werden.

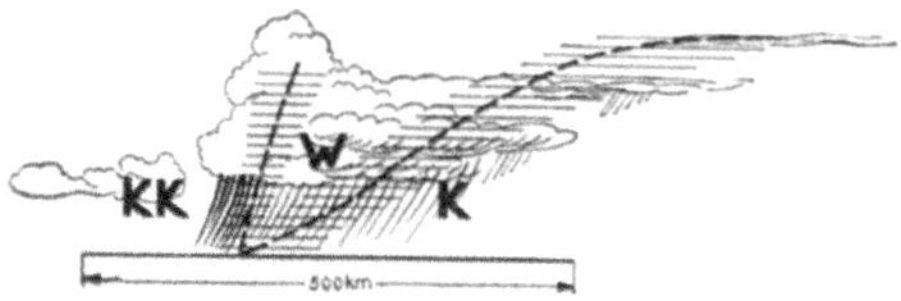


Abb. 58. Die Okklusion

c) Die Okklusionsfront

Zwischen der Warmfront (Aufgleitfront) und der Kaltfront (Einbruchsfront) liegt bei jungen Zyklonen, wie wir bei obigen Betrachtungen auch angenommen haben, vom Boden bis zur Stratosphäre die Warmluft. Rückt die Kaltfront nun schneller vor als die Warmfront, so holt sie diese ein. Die Warmluft wird dann zwischen den beiden Kaltluftmassen der Vorder- und Rückseite vom Boden abgehoben. Wir reden dann von einer Okklusion (Okklusion = Einschließen). Wettermäßig ist das Charakteristische an ihr zunächst der meist stetige Übergang von Aufgleitbewölkung in Einbruchsbewölkung ohne das Aufklaren im Warmsektor. Die Warmluft bildet dabei einen mehr oder weniger stark nach Osten geneigten Keil (Abb. 58) zwischen der Vorderseiten-Kaltluft und der in der Höhe weit nach Osten vorgeschobenen Rückseiten-Kaltluft. Mit vorrückender Zeit nähern sich die beiden Luftmassen immer mehr. Bereits in diesem okkludierten Zustand kommen sehr oft die Fronten auf dem Festland an. Die Okklusionsfront ist hier eine fast häufigere Erscheinung als die voneinander getrennte Warm- und Kaltfront. Der Grund hierfür liegt darin, daß bei dem in unseren Breiten üblichen Westwetter die vom Ozean her voraneilende Warmfront beim Auftreffen auf das Festland stark abge-

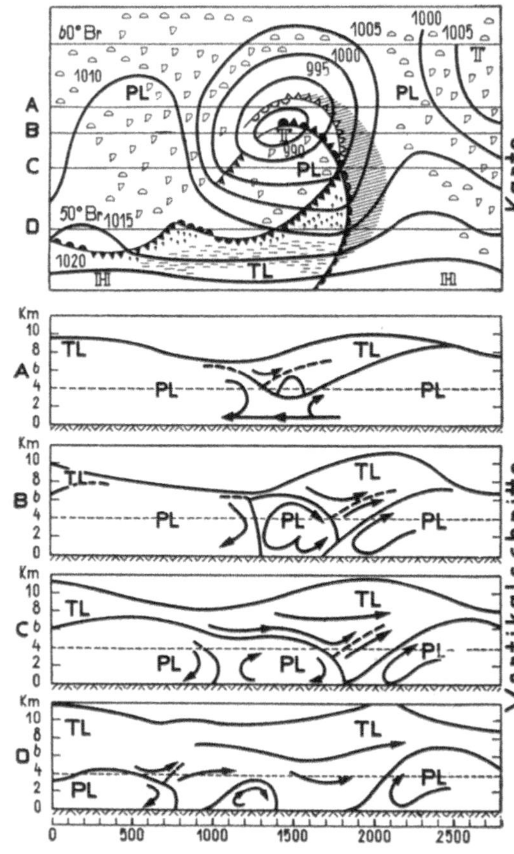


Abb. 59. Okklusionsmodell (nach Bergeron)
TL = Tropikluft. PL = Polarluft

bremst wird, so daß sie von der meistens sowieso schnelleren Kaltfront hier leicht eingeholt werden kann. Je nachdem, ob dann die Vorderseiten- oder die Rückseitenluft die kältere ist, hat die Okklusionsfront selbst, also die Berührungsfläche der beiden Luftmassen, Warm- oder Kaltfrontcharakter, ist an ihr mehr die Schicht- oder die Quellbewölkung vorherrschend.

Abb. 59 zeigt das „Okklusionsmodell" nach Bergeron (16), und zwar zeigt das oberste Bild die Darstellung einer zum Teil okkludierten Zyklone auf der Wetterkarte. Die unteren Darstellungen stellen die Vertikalschnitte A-B-C-D durch die Zyklone in verschiedenen Abständen vom Zentrum dar.

### d) Die Troglinie

Bei manchen Zyklonen bildet sich noch die sogenannte Troglinie aus (Abb. 60). Sie entwickelt sich gewöhnlich vom Beginn der Okklusion an, gehört also zum Altersstadium der Zyklone. Trotzdem kann sie noch sehr

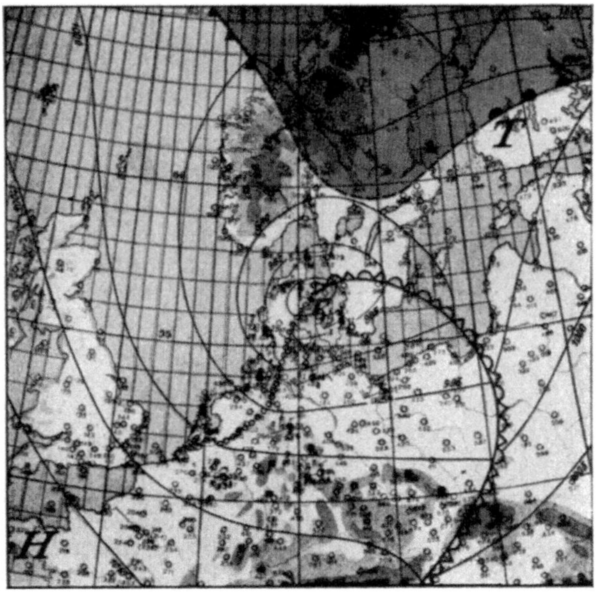


Abb. 60. Okkludierte Zyklone mit Troglinie oooooo

wetterwirksam sein, was sich durch starke teils Aufgleit-, teils Einbruchsbewölkung, Niederschläge und große Windgeschwindigkeiten offenbart. Die Isobaren weisen an der Troglinie eine stärkere Krümmung auf, ohne daß eine ausgesprochene Windkonvergenz vorhanden ist. Hinter der Troglinie befindet sich oft der stärkste Druckanstieg im ganzen Zyklonenbereich.

## 5. Das Tiefdruckgebiet

Die Fronten sind immer mehr oder weniger mit Tiefdruckgebieten gekoppelt. Die Warmfront liegt an ihrer Vorderseite, die Kaltfront an der

Rückseite. Die Bewölkung bzw. das Wetter vor der Warmfront nennt man deshalb auch kurz „Vorderseitenwetter“, das hinter der Kaltfront „Rückseitenwetter“. Durch die Strömungen im Tiefdruckgebiet bedingt, kommen die Kalt- und Warmluftmassen in west-östlicher Richtung nebeneinander zu liegen, und demzufolge haben die Fronten auch meistens eine mehr oder weniger süd-nördliche Erstreckung.

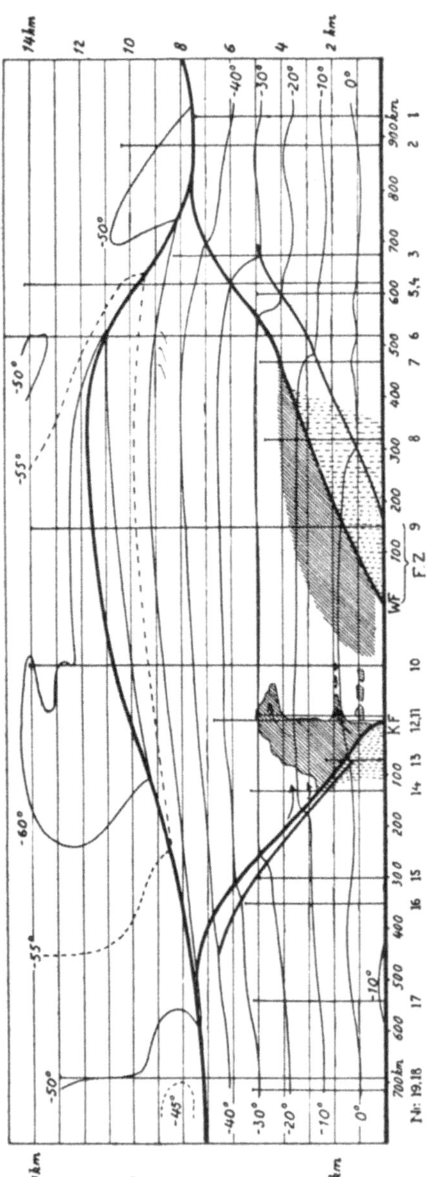

Abb. 61. West-östlicher Vertikalschnitt durch eine Zyklone 28.—31. März 1928 (nach J. Bjerknes) KF = Kaltfront, WF = Warmfront, FZ = Frontalzone

### a) Der vertikale Aufbau des Tiefdruckgebietes

Den vertikalen Aufbau eines in Entwicklung begriffenen Tiefdruckgebietes zeigt uns Abb. 61. Diese Zyklone befand sich vom 28. bis 31. März 1928 über Westeuropa (Abb. 62) und wurde von J. Bjerknes und Palmén (17) analysiert. Der Vertikalschnitt liegt etwa auf der Linie Seeland—Hamburg südlich des Zyklonenzentrums, so daß die Warmfront, der Warmsektor und die Kaltfront erfaßt sind. Es handelt sich also hier um eine noch nicht okkludierte Zyklone. Die schrägliegenden, stark ausgezogenen Linien zeigen die Lage der Fronten an und die obere dicke Linie die Stratosphärengrenze, d. h. die Schicht, in der sich der Temperaturgradient plötzlich ändert. (Nicht immer reicht die Kaltluft bis an die Stratosphäre.) Die schwach ausgezogenen Linien sind die Linien gleicher Temperatur. An dieser Darstellung erkennt man, daß die Fronten — in diesem Fall besonders die Warmfront — keine ganz scharfen Luftmassengrenzen darstellen, sondern eine mehr oder weniger breite Übergangsschicht. Sie kann einige 100 bis sogar einige 1000 m (in unserem Fall

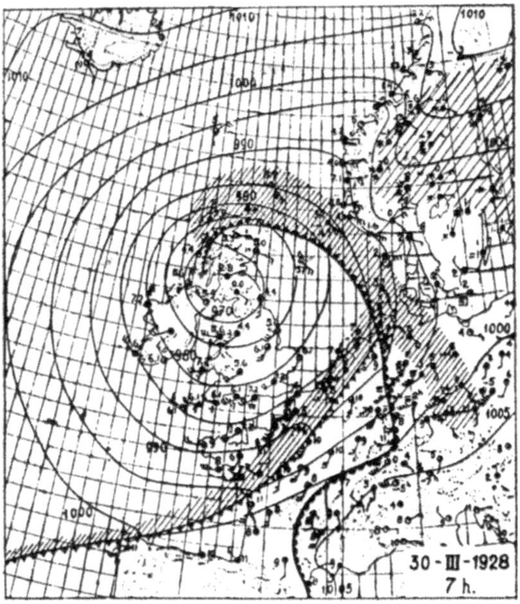


Abb. 62. Wetterlage am 30. März 1928, $7^h$

2000 m) betragen. Bemerkenswert ist die verschieden hohe Lage der Stratosphäre und die damitverbundenenTemperaturen in ihr. Die Abb. 61 zeigt, daß über der troposphärischen Kaltluft die Stratosphäre tief liegt und warm ist, über der Warmluft hoch liegt und kalt ist. Das veranschaulicht uns noch deutlicher der Vergleich der Temperatur-Höhenkurven in beiden Luftmassen (Abb. 63). Diese Gegenläufigkeit der Temperaturen in der Tropo- und Stratosphäre ist sehr markant. Die Erklärung ihrer Ursache werden wir in Kapitel V/6 kennenlernen. Entsprechend ist der Druck durch die über der Kaltluft liegenden warmen Stratosphäre an deren Untergrenze geringer als in gleicher Höhe unter der höherliegenden kalten Stratosphäre. Auch das ist eine wichtige Beziehung, die meistens erfüllt ist. Bei einer jungen Zyklone verschiebt sich also das Druckminimum vom Boden bis zur Stratosphärengrenze nach Westen (siehe Abb. 61).

Ist die Zyklone okkludiert, hat also die Kaltfront die Warmfront eingeholt, so rückt das Wellental der Stratosphärengrenze nach Osten über das Druckminimum am Boden vor, so daß also über der Zyklone am Boden eine kalte Troposphäre und eine warme Stratosphäre liegt.

Eine schematische Darstellung der Temperaturverteilung in einer

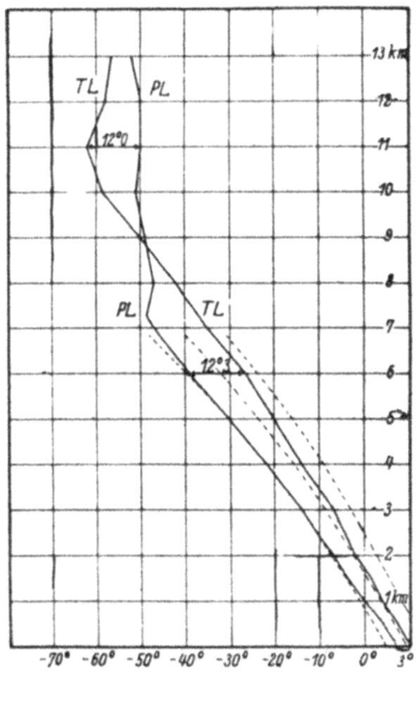


Abb. 63. Temperaturhöhenkurven in Polar- und Tropikluft

Zyklone gibt uns die Abb. 64. Die Darstellung zeigt uns nicht die Temperaturen selbst, sondern die durchschnittlichen Abweichungen vom

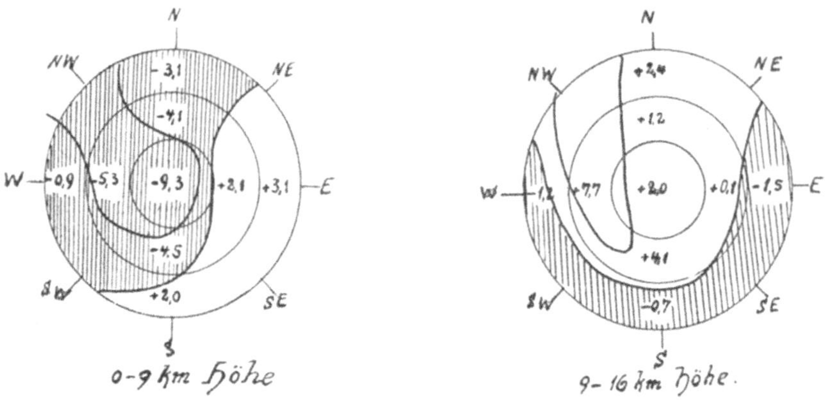


Abb. 64. Temperaturabweichung in den verschiedenen Quadranten einer Zyklone (Jahresmittel)

Mittelwert. Man sieht also auch hier, daß bis 9 km die Zyklone im wesentlichen kalt, über 9 km warm ist. Die engen Beziehungen zwischen

1. mittlerer Temperatur der Troposphäre,
2. Luftdruck in 9 km Höhe und
3. Höhe der Troposphäre

zeigt uns folgende Tabelle:

Tabelle 3

| | Dines (18) | Schedler (19) | Jead-Book | Palmén (20) |
|---|---|---|---|---|
| $^1/_2$ | 0,95 | 0,87 | 0,94 | 0,89 |
| $^1/_3$ | — | — | 0,73 | 0,82 |
| $^2/_3$ | 0,84 | 0,73 | 0,80 | 0,92 |

Würden die oben angegebenen Regeln immer zutreffen, so würde die Beziehung mit dem Faktor 1 bezeichnet. Dieser Faktor, der sogenannte Korrelationskoeffizient, errechnet sich aus der Formel:

$$k = \frac{\Sigma x \cdot y}{\sqrt{x^2 \cdot y^2}}$$

$x$ und $y$ sind die Abweichungen vom Mittelwert derjenigen Größen, deren Beziehungen zueinander untersucht werden sollen. Wie man sieht, besteht zwischen den einzelnen Faktoren obiger Tabelle ein recht enger Zusammenhang.

# KAPITEL V

# Zyklonentheorien

## 1. Geschichtliches

Für eine zuverlässige Wettervorhersage ist die erste Voraussetzung, daß man die Ursachen der wetterwirksamen Vorgänge kennt. Da aber diese mit den Fronten und damit auch mit den Tiefdruckgebieten eng gekoppelt sind, ist es die Aufgabe der Meteorologie bzw. der Synopsis, sich in erster Linie mit der Entstehung und Fortbewegung der Tiefdruckgebiete zu beschäftigen. Die Meinungen über ihre Entstehungsursachen gehen bis jetzt noch sehr weit auseinander, was bei der Kompliziertheit des Wettergeschehens auch nicht verwundert. Vor allem ist man sich über Ursache und Wirkung noch nicht ganz einig. So beherrscht noch weite Kreise der Meteorologie die Frage, ob das Tiefdruckgebiet oder die Front das Primäre ist. Bevor wir uns nun mit den neueren Theorien über diesen Sachverhalt beschäftigen wollen, ist es wohl angebracht, einen kurzen geschichtlichen Rückblick auf die Entwicklung der Anschauungen über Aufbau und Entstehung insbesondere der Zyklonen zu werfen.

Im Jahre 1820 hat Brandes den Zusammenhang zwischen schlechtem, stürmischem Wetter und einem barometrischen Minimum festgestellt. Man nahm an, daß der Gang des Luftdruckes direkt das Wetter beeinflußt. Dove (21), der Altmeister deutscher Meteorologie, zeigte, daß nicht der Luftdruck das Primäre im Wettergeschehen ist, sondern daß in unseren Breiten das Wetter durch den Äquatorialstrom und den Polarstrom bestimmt wird, die miteinander im Kampf stehen. Sie sollten nach seiner Meinung je nach dem Übergewicht des einen oder anderen die mannigfachen Temperatur- und Niederschlagsverhältnisse verursachen. Die Dovesche Theorie ist sehr eng verwandt mit den modernen Theorien. Trotzdem konnte sich damals, wie es ja oft bei solchen der Zeit weit vorauseilenden Anschauungen der Fall ist, die „Luftmassen-Theorie" nicht durchsetzen, und die Theorie der Luftdruckgebilde blieb die vorherrschende. Begünstigt wurde dies durch den bereits erwähnten berühmten Sturm bei Balaklawa, der während des Krimkrieges am 14. November 1854 die vor Sewastopol liegende englisch-französische Flotte schwer heimsuchte. Die Theorie der Luftdruckgebilde beherrschte praktisch die ganze zweite Hälfte des 19. Jahrhunderts. Eine hervorragende Ausnahme bildete der englische Admiral Fitz Roy (22), dessen Theorie den Anschauungen Doves sehr nahe stand. Aber auch ihm ging es wie Dove. Seine zum Teil sehr modernen Ansichten und Lehren gerieten wieder in Vergessenheit.

Infolge des geringen Gewichtes der warmen Luft gegenüber der kälteren nahm Ferrel (23) an, daß die Zyklone ein warmer, die Antizyklone ein kalter Luftkörper sei. Aber schon in den achtziger Jahren wiesen Mohn und Broknow darauf hin, daß in der Zyklone nicht nur ein und derselbe warme Luftkörper existiere, sondern daß an ihrer Vorderseite immer neue warme und an der Rückseite immer neue kalte Luft einströmt. Etwa 20 Jahre später entwarf Bigelow (24) in Nordamerika ein noch verhältnismäßig primitives Schema (Abb. 65) von der Entwicklung der Zyklonen und Antizyklonen an der Grenze von Warm- und Kaltluft. Nach einer Pause von etwa 60 bzw. 40 Jahren wurden die Ansichten Doves bzw. Fitz Roys wieder aufgegriffen und von nun an systematisch ausgebaut. Das Schema Bigelows übertrugen Hanzlik (25/26) und später v. Ficker (27) auf Europa. Zur gleichen Zeit gibt N. Shaw das Schema einer Zyklone, welche aus drei Hauptströmungen besteht (Abb. 66).

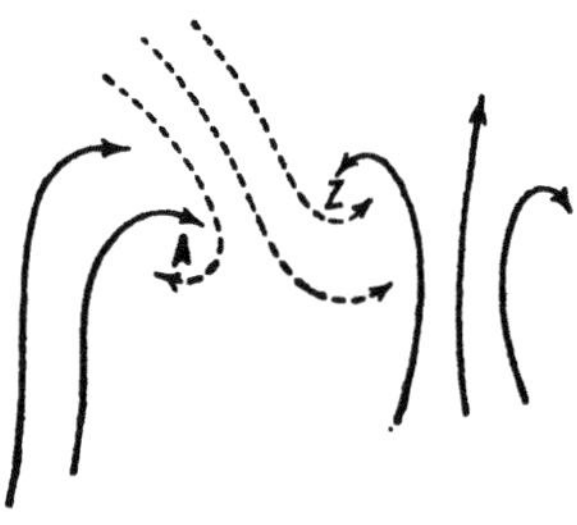


Abb. 65. Schema der Bildung von Zyklonen und Antizyklonen (nach Bigelow, 1900)

So wie der Krimkrieg einen Fortschritt in der Wetterbeurteilung gebracht hatte durch die Einführung einer zweidimensionalen synoptischen Wetterkarte, erbrachte der Weltkrieg 1914—1918 einen weiteren großen Fortschritt durch die langsam, aber systematisch betriebene Einführung der Aerologie, die die dritte Dimension des Wettergeschehens erfaßte.

Während Ferrel noch annahm, daß die Zyklone im ganzen ein warmer, die Antizyklone ein kalter Luftkörper sei, stellte bereits Hann (28) 1890 durch Bergbeobachtungen fest, daß zumindest bis 4000 m die Zyklone kalt gegenüber der Antizyklone sei. Später wurde durch Drachen, Registrierballone und besonders nach dem Weltkrieg durch Flugzeugaufstiege einwandfrei festgestellt, daß die großen, hochreichenden, stationären Zyklonen in der ganzen Troposphäre kalte, die Antizyklonen warme Luftkörper darstellen, und daß sich das erst in der Stratosphäre umkehrt. Durch die modernen Meßmethoden der Aerologie kennt man heute den thermischen Aufbau der Zyklonen und Antizyklonen schon sehr genau.

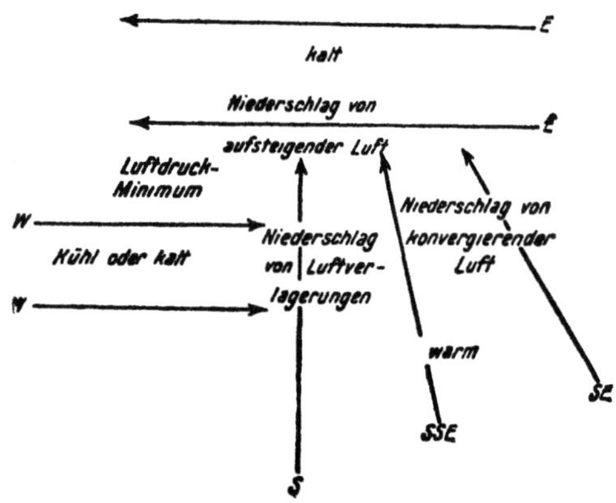


Abb. 66. Schema des Aufbaues einer Zyklone (nach N. Shaw, 1911)

Fitz Roy hatte entsprechend seinen schon recht modernen Ansichten über den Aufbau einer Zyklone im Anschluß an Dove auch eine der norwegischen Schule schon sehr ähnliche Theorie der Entstehung. Er schreibt z. B. in seinem Wetterbuch (1863): „Die Störung selbst wird durch das Zusammentreffen sehr ausgedehnter Luftkörper hervorgerufen, die sich in fast — nicht ganz — entgegengesetzten Richtungen bewegen, dabei gewinnt einer von ihnen allmählich die Oberhand oder vereinigt sich schließlich mit dem anderen.“ — Auch die Luftkörperbeschreibung ist bei ihm fast die gleiche, wie sie Bergeron (9) in seiner „Wetteranalyse“ wiedergibt.

Mangels aerologischer Beobachtungsmöglichkeiten nahm, wie bereits erwähnt, Ferrel (1890) an, daß über dem tiefen Druck warme Luftmassen liegen, über dem hohen kalte: „Die warmen, leichten steigen auf, und es entsteht deshalb im Tiefdruckgebiet Bewölkung, im Hochdruckgebiet sinken die schweren, kalten ab, und die Bewölkung löst sich auf.“ Hann (29) (1877 und 1880) erklärt die Entstehung der Zyklonen mit der Entstehung eines Wirbels um die Ausflußöffnung am Boden eines Wassergefäßes. Er macht dabei allerdings eine, wenn auch geringe Vertiefung des Druckes zur Voraussetzung (z. B. die Tiefdruckrinne zwischen zwei Tiefdruckgebieten), die erst einmal eine zyklonale Strömung einleitet: „Diese wird dann immer stärker, wenn die Luft konzentrisch zum Zentrum, also in dem Beispiel des Wassergefäßes, der Ausflußöffnung zuströmt. Je weiter der Weg ist, den die Luft bis zum Zentrum zurückzulegen hat, also je ausgedehnter das Tiefdruckgebiet ist, um so stärker ist die Zirkulationsströmung im Zentrum ganz analog der Flüssigkeitsströmung an der Ausflußöffnung einer Wanne.“ Während Hann für seine Theorie eine Zyklonalströmung voraussetzt, zeigt Helmholtz (30), der bereits 1875/76 ähnliche Gedankengänge wie Hann veröffentlichte, daß in einer feuchtlabilen Luftmasse durch Umlagerung eine zyklonale Wirbelströmung entstehen kann, ohne daß vorher eine Zyklonalströmung vorhanden zu sein braucht. Die Bedeutung der Feuchtlabilitätsenergie hatte also auch er schon erkannt.

Im Vertikalschnitt stellen Helmholtz und Hann sich die Zyklone als Vertikalzirkulationsrad vor, also ähnlich wie Ekholm (31) und in neuerer Zeit wieder Raethjen (32)[1]).

Im Weltkrieg erfuhren die Zyklonentheorien sehr wertvolle Bereicherungen besonders durch die Norwegische Meteorologenschule unter der Führung von V. Bjerknes (33), zu der fast alle skandinavischen Meteorologen zählen. Bjerknes hat die sogenannte „Wellentheorie“ der Zyklonen aufgestellt und sie durch viele Arbeiten erweitert. Sie faßt die Zyklonen als Störungen an der Polarfront auf, die sich zu großen Wirbeln ausbilden. Mit dieser Theorie, die jetzt noch zu den modernsten gehört und nach der noch viel gearbeitet wird, werden wir uns eingehender beschäftigen.

Neben der Norwegischen Schule war es vor allem die Wiener Schule (Margules, Hann, Exner, Schmidt, v. Ficker, Defant u. a.), die sich in den letzten Jahrzehnten um die Zyklonentheorien große Verdienste erwarb.

Die österreichischen Meteorologen waren sich ebenso wie auch Helmholtz schon lange, bevor die Bjerknessche Polarfronttheorie bestand, über die Bedeutung bewußt, die das Zusammentreffen von Polar- und Subtropikluft für die Entstehung der Zyklonen hatte.

Exner (34) nimmt an, daß aus den Polargegenden periodische Kaltlufteinbrüche nach Süden in Form von Kaltluftzungen stattfinden. Sie bilden für die wärmere Weströmung einen Riegel, hinter dem ein Sog entsteht, der zur Ausbildung einer Zyklone Anlaß gibt (Abb. 67). Diese so entstandene Zyklone verstärkt sich dann durch Zuführung neuer Warm- und Kaltluft immer weiter.

---

[1]) Siehe V/7.

Neben dieser Zyklonentheorie und weiteren wichtigen theoretischen Arbeiten von Exner, Margules, Defant u. a. lieferte die Wiener Schule vor allem durch sehr eingehende Untersuchungen der über Mitteleuropa liegenden, also meistens schon gealterten Zyklonen und Antizyklonen wertvolle Beiträge zur Kenntnis dieser Druckgebilde.

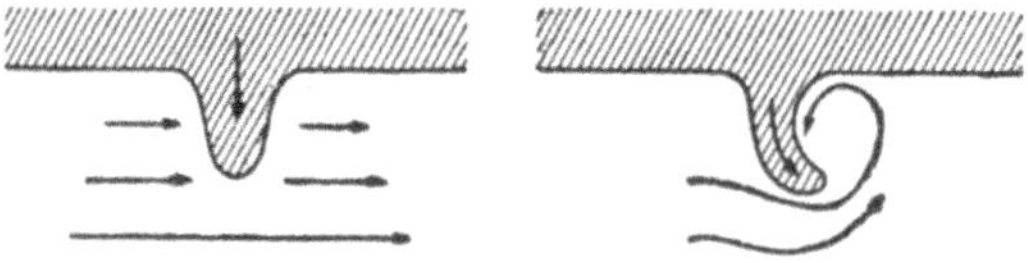

Abb. 67. Entstehung der Zyklone nach der Riegeltheorie von Exner

Die bisher aufgezählten Anschauungen über die Zyklonenentstehung lassen alle die Zyklonen in der Troposphäre ihre Ursache haben. Obwohl schon Hann durch Temperaturmessungen auf Bergen festgestellt hatte, daß das Zyklonenzentrum nicht warm, sondern kalt gegenüber der Umgebung ist und es sich bei dem Hochdruckgebiet entsprechend umgekehrt verhält, erkannte man erst durch die nach dem Weltkrieg immer mehr ausgebauten aerologischen Meßmöglichkeiten, daß man die Verhältnisse in der hohen Troposphäre und in der Stratosphäre viel zu wenig zu den Theorien der Zyklonenbildung herangezogen hatte. Man stellte fest, daß sie einen großen Einfluß auf die troposphärischen Vorgänge ausüben. So war es neben Defant und v. Ficker vor allem die Frankfurter Schule (Baur, Stüve, Mügge, Möller u. a.) und später Scherhag, die die Bedeutung der Stratosphäre für die Zyklonenentwicklung immer wieder unterstrichen. Heute weiß jeder Meteorologe aus der Praxis, daß er seine Prognose ohne Höhenwetterkarte kaum machen kann.

Während die Bergener Schule annimmt, daß die großen Energien in der unteren Troposphäre aufgespeichert sind und umgesetzt werden, glaubt die Frankfurter Schule, daß die größte Anreicherung von Energie in der oberen Troposphäre sitzt. Von hier aus wird nach ihr das Wetter gesteuert. Während für die Bergener die Front der Troposphäre das Primäre bei der Zyklonenentstehung ist, spielt sie bei der Theorie der Steuerung die sekundäre Rolle, weil nach ihrer Ansicht erst durch die Vorgänge in der oberen Troposphäre bzw. in der Stratosphäre ein Drucksystem aufgebaut wird, in dem dann die wetterwirksamen Fronten entstehen. Wir sehen, daß diese Ansicht wieder an Hanns Vorstellungen anlehnt, während die Norwegische Schule, wie bereits erwähnt, den Anschluß an Fitz Roy gefunden hat.

Die Aufgabe der folgenden Kapitel soll es nun sein, die wichtigsten Anschauungen über die Entstehung der Zyklonen darzustellen.

## 2. Die Norwegische Zyklonentheorie

### a) Ausbildung labiler Wellen an der Polarfront nach V. Bjerknes

Nach der Norwegischen Theorie entstehen die Zyklonen und Antizyklonen in unserer Breite als Störungen an der Grenze zwischen Polarluft und Tropikluft: an der sogenannten Polarfront. In Abschnitt II, 6a wurden die Bedingungen aufgezeichnet (Margulessche Gleichgewichtsbedingungen), unter denen zwei verschieden temperierte Luftmassen nebeneinander herfließen können, ohne sich gegenseitig zu stören. Diese Bedingungen sind in der Natur aber auf die Dauer nicht erfüllt.

Nach der Norwegischen Theorie bilden sich zunächst an der Polarfront stabile Wellen aus, ähnlich wie die Wellen zwischen Luft und Wasser

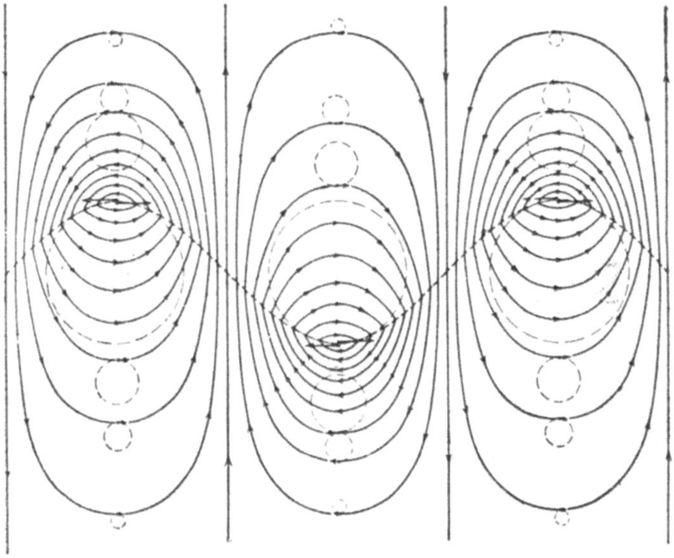

Abb. 68. Stromlinien und Orbitalbahnen der Einzelteilchen bei Wellenstörungen an einer Grenzfläche (nach V. Bjerknes)

oder die schon frühzeitig von Helmholtz untersuchten Wellen an Inversionen; nur haben jene an der Polarfront eine Wellenlänge von einigen 100 bis 1000 km, wobei die Warmluft im flachen Winkel über der Kaltluft liegt. V. Bjerknes (33) hat nun theoretisch nachgewiesen, daß sich beiderseits der Front die Luftteilchen auf Orbitalbahnen bewegen, die, wenn die Welle von Westen nach Osten fortschreitet, am Wellenberg zyklonal, am Wellental antizyklonal verlaufen. Dabei ist der am weitesten in die Kaltluft vorgedrungene Scheitel der Warmluft der Wellenberg, der am weitesten in die Warmluft vorgedrungene Scheitel der Kaltluft das Wellental (Abb.68).

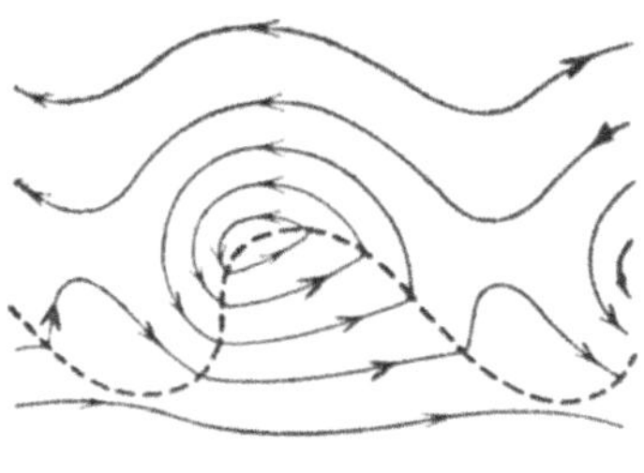

Abb. 69. Theoretisch errechnete Stromlinien an der Polarfrontwelle bei kalter Ost- und warmer Weströmung (nach V. Bjerknes)

Da die Grenzfläche zwischen Warm- und Kaltluft nicht horizontal liegt, sondern geneigt ist, sind die Bahnen der Luftteilchen beiderseits der Front keine Kreise, wie sie sich bei der theoretischen Ableitung der Wellenbewegung ergeben, sondern flache Ellipsen um eine nach oben weisende Achse. Die auf Grund vereinfachender Annahmen von V. Bjerknes gerechneten Stromlinien der Luftmassen beiderseits der Front, wenn eine kalte unter einer stärkeren, warmen Westströmung liegt, stellt Abb. 69 dar. Genau so aber sieht auch die Strömung in einer jungen Zyklone auf der Wetterkarte aus (Abb. 70). Man sieht, der vordere östliche Ast der ausgebuchteten Front bildet eine Warmfront und der hintere westliche eine Kaltfront.

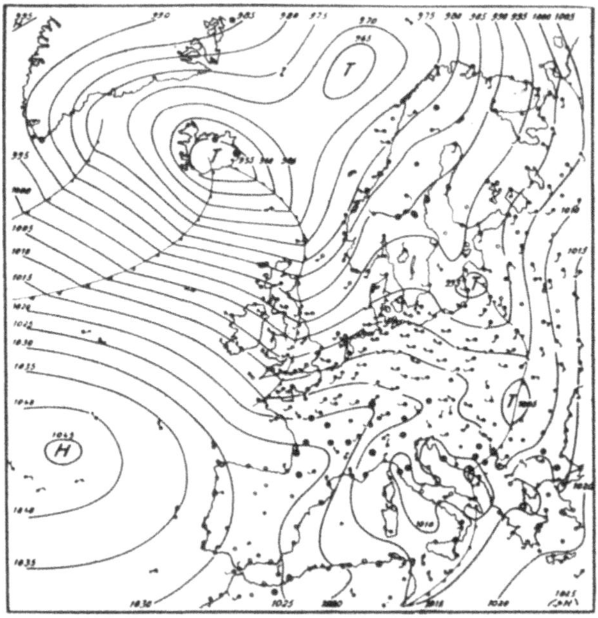

Abb. 70. Junge Zyklone

Rechnung und Beobachtung zeigen, daß die Wellen stabil bleiben, also ihre Amplitude nicht wächst, wenn die Wellenlänge ungefähr 1000 km nicht überschreitet und wenn die Neigung der Grenzfläche nicht größer als etwa 1:150 wird; außerdem muß der Windsprung $\Delta V$ in m/sec kleiner sein als der doppelte Temperatursprung $\Delta T$ in Grad ($\Delta V < 2\ \Delta T$). Diese Voraussetzungen sind aber meist nicht erfüllt, die Welle muß dann instabil werden: Es bildet sich die Zyklone aus. Ihre Entwicklung von den ersten Anfängen bis zur vollständigen Verwirbelung stellen J. Bjerknes und H. Solberg (34) folgendermaßen dar:

### b) Die Entwicklung einer Zyklone nach J. Bjerknes und H. Solberg

Es herrsche eine kalte östliche und eine warme westliche Strömung. Die ungestörte Front (gestrichelt in Abb. 71a) liegt zwischen den beiden ausgezogenen Stromlinien. Das nächste Stadium zeigt Abb. 71b. Es bildet sich eine leichte Ausbuchtung (Welle) der Luftmassengrenze, die Stromlinien konvergieren etwas gegen diese „Front". Das Margulessche Gleichgewicht ist nicht mehr gewahrt. Es tritt eine positive Zirkulation auf, die die Warmluft an der Kaltluft emporgleiten läßt. Dadurch bildet sich nördlich der Front ein kleines Niederschlagsgebiet. Ist die Welle stabil, so geht sie über dieses Stadium nicht hinaus, ist sie dagegen labil, so wächst die Amplitude weiter und die Welle bildet sich zur jungen Zyklone aus (Abb. 71c), die schon gut ausgeprägt eine Aufgleitfront, einen Warmsektor und eine Einbruchsfront besitzt. Am Scheitel des Warmsektors ist der Druck am tiefsten. Das Zentrum der Druckdepression vertieft sich immer weiter. Es rückt mit der aus SW strömenden Warmluft langsam nach NO. Dabei verliert die Zyklone immer mehr den Wellencharakter und verwirbelt (Abb. 71d). Die hinter der Kaltfront vorstoßende Kaltluft hat eine größere Geschwindigkeit als die vor der Warmfront liegende. Dadurch kommt es zur Vereinigung der beiden Fronten — zur Okklusion (Abb. 71e und f). In diesem Stadium hat die Druckdepression ihren tiefsten Wert erreicht und sich nach oben bis zur Stratosphäre ausgedehnt.

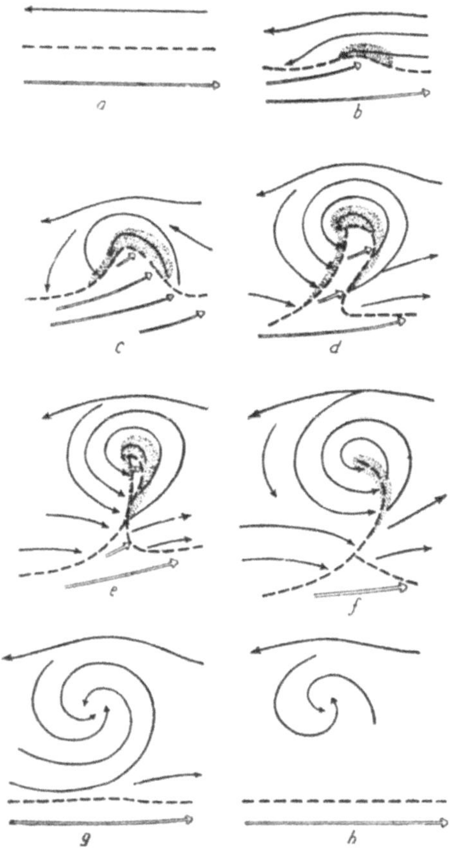

Abb. 71. Lebenslauf einer Zyklone (nach J. Bjerknes und H. Solberg)

Abb. 71g und h zeigen das Absterben der Zyklone.

Diese einzelnen Entwicklungsstadien zeigen auf der Wetterkarte noch einmal die Abb. 72a und b.

### c) Die Regeneration von Zyklonen

Es kommt öfters vor, daß sich aus dem Okklusionsstadium heraus wieder Zyklonen bilden, indem sich die Druckdepression bei den von Westen nach Osten ziehenden Zyklonen von Norden nach Süden an die Stelle verlagert, wo die beiden Fronten auseinandergehen. Durch orographische Einflüsse wird oft diese Entwicklung stark begünstigt. Auf diese Weise entstehen die sogenannten Skagerrakzyklonen (Abb. 73), wo durch die norwegische Küste die Warmfront der von Westen kommenden

Zyklone in ihrem nördlichen Teil stark abgebremst wird, während sie in ihrem südlichen Teil (an der Stelle, wo die Küste den Bogen nach Osten

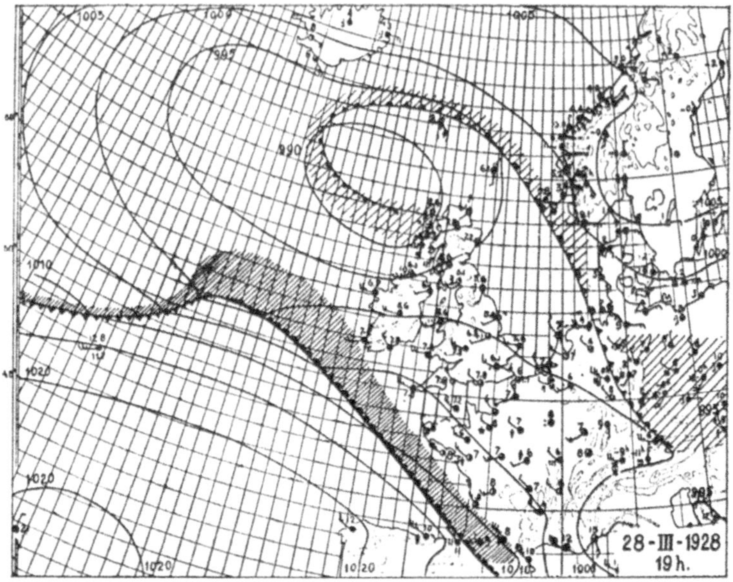


Beginn der Zyklonenbildung

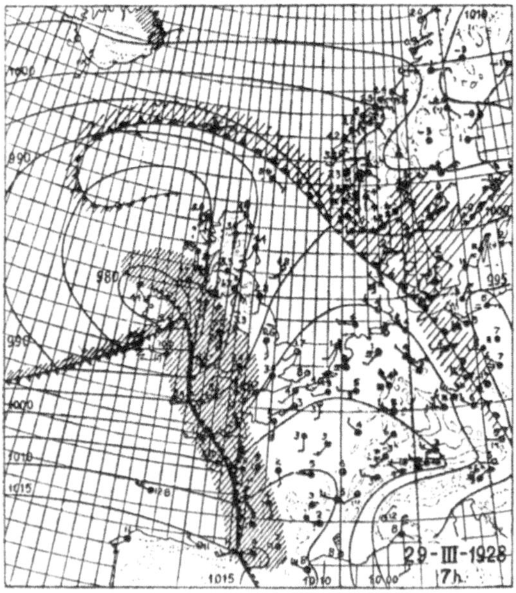


Ausgebildete junge Zyklone

Abb. 72a. Entwicklung einer Zyklone vom 28.—30. März 1928 (nach J. Bjerknes)

macht) ungestört über das Skagerrak weiter nach Osten ziehen kann. Am Gabelungspunkt der beiden Fronten entsteht dann die neue Zyklone.

Weiter kann sich aus dem Okklusionsstadium wieder eine neue Zyklone entwickeln, wenn die an der Rückseite vorstoßende maritime Kaltluft wärmer ist als die vor der Warmfront gelagerte; denn dann gleitet die erstere im südlichen Teil der Okklusion wieder an der letzteren empor. Es entsteht eine Warmfront und ein neuer Warmsektor, während im nördlichen, zurückgebogenen Teil der Okklusion die kalte, nordost- bzw. nordwärts gelagerte Kaltluft gegen die wärmere Maritimluft vorstößt und eine Kaltfront bildet. Dies alles kann sich öfters wiederholen, wobei sich die Zyklone immer weiter vertiefen und sich zu einer sehr tiefen Zentralzyklone ausbilden kann. Eine solche ist z. B. die Islandzyklone, die besonders im Winter fast immer auf der gleichen Stelle liegen bleibt und an ihrer Südseite Zyklonenserien in unser Gebiet ziehen läßt.

d) Zyklonen-Familien

Diese Zyklonen-Serien oder Zyklonen-Familien, die schon länger als solche bekannt sind, wurden durch J. Bjerknes und Solberg (34) näher untersucht.

Eine solche Serie entsteht nach ihrer Theorie

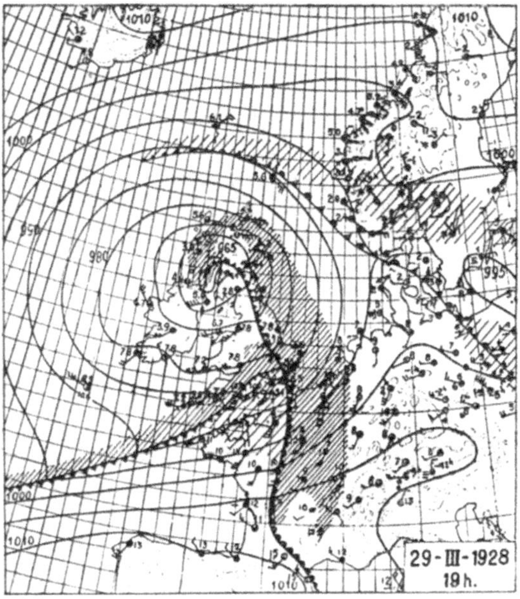


Beginnende Okklusion

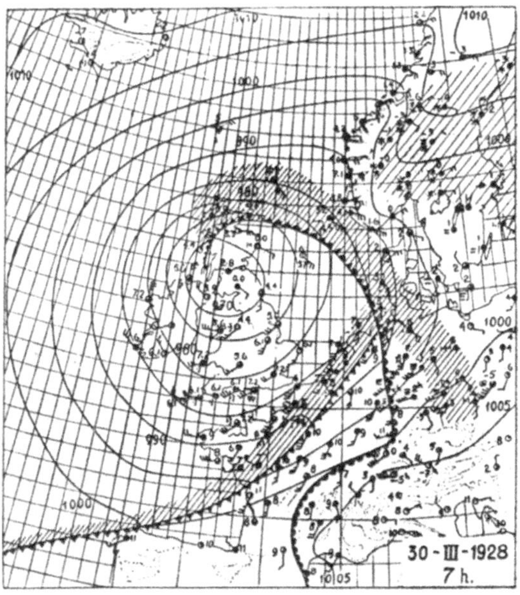


Höhepunkt der Vertiefung überschritten

Abb. 72b. Okklusionsstadium der Zyklone vom 28.—30. März 1928 (nach J. Bjerknes)

an der Polarfront und besteht im Durchschnitt aus vier Einzelzyklonen. „In einer Zyklonen-Serie, die sich an ein und derselben Front bildet, bewegt sich in der Regel jede Zyklone auf einer Bahn, welche südlicher als die der vorher-

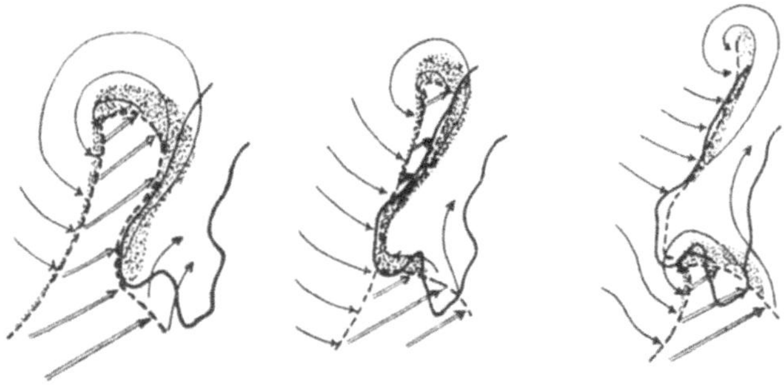

Abb. 73. Skagerrak-Zyklone

gehenden Zyklone liegt“ (Abb. 74) In unserem Gebiet treffen die beiden ersten Zyklonen gewöhnlich okkludiert ein, während die nachfolgenden meist noch in einem jüngeren Stadium erscheinen. Die für jede nachfolgende Zyklone südlichere Bahn kommt dadurch zustande, daß die auf der Rückseite der vorangehenden Zyklone liegende Kaltluft immer weiter nach Süden über ihre bisherige Grenze mit der Tropikluft vorstößt. Wenn die Kaltluft auf der Rückseite der letzten Zyklone die Grenze der innertropischen Zirkulation (Abb. 39 und 41) erreicht hat, ist die Zyklonen-Familie abgeschlossen.

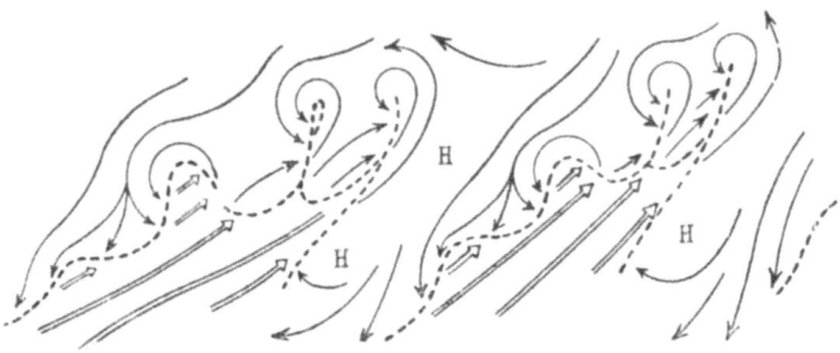


Abb. 74. Zyklonenfamilien (nach J. Bjerknes und H. Solberg)

Diese Kaltluft baut zunächst ein thermisches Hochdruckgebiet auf, das sich dann mit dem Azorenhoch verbindet. Zwischen ihm und der im Norden liegenden Zentralzyklone bildet sich dann wieder in höheren Breiten eine neue Polarfront aus, an der sich erneut Zyklonen-Familien bilden. Einzelne Zyklonen der Familie regenerieren die Zentralzyklone oder treten an ihre Stelle, werden also stationär. Im allgemeinen aber wird die Zyklonen-Serie im umgekehrten Uhrzeigersinn um die Zentralzyklone herumgesteuert. Die Zahl der Zyklonen-Serien, die innerhalb eines Jahres vom Atlantik nach Europa kommen, ist verhältnismäßig konstant. Man kann sie etwa mit 65 $\pm$ 10% annehmen.

Verbunden mit den Zyklonen sind meistens mehr oder weniger große Windgeschwindigkeiten, die, je mehr sich die Zyklone vertieft, um so größere Werte bis zu Orkanstärke annehmen können. In diesem Zusammenhang interessiert natürlich die Frage nach der Kinetik der Zyklonenbildung.

### e) Die Kinetik der Zyklonenbildung

Die Hauptquelle der kinetischen Zyklonenenergie sieht die Norwegische Theorie in der potentiellen Energie der horizontal-labilen Lagerung der Warm- und Kaltluft innerhalb der Zyklone. Solange die Margulesschen Gleichgewichtsbedingungen erfüllt sind, wird diese labile potentielle Energie nicht ausgelöst. Das geschieht erst, wenn durch Störung dieses Strömungsgleichgewichts Zirkulationen entstehen, die die Warmluft aufsteigen, die Kaltluft absinken lassen. Das Aufsteigen der Warmluft geschieht besonders an der Warmfront und im Warmsektor kurz vor der Kaltfront und ist mit Arbeitsgewinn verbunden (siehe auch V. 8), der bei Feuchtlabilität noch durch die potentielle Energie der vertikalen Schichtung und die beim Aufsteigen freiwerdende Kondensationswärme vermehrt wird. Über dem größten Teil der Kaltfront sinkt die Warmluft ab, was mit einem Arbeitsaufwand verbunden ist. Besonders an der Warmfront wird also potentielle Energie in steigendem Maße in kinetische Energie umgewandelt. Diese zunehmende kinetische Energie sorgt ihrerseits wieder für eine Verstärkung des Druckgradienten durch das Auspumpen der Luft in der Höhe an der Vorderseite der Zyklone. Das Auspumpen, das für die Zyklonenentwicklung nach dieser Theorie eine große Rolle spielt, kann man sich folgendermaßen vorstellen: Die strömende Luft befindet sich im Gleichgewicht, wenn, wie wir wissen, die ablenkende Kraft der Erdrotation und die Zentrifugalkraft der Gradientkraft das Gleichgewicht halten. Wird die Strömungsgeschwindigkeit nun immer größer, so wächst damit auch proportional die nach dem hohen Druck gerichtete ablenkende Kraft der Erdrotation. Der Gradient kann sich nicht so schnell mitändern, und so bleibt die Gradientkraft bei positiv beschleunigten Strömungen immer etwas kleiner. Dadurch wird aber entsprechend den größeren, vom Zentrum nach außen gerichteten Kräften die Strömung gegen den hohen Druck gelenkt, was ein Auspumpen aus dem Tiefdruckgebiet zur Folge hat. Bei negativ beschleunigten Strömungen ist es umgekehrt. Da nun an der Vorderseite des Tiefdruckgebietes — an der Warmfront — die kinetische Energie auf Kosten der potentiellen Energie am stärksten zunimmt ist hier auch das Auspumpen am stärksten. Am Boden wird die Strömung durch die Reibung abgebremst, so daß der Auspumpeffekt erst in höheren Schichten wirksam wird. Dieser ganze Mechanismus bedingt, daß der Druck an der Vorderseite am stärksten fällt, während er auf der Rückseite durch die negative Zirkulation (Einpumpen) steigt. Die Zyklone verlagert sich dann in Richtung des stärksten Druckfalles.

Im fortschreitenden Okklusionsstadium sinkt der Schwerpunkt beider Luftmassen immer tiefer. Dadurch verschwindet die potentielle Energie mehr und mehr, bis das Innere der Zyklone vom Boden bis zur Höhe mit Kaltluft angefüllt und der Vorrat an potentieller Energie damit ganz erschöpft ist. Es findet jetzt auch kein Auspumpen mehr statt. Da wegen der Reibung am Boden in den unteren Atmosphärenschichten die Gradientkraft die ablenkende Kraft der Erdrotation überwiegt, konvergiert hier die Strömung gegen das Zentrum. Die Kaltluft im Innern wölbt sich dadurch auf, kühlt sich dabei in der Höhe ab und wird kälter als die Umgebung. Hierdurch entsteht oben ein Solenoidenfeld, das eine der normalen Zirkulation entgegengesetzte Zirkulation erzeugt und die kinetische Energie aufzehrt. Die Zyklone stirbt ab.

Obige Darlegungen mögen vorläufig über die Ansichten der Norwegischen Schule von der Bildung und Kinetik der Zyklonen, wie sie im wesentlichen in Chromow „Einführung in die synoptische Wetteranalyse" dargestellt sind, genügen.

Das wesentliche Merkmal der Norwegischen Theorie ist, daß sich nach ihr die Zyklonen als Folge von Störungen an der Grenzfläche zweier troposphärischer Luftmassen bilden und aus der potentiellen Energie der horizontal labilen Lagerung der beiden Luftmassen auch ihre Energien schöpfen. Die bei der Zyklogenese auftretenden Vertiefungen und Ausbuchtungen der Stratosphäre sieht sie nur als Wirkung der Vorgänge in der Troposphäre an.

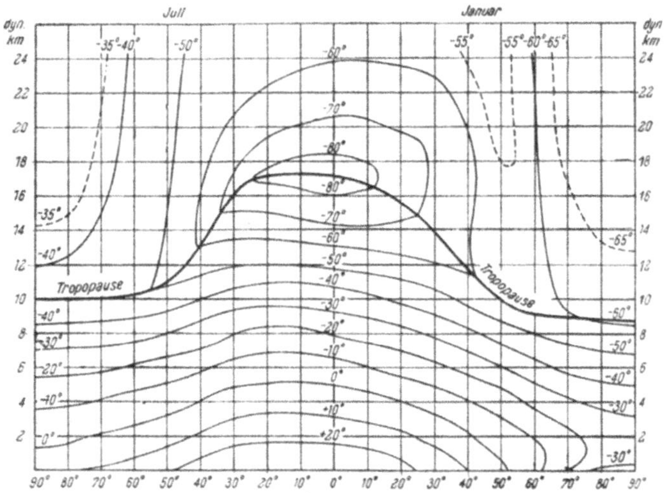


Abb. 75. Vertikale Temperaturverteilung und Tropopausenhöhe in einem vom Äquator bis zum Nordpol reichenden Vertikalschnitt (nach Palmén 1934)

### f) Die Verlagerung der Tropopause (Stratosphärenuntergrenze) über Zyklone und Antizyklone nach Palmén (20, 36)

In Abb. 61 sahen wir bei dem Vertikalschnitt durch eine Zyklone eine hohe Lage der Stratosphäre über dem Warmsektor, also in der Tropikluft, und eine tiefe über der Vorder- und Rückseite der Zyklone in der Polarluft. Daß überhaupt in der Tropikluft die Stratosphäre höher liegt als in der Polarluft, zeigt ein Vertikalschnitt längs eines Meridians vom Äquator zum

Pol (Abb. 75). Diese meridional bedingten Höhenunterschiede allein reichen aber in vielen Fällen nicht aus, um die großen Höhenunterschiede der Tropopausenlagen über dem Warmsektor und der Vorder- und Rückseite

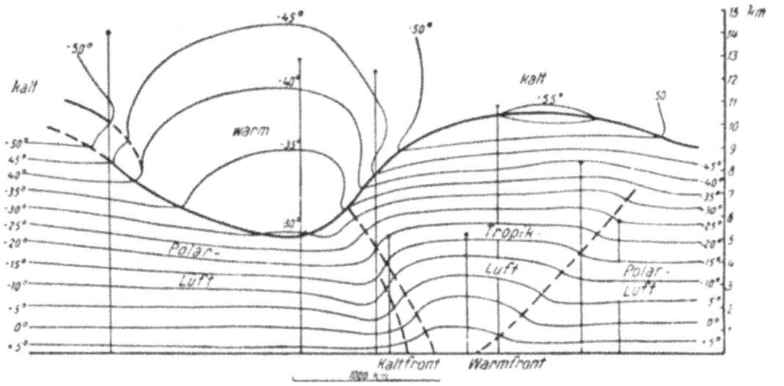


Abb. 76. Vertikalschnitt durch eine Zyklone (nach **Palmén**)

der Zyklonen, wie er ganz besonders bei der Zyklone in Abb. 76 hervortritt zu erklären. Es müssen hierbei noch Vertikalbewegungen eine Rolle spielen. Zur Erklärung dieser Tatsache hat Palmén englisches aerologisches Material der Wintermonate 1924—29 einer genauen Analyse unterzogen.

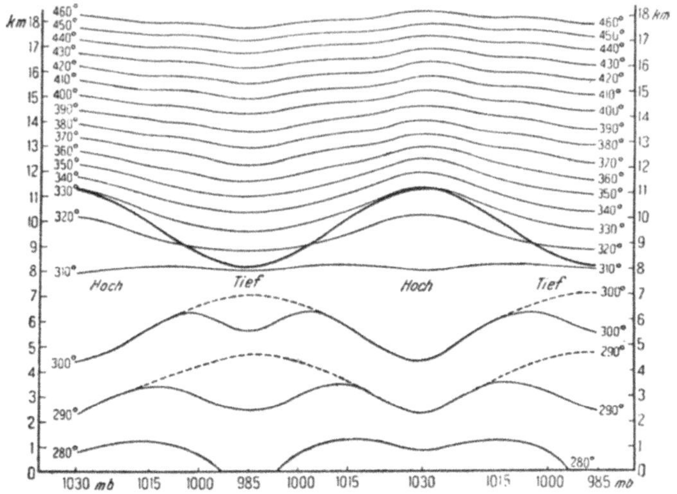


Abb. 77. Schematischer Querschnitt durch eine Polarluftzyklone und -antizyklone. Verteilung der potentiellen Temperaturen und Schwankung der Tropopausenhöhe (nach Palmén 1932)

Und zwar untersuchte er vollständig okkludierte Zyklonen und hochreichende Antizyklonen — also schon gealterte Luftkörper —, um wirklich homogene Luftmassen ohne Diskontinuitäten vor sich zu haben. In diesen Fällen liegen — wie wir bereits in IV/5 a sahen — die Druckmaxima bzw. Minima in der Troposphäre und Stratosphäre senkrecht übereinander.

Palmén zeichnete die Linien gleicher potentieller Temperatur vom Boden bis 18 km Höhe (Abb. 77). In dieser Darstellung erkennt man nun sofort folgendes: Während in 8 km Höhe die potentielle Temperatur sowohl über der Zyklone als auch über der Antizyklone gleich ist, heben sich oberhalb 8 km die Isolinien über dem Hochdruckgebiet und senken sich über dem Tiefdruckgebiet. Unter 8 km ist es im wesentlichen gerade umgekehrt. Die Ausbuchtung der Isolinien über dem Tiefdruckgebiet unterhalb 8 km nach unten ist höchstwahrscheinlich auf die Kondensationswärme zurückzuführen, die bei der großräumigen und mächtigen Wolkenbildung in einer Zyklone frei wird. Ohne die Wolkenbildung würden die Linien gleicher potentieller Temperatur wahrscheinlich den gestrichelten Verlauf haben. Aus III/2 e wissen wir, daß Linien gleicher potentieller Temperatur zugleich als Stromlinien angesehen werden können, wenn die Luftmassenbewegungen adiabatisch vor sich gehen, was Palmén auch bei den Vertikalbewegungen in den Tief- und Hochdruckgebieten annimmt. Das hieße aber dann, daß in einem okkludierten Tiefdruckgebiet bis etwa 8 km Höhe Aufsteigen, über dieser Höhe Absinken der Luftmassen stattfindet (Abb. 78a). Im Hochdruckgebiet wäre es umgekehrt (Abb. 78b). Nach Palméns Vorstellung findet also in etwa 8 km Höhe über dem Tiefdruckgebiet ein Ausströmen = Divergieren, über dem Hochdruckgebiet ein Einströmen = Konvergieren der Luftmassen statt. In dieser Höhe vollzieht sich nach ihm der Aus- und Einpumpvorgang, der für den Luftmassenhaushalt im Tief- und Hochdruckgebiet maßgebend ist.

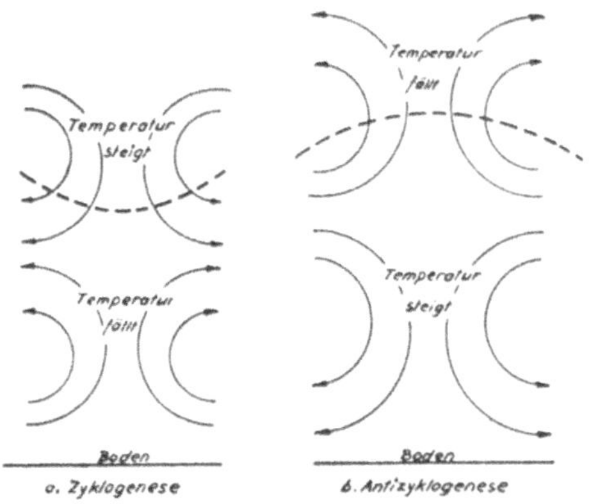


Abb. 78. Vertikalbewegung in einer Zyklone und Antizyklone (nach Palmén) a) Zyklogenese und b) Antizyklogenese

In den Vertikalbewegungen oberhalb durchschnittlich 8 km sieht er die Ursache der Tropopausenschwingung. Aber wie man sieht, ist die Amplitude der durch die Isopleten der potentiellen Temperatur dargestellten Luftmassenverlagerung nur halb so groß wie die der Tropopause, die als dick ausgezogene Linie in die Abb. 77 mit eingezeichnet ist. Diese Tatsache könnte man einmal damit erklären, daß die Vorgänge nicht — wie angenommen — adiabatisch verlaufen, sondern daß Strahlungseinflüsse mitwirken. Andererseits aber nimmt Palmén an, und dieser Auffassung gibt er den Vorzug, daß die Tropopause nicht eine Grenzfläche ist, die über längere Zeiträume unverändert aus den gleichen materiellen Teilchen besteht, sondern daß sie sich über dem Tiefdruckgebiet auflöst und sich an der Stelle, wo die oberen Bewegungen konvergieren, neu bildet. Eine genaue aerologische Untersuchung dieses Falles hat auch tatsächlich eine blättrige Struktur der Tropopause ergeben (Abb. 79).

### g) Die Herkunft der Druckschwankungen in verschiedenen Höhen bei der Zyklonenbildung nach J. Bjerknes (37)

Während Palmén für seine Untersuchungen schon ausgereifte, okkludierte Zyklonen und hochreichende Antizyklonen heranzog, um über ihnen die starken Vertiefungen und Ausbuchtungen der Stratosphärengrenze zu erklären, sieht J. Bjerknes für junge, sich noch vertiefende Zyklonen die

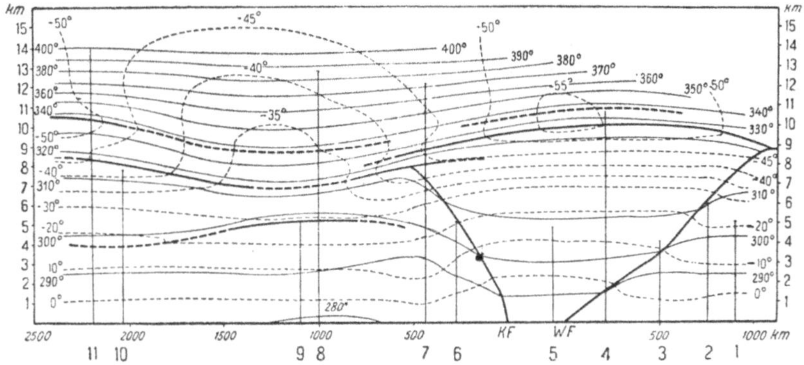


Abb. 79. Schema einer blättrigen Tropopause über einer stationären Zyklone (nach Palmén)

Ursache der Senkungen und Hebungen der Tropopause in dem Absinken der Kaltluftmassen und ihrem Divergieren in den untersten Schichten der Tropopause auf der Rückseite der Zyklone bzw. in dem Aufsteigen und Konvergieren auf der Vorderseite und im Zentrum.

Den Ausgangspunkt zu dieser Erkenntnis bildet bei ihm die Frage nach der Herkunft der Druckschwankungen in verschiedenen Höhen zwischen dem Boden und der Stratosphäre. Zur Beantwortung dieser Frage benutzt er die von Dedebant aufgestellte Gleichung für die lokale Druckänderung an einem festen Punkt im Niveau $h$ der freien Atmosphäre. Diese lautet:

$$\left(\frac{dp}{dt}\right)_h = \int_h^\infty g \cdot \varrho \cdot div\, c_{\text{horiz}} \cdot dz + (g \cdot \varrho \cdot w)_h - \int_h^\infty g \left(u \cdot \frac{\partial \varrho}{\partial x} + v \cdot \frac{\partial \varrho}{\partial y}\right) dz$$

$u$ und $v$ = Komponenten von $c_{\text{horiz}}$. (54) [1]

[1]) Diese Gleichung enthält im wesentlichen die sogenannte Kontinuitätsgleichung, die besagt, daß die Masse den Raum kontinuierlich erfüllt und daß Masse nicht gewonnen oder verloren wird. Sie lautet, bezogen auf die Raum- und Zeiteinheit:

$$\frac{\partial(\varrho \cdot u)}{\partial x} + \frac{\partial(\varrho \cdot v)}{\partial y} + \frac{\partial(\varrho \cdot w)}{\partial z} = -\frac{\partial \varrho}{\partial t}$$

Bekanntlich bedeutet die Operation „div“ $= \frac{\partial}{\partial x} + \frac{\partial}{\partial x} + \frac{\partial}{\partial z}$

Wenn wir also die Kontinuitätsgleichung ausdifferenzieren, konnen wir sie auch folgendermaßen schreiben:

$$\varrho \cdot \operatorname{div} c_{\text{horiz}} + u \cdot \frac{\partial \varrho}{\partial x} + v \cdot \frac{\partial \varrho}{\partial y} + \frac{\partial(\varrho \cdot w)}{\partial z} = -\frac{\partial \varrho}{\partial t}$$

Berücksichtigt man noch, daß eine Druckänderung eine Gewichtsänderung bedeutet und Gewicht = Masse × Schwerebeschleunigung = $\varrho \cdot g$, so erhält man Gleichung (54).

Die lokale Druckänderung setzt sich also zusammen aus drei Komponenten. Der erste Ausdruck stellt die horizontale Divergenz dar. Er sagt aus, ob in eine Stromröhre zwischen den Höhen $h$ und $\infty$ die an zwei Seiten von den Vertikalebenen über den benachbarten Isobaren $p_n$ und $p_n - \Delta p$ begrenzt ist (Abb. 80), durch die eine offene Seite mehr einströmt, als durch die andere ausströmt oder umgekehrt. Im ersten Fall ist Konvergenz vorhanden, im zweiten Divergenz.

Das zweite Glied stellt den vertikalen Luftmassentransport dar, d. h. die Luftmenge, die durch das Niveau $h$ nach oben bzw. nach unten strömt. Im ersten Fall würde eine Druckzunahme in $h$ stattfinden, im zweiten eine Abnahme. Für den Erdboden verschwindet dieses Glied, da er ja eine feste Fläche ist, durch die kein Luftmassentransport stattfinden kann.

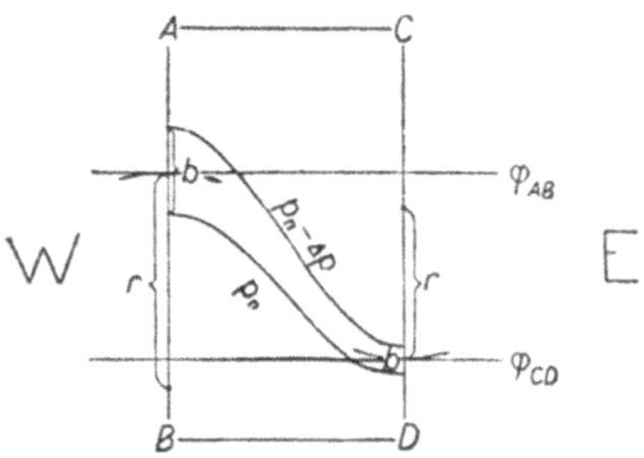

Abb. 80. Stromröhre oberhalb des Niveaus h (nach J. Bjerknes)

Das dritte Glied ist das sogenannte Advektionsglied, das den horizontalen Luftmassentransport berücksichtigt. Es trägt zum Druckanstieg bei, wenn in einer Atmosphärenscheibe kältere Luft wärmere ersetzt, und zum Druckfall, wenn das Umgekehrte eintritt.

In der jungen, von Westen nach Osten driftenden Zyklone wird auf der Rückseite Luft aus Norden, im Warmsektor Luft aus Süden herantransportiert. Bis etwa 8 km Höhe — also in der Troposphäre — ist die Rückseitenluft kalt, darüber warm; umgekehrt ist die Luftmasse des Warmsektors in der Troposphäre warm und in der Stratosphäre kalt. Die Druckverteilung in einem Niveau $h$ der oberen Troposphäre zeigt dann bekanntlich unter der kalten Stratosphäre — also über dem Warmsektor — einen Hochdruckkeil und über der kalten Rückseite unter der warmen Stratosphärenluft einen Tiefdrucktrog. Die kalte Rückseitenluft der Troposphäre fließt nach allen Seiten auseinander, sie divergiert, zum Ausgleich sinkt Luft aus der Höhe nach. Dies verursacht besonders im oberen Teil der Troposphäre ein allgemeines Absinken, was nach J. Bjerknes im wesentlichen für die Bildung und Aufrechterhaltung des oberen Drucktroges wie auch für die Vertiefung der Zyklone am Boden verantwortlich gemacht werden muß. Über dem Warmsektor in dem in der Troposphäre Konvergenz vorhanden ist, tritt das Umgekehrte, nämlich Druckanstieg in der oberen Troposphäre ein.

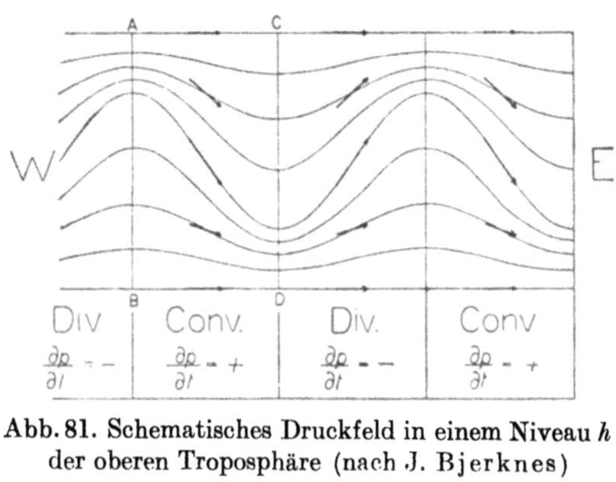

Abb. 81. Schematisches Druckfeld in einem Niveau $h$ der oberen Troposphäre (nach J. Bjerknes)

Die Druckverteilung, wie sie sich dann im Niveau $h$ darstellt, ist in Abb. 81 wiedergegeben. Dabei ist vorausgesetzt, daß südlich und nördlich des Tiefdrucktroges und des Hochdruckrückens die Isobaren geradlinig von Westen nach Osten verlaufen. Die Abb. 81 zeigt, daß am Scheitel des Hochdruckrückens und am Scheitel des Tiefdrucktroges die Isobarenabstände sehr klein, südlich bzw. nördlich davon groß sind. Die Isobaren konvergieren und divergieren, und J. Bjerknes nimmt an, daß die Druckverteilung bis in größte Höhen besteht und fragt nun zunächst, welchen Einfluß hier eventuell auftretende Luftmassenkonvergenzen oder Divergenzen auf das Druckfeld der oberen Troposphäre haben. Zu diesem Zweck schneidet er aus der Strömungsverteilung in der oberen Troposphäre eine Scheibe von der Dicke $dz$ aus, die von den Seiten $A\,B$, $B\,D$, $D\,C$ und $C\,A$ begrenzt ist (Abb. 81), und berechnet an Hand des Barischen Windgesetzes, welche Luftmengen durch $A\,B$ ein- und $C\,D$ austreten. Dabei setzt er voraus — was auch wohl immer der Fall ist —, daß die einzelnen Luftpartikel die Druckgebilde überholen, so daß ihre Bahnen also am Scheitel der Hochdruckrücken antizyklonal und am Scheitel des Tiefdruckausläufers zyklonal gekrümmt sind.

Die Geschwindigkeit parallel zu den Isobaren ist dann bekanntlich (II, 2)

$$c = -\frac{\frac{1}{\varrho}\cdot\frac{dp}{dn}}{2\,\omega\cdot\sin\varphi} \pm \frac{\frac{c^2}{r}}{2\,\omega\cdot\sin\varphi}$$

$c$ = Geschwindigkeit, $r$ = Krümmungsradius, $\frac{dp}{dn}$ = Druckgradient in Richtung $n$. Die Einströmung in $A\,B$ ist dann:

$$\left(\frac{\frac{1}{\varrho}\,\varDelta p}{2\,\omega\cdot\sin\varphi}\right) + \left(\frac{\frac{c^2}{r}\cdot b}{2\,\omega\cdot\sin\varphi}\right)_{AB}\cdot dz$$

wobei $b$ der Abstand zwischen zwei Isobaren $p_n$ und $p_n - \varDelta p$ ist.
Die Ausströmung ist:

$$\left(\frac{\frac{1}{\varrho}\,\varDelta p}{2\,\omega\sin\varphi} - \frac{\frac{c^2}{r}\,b}{2\,\omega\sin\varphi}\right)_{CD}\cdot dz$$

Die Differenz zwischen Ausströmung und Einströmung ist dann:

$$\frac{\varDelta p}{2\,\omega}\left[\left(\frac{1}{\varrho\cdot\sin\varphi}\right)_{CD} - \left(\frac{1}{\varrho\cdot\sin\varphi}\right)_{AB}\right]\cdot dz - \frac{1}{2\,\omega}\left[\left(\frac{\frac{c^2}{r}\cdot b}{\sin\varphi}\right)_{CD} + \left(\frac{\frac{c^2}{r}\cdot b}{\sin\varphi}\right)_{AB}\right]\cdot dz$$

Da das Isobarenpaar im Tiefdrucktrog in niedrigeren Breiten liegt als auf dem Hochdruckrücken, ist das erste Glied positiv. Das zweite Glied ist stets positiv. Für die Bestimmung des Vorzeichens des ganzen Ausdruckes kommt es auf die Größe der Geschwindigkeiten und der Krümmungsradien an. Die Erfahrung lehrt, daß die Geschwindigkeiten immer so groß und die Krümmungsradien so klein sind, daß das zweite Glied gegenüber dem ersten überwiegt. Damit ist die Differenz Ausströmung minus Einströmung negativ, d. h. die Einströmung überwiegt, es herrscht Konvergenz. Das gilt für die ganze Scheibe $A\,B\,C\,D$, da die Rechnung für jedes Isobarenpaar dieser Scheibe in gleicher Weise durchgeführt werden kann. Also: Alle Trogrückseiten haben oberhalb der oberen Troposphäre horizontale Konvergenz. Wenn die gleiche Rechnung wie oben für eine an $A\ B\ C\ D$ anschließende Scheibe durchgeführt wird, erhält man für diese eine Divergenz: Alle Trogvorderseiten haben also horizontale Divergenz. Die Grenzen zwischen Konvergenz- und Divergenzgebieten bilden die Trog- und Kammlinien der Tiefdrucktröge bzw. der Hochdruckkeile. Unter dem Divergenzgebiet muß der Druck fallen, unter dem Konvergenzgebiet steigen, da ja bei Divergenz Luft weggeschafft, bei Konvergenz Luft zugepumpt wird.

An den Scheiteln der Druckgebilde sind die Isobarenabstände klein, in den Zwischengebieten groß. Da nun die Strömungsgeschwindigkeit sich nicht sofort den gegebenen Isobarenabständen anpaßt, sondern immer etwas nachhinkt, muß an den Stellen, wo die Isobaren divergieren, eine Rechtsablenkung der Strömung stattfinden. Aus diesem Grunde findet an der Trogvorderseite neben der Strömungsdivergenz noch eine zusätzliche Richtungsdivergenz statt, während auf der Rückseite eine zusätzliche Richtungskonvergenz hinzukommt (Abb. 82). Diese Richtungskonvergenz bewirkt eine Verflachung des Troges auf seiner Rückseite, die Divergenz eine Vertiefung desselben auf seiner Vorderseite. Die Konvergenz und Divergenz bewirken also eine Verschiebung der Druckwelle von $W$ nach $E$. Die Grenzen zwischen Konvergenz und Divergenz rücken dabei relativ zur Druckwelle nach vorn (Abb. 81), und zwar so, daß über den aufsteigenden Luftmassen der Vorderseite und des Tiefdruckzentrums ein Divergenzgebiet liegt, das die aufsteigende Bewegung abbremst. Ebenso wird die absinkende Bewegung in der Troposphäre auf der Isobarenrückseite nach oben durch das darüberliegende Konvergenzgebiet abgeschwächt. In diesem bereits entwickelten Stadium wird sich die obere Welle also nicht mehr vertiefen, da sich die einzelnen Effekte zu kompensieren versuchen; eine Tatsache, die in der Atmosphäre eine große Rolle spielt und von der wir in V/6 eingehender sprechen werden.

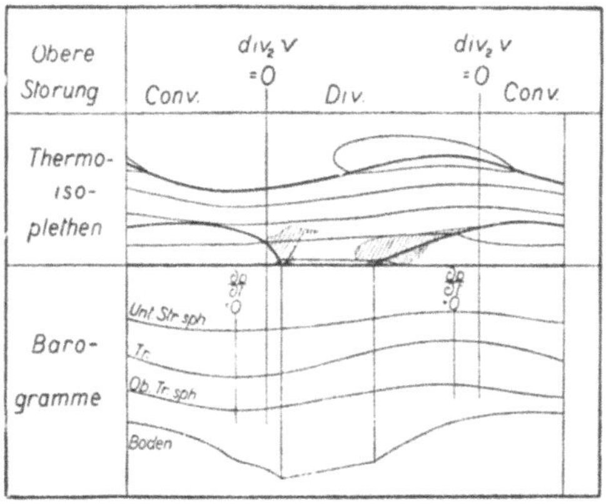


Abb. 82. Schematisches Isoplethenbild einer jungen Polarfrontzyklone südlich der Bahn des Zentrums. Zeitzunahme von rechts nach links (nach J. Bjerknes)

J. Bjerknes untersucht nun weiter, ob durch den Divergenz-Konvergenz-Effekt nicht nur das Wandern, sondern auch das Entstehen der Druckwelle erklärt werden kann. Er kommt zu einem negativen Ergebnis, da ein Vergleich der Strömung an den Wendepunkten von welligen Isobaren mit unendlich kleinen Amplituden völlige Gleichheit zeigt, daß also kein Auspumpen stattfinden kann. Das Auspumpen tritt nach J. Bjerknes erst dann ein, wenn die obere stratosphärische Welle durch die oben beschriebenen troposphärischen Vorgänge voll ausgebildet ist. Erst dann wirken die oberen Konvergenzen und Divergenzen auf die obere Druckverteilung ein; aber nur so, daß sie ein Weiterwandern der Druckwelle, aber nicht ihre Verstärkung verursachen.

Auch mit dieser Theorie will J. Bjerknes die norwegische Auffassung kräftigen, nach der die Zyklonen und Antizyklonen ihre Ursache und Verstärkung in der troposphärischen Massenanordnung finden und die stratosphärischen Druckgebilde troposphärisch bedingt sind.

### 3. Konvergenz-Divergenz-Theorie nach Scherhag (38, 39, 40)

Den eben beschriebenen Konvergenz-Divergenz-Effekt in den hohen atmosphärischen Schichten und seine große Bedeutung für die Vorhersage der Zyklonenbahnbewegung und — im Gegensatz zu J. Bjerknes — auch Zyklonenbildung hatte Scherhag schon 1934 erkannt und für die Synopsis sehr wichtige Schlüsse daraus gezogen. Seiner Initiative ist es auch zu verdanken, daß seit 1936 die Höhenwetterkarten (zunächst die absolute und relative Topographie der 500-mb-Fläche) in den Wetterberichten der Deutschen Seewarte veröffentlicht wurden

a) Die Entstehung kräftiger Vb.-Zyklonen

An Hand der Höhenwetterkarten machte Scherhag immer wieder die Beobachtung, daß unter den Gebieten einer Isobarendivergenz im 500-mb-Niveau der Druck am Boden fiel, unter einem Konvergenzgebiet dagegen stieg. Besonders augenfällig war dies am 29./30. Oktober 1933, wo sich eine verhältnismäßig schwache Vb-Zyklone[1]) im Laufe eines Tages zum Orkantief entwickelt hatte.

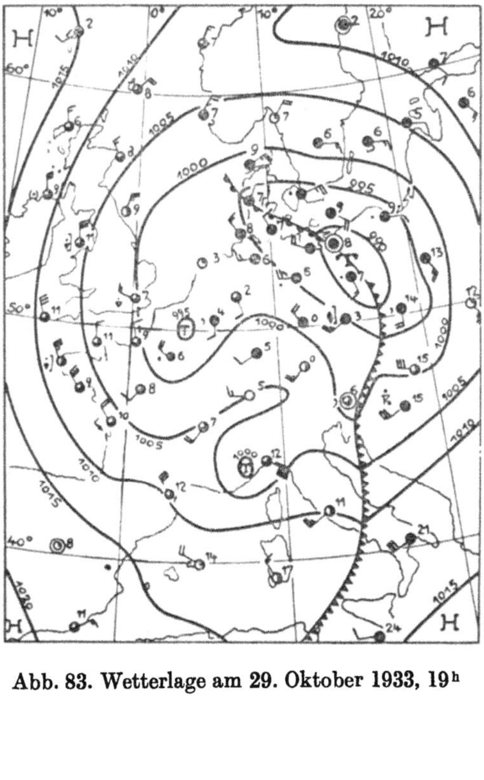

Abb. 83. Wetterlage am 29. Oktober 1933, $19^h$

[1]) Die Bezeichnung stammt von W. van Bebber, der die hauptsächlichsten Zyklonenbahnen zusammengestellt und mit Nummern versehen hat. Die Zugstraße der Vb-Zyklonen verläuft gewöhnlich vom Atlantischen Ozean über Spanien, das Mittelmeer, Ungarn, Tschechoslowakei, Polen nach dem Baltikum.

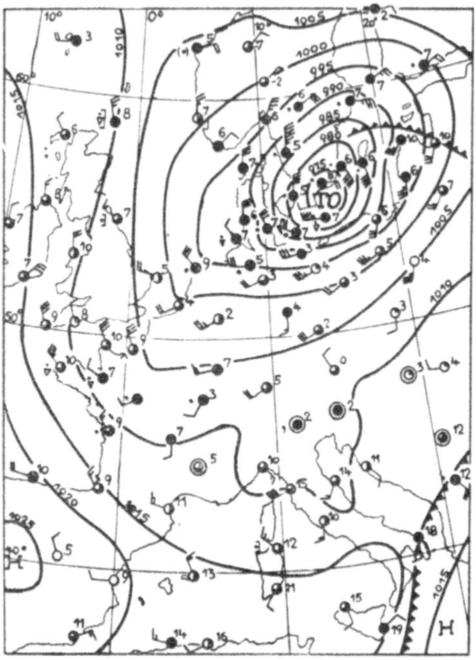


Abb. 84. Wetterlage am 30. Oktober 1933, 8h

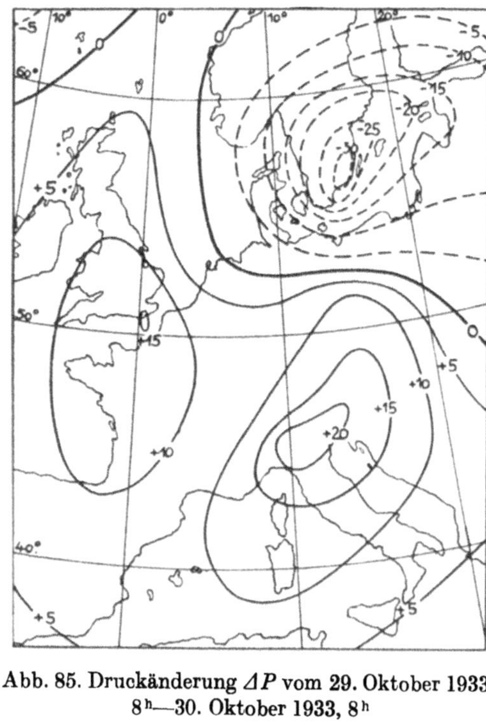


Abb. 85. Druckänderung $\Delta P$ vom 29. Oktober 1933, 8h—30. Oktober 1933, 8h

Abb. 83 und 84 zeigen die Zyklone am 29. Oktober 1933, $19^{00}$, an dem sie noch einen verhältnismäßig harmlosen Eindruck macht, bzw. am 30. Oktober 1933, $8^{00}$, als Sturmtief großen Ausmaßes. Die Druckänderungen vom 29. Oktober, $8^{00}$, bis 30. Oktober, $8^{00}$, zeigt Abb. 85. Danach ist in dieser Zeit in Südskandinavien der Druck um 30 mb gefallen. Dieses starke Druckfallgebiet fällt nun mit der Isobarendivergenz der 500-mb-Fläche (Abbild. 86) zusammen, die ihrerseits wieder in engem Zusammenhang mit der Temperaturverteilung vom Boden bis zu dieser Höhe steht. An den Vortagen war Kaltluft von Norden über West- und Mitteleuropa bis nach Südeuropa vorgedrungen, während östlich der in der Wetterkarte vom 29. Oktober eingezeichneten Front Warmluft subtropischen Ursprungs nach Norden vorstieß. Die Boden-Isothermen am 29. Oktober $19^{00}$, zeigt Abb. 87 und die relative Topographie der 500-mb-Fläche über der 1000-mb-Fläche Abb. 88.

Die Karten zeigen, daß sich eine mächtige Frontalzone ausgebildet hat. Der Unterschied der Mitteltemperaturen der Schicht vom Boden bis zur 500-mb-Fläche zwischen Ungarn und Süddeutschland dürfte etwa $15^0$ betragen haben. Im „Delta“ dieser Frontalzone, wie Scherhag das Divergenzgebiet auf Vorschlag von Rodewald bezeichnet, setzte der starke Druckfall eben als Folge dieser Diver-

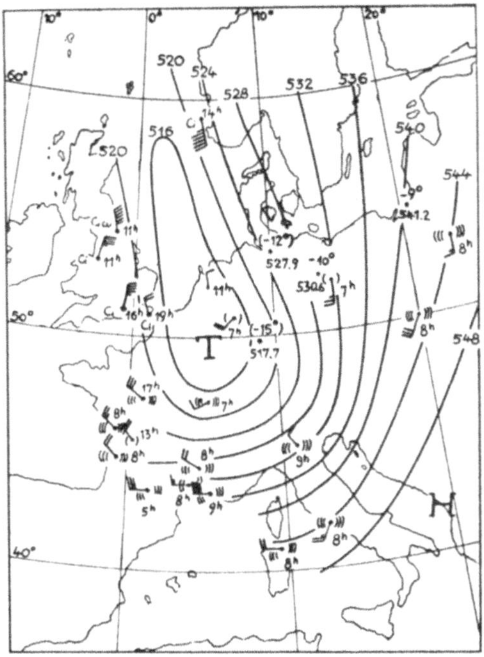


Abb. 86. Absolute Topographie der 500 mb-Fläche (dyn. Dekameter) am 29. Oktober 1933, $8^h$

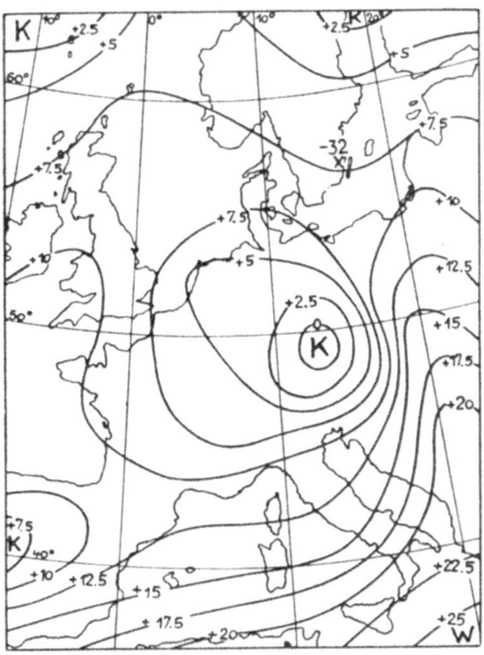


Abb. 87. Isothermen am 29. Oktober 1933, $19^h$
X = stärkster Druckfall 29. Okt. $8^h$—30. Okt., $8^h$

genz in der Höhe ein. Und zwar trat sowohl Strömungs- als auch Richtungsdivergenz auf. Erstere dadurch, daß die Geschwindigkeit der Strömung nicht so schnell abnehmen konnte, wie der Strömungsquerschnitt zunahm. Es mußte daher pro Raumeinheit ein Massenverlust und damit Druckfall eintreten. Die letztere dadurch, daß wegen der zu großen Geschwindigkeit die Corioliskraft die Gradientkraft überwog, was eine Rechtsablenkung der Strömung und damit auch wieder Massenabfluß bewirkte.

### b) Isobarendivergenz und -konvergenz als Ursache von Druckfall bzw. Druckanstieg

Wenn sich in einem Stromfeld die Stromlinien alle gleichmäßig verbreitern (Abb. 89), so findet, wie schon Ryd zeigte, nur an den Rändern des gesamten Stromfeldes Massenzu- bzw. -abfluß statt, und zwar — in Richtung der Strömung gesehen — rechts Massenzufluß und Druckanstieg und links Massenabfluß und Druckerniedrigung. Verbreitern sich aber die Isobarenabstände ungleichmäßig, so treten natürlich solche Massenverlagerungen auch innerhalb des Stromfeldes auf. — Diese ganzen Überlegungen gelten mit umgekehrten Vorzeichen auch für die Konvergenzen.

Starke Konvergenz- und Divergenzgebiete in der Höhe haben wir, wie schon erwähnt, vor allem an den Frontalzonen, wo sie durch die Anordnung der hier zusammentreffenden Luftmassen bedingt sind. Schematisch dargestellt ist dies in Abb. 90. Die ausgezogenen Linien stellen den ungestörten Isobarenverlauf dar. Die gestrichelten Linien zeigen die Isothermen vor der Zyklonenbildung. Ähnlich wie diese verlaufen auch die Isobaren in der Höhe, so daß über dem „Einzugsgebiet" der Frontalzone ein Konvergenz- und über dem Delta ein Divergenzgebiet liegt. Unter ersterem steigt, unter letzterem fällt der Druck am Boden.

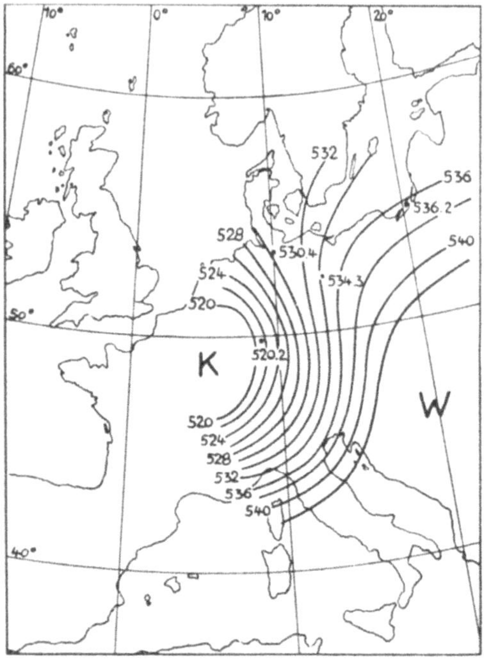


Abb. 88. Höhe der 500 mb-Fläche über der 1000 mb-Fläche (dyn. Dekameter) 29. Oktober 1933

Während also J. Bjerknes das ganze Wettergeschehen in die Troposphäre verlegt und die Divergenz und Konvergenz in den hohen Troposphärenschichten als Folge der Zyklogenese (Zyklonenentwicklung) in der unteren und mittleren Troposphäre annimmt, sieht Scherhag umgekehrt die Zyklogenese in der Troposphäre als Folge der Isobarendivergenz in der Höhe an. Nach ihm sind Konvergenz und Divergenz allein durch die besondere Anordnung der neben-

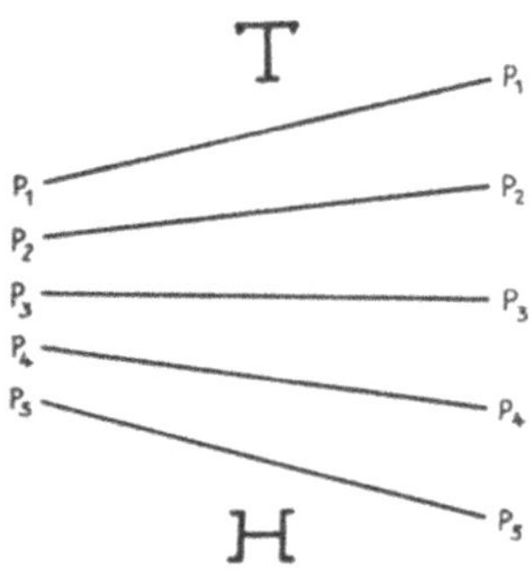


Abb. 89. Gleichmäßige Isobarendivergenz (nach Scherhag)

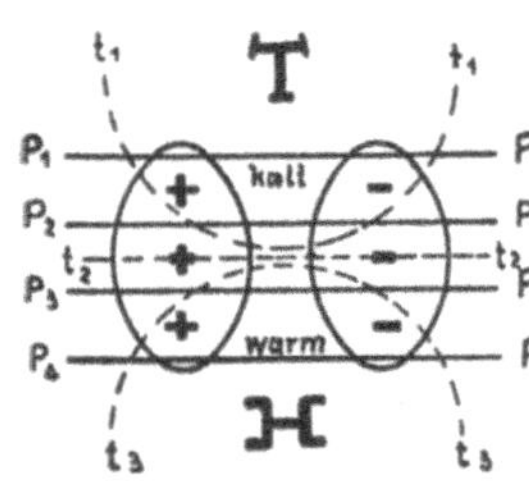


Abb. 90. Bodenisobaren und Isothermen in einer Frontalzone vor der Zyklonenbildung (nach Scherhag)

einanderliegenden Kalt- und Warmluftmassen bedingt und nur deshalb oft an eine Zyklone gebunden, weil diese Anordnung besonders an den Frontalzonen und Fronten gegeben ist.

### c) Das Dreimasseneck nach Rodewald (41, 42, 43)

Rodewald zeigt an vielen Beispielen, daß sich Sturmzyklonen an den Stellen besonders kräftig entwickeln, wo drei verschieden temperierte Luftmassen K, N und W (kalt, neutral und warm) (Abb. 91) zusammentreffen, denn an diesem „Dreimasseneck“ ist die Divergenz über N besonders gut ausgeprägt.

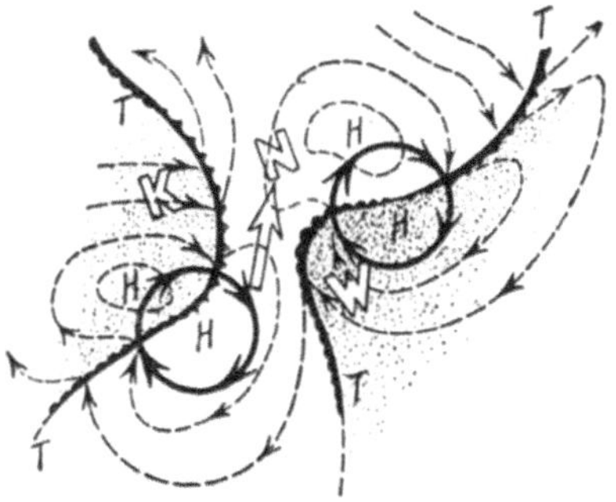


Abb. 91. Dreimasseneck (nach Rodewald)

### d) Höhendruckfeld und troposphärisches Temperaturfeld

Vorausgesetzt, daß die Temperatur am Boden nicht durch Strahlungseinflüsse stark gefälscht ist, kann man — wie oben erwähnt — aus dem Isothermenverlauf am Boden in vielen Fällen schon auf den Isobarenverlauf in der Höhe und somit wieder auf das sich ausbildende Druckfeld des Bodens schließen, da sich — wie in Abb. 90 zu sehen — der Verlauf beider etwa deckt. So herrscht z. B. im Gebiet der isländischen Zentralzyklone wie auch an den Ostküsten Amerikas und Asiens ausgesprochene Isothermendivergenz vor. In diesen Gebieten befinden sich aber auch gerade die Entstehungsgebiete der nordhemisphärischen Zyklonen. Umgekehrt befindet sich im Winter eine Isothermenkonvergenz über dem Teil des asiatischen Festlandes, der von der winterlichen Antizyklone bedeckt ist.

Die Erfahrung hat zwar gelehrt, daß die Kenntnis der absoluten Topographie der 500-mb-Fläche in den meisten Fällen genügt, um aus deren Isohypsenverlauf die Änderung des Bodendruckes für die nächsten 24 Stunden vorherzusagen. Da sich das Isobarenbild aber mit der Höhe ändern kann, ist es vorteilhaft — wenn möglich —, die Druckkarten noch größerer Höhen zur Vorhersage für die Bodenkarten heranzuziehen. Mit Hilfe der Höhenwetterkarten aus möglichst großen Höhen zeichnete Scherhag während des Krieges schon sehr zuverlässige Vorhersage-Wetterkarten für den nächsten Tag. Damit machte Scherhag zum erstenmal das quantitativ, was sich bisher eigentlich jeder Meteorologe für seine Wettervorhersage qualitativ im Geiste vorstellen mußte.

Wenn auch nach Gleichung (54) der Divergenzeffekt nur einen Teil der lokalen Druckänderung ausmacht, so hat doch Ertel (44) gezeigt, daß die Divergenzregel zu 95% zutrifft, was sich auch etwa mit den Erfahrungen deckt.

### e) Merkregeln für die Theorie von Scherhag

Auf Grund seiner Untersuchungen hat Scherhag Merkregeln aufgestellt, deren wichtigste hier wiedergegeben werden sollen:

1. Divergente Höhenwinde müssen allgemein Druckfall bringen, wenn sie nicht durch eine starke untere Konvergenz kompensiert sind.
2. Zeigen die Isothermen eine ausgeprägte Divergenz und beschränkt sich diese nicht auf die Bodenschichten, so wird Druckfall einsetzen.
   Diese beiden Sätze gelten entsprechend für Konvergenz und Druckanstieg.
3. Zyklogenese tritt nur im „Delta" der Frontalzone auf.
4. Im „Einzugsgebiet" einer Frontalzone tritt niemals — trotz großer Temperaturgegensätze — Zyklogenese ein, vielmehr allgemeiner Druckanstieg.
5. Ein Tief wird um so rascher heranziehen, je schneller die Komponente des Geschwindigkeitsquadrates in der Zugrichtung vom Kerngebiet aus zur Vorderseite hin abnimmt.
6. Ein Tief mit schwachen Höhenwinden muß sich auffüllen, ein Hoch mit schwachen Höhenwinden muß zerfallen.
7. Ein Tief mit starken Höhenwinden bleibt entwicklungsfähig, ein Hoch mit starken Höhenwinden verliert nicht an Stärke.
8. Fällt die Höhenkonvergenz mit dem Hochdruckkern zusammen, so bleibt das Hoch stationär.

Diese Regeln haben sich im praktischen Wetterdienst recht gut bewährt.

### f) Die Auswirkung von Isobarendivergenzen und -konvergenzen nach Mügge und Sieber

Mügge und Sieber (45) unterzogen die Wetterwirksamkeit bestimmter Isobarenanordnungen einer mathematischen Analyse, indem sie das zweite Glied der Vektorgleichung für die individuelle Änderung des Druckgradienten betrachteten:

$$\frac{d}{dt}\nabla p = \nabla \frac{dp}{dt} + (\mathfrak{v}\,\nabla)\nabla p$$

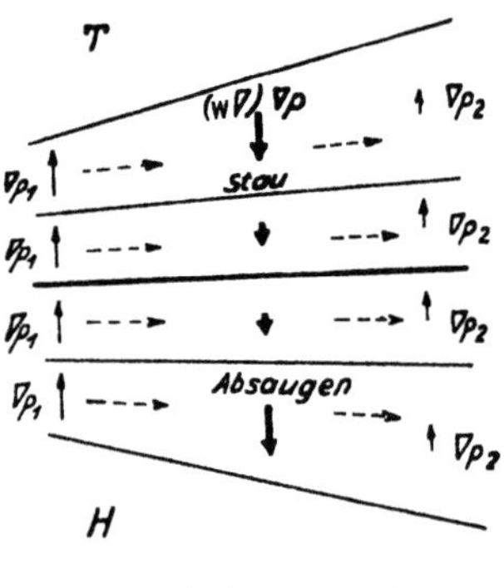


Abb. 92. Auf eine Luftmasse wirkende Kräfte in einem Druckfeld mit geradlinigen, ungleichmäßig divergierenden Isobaren (stark ausgezogene Pfeile) nach Mügge-Sieber

Das erste Glied der rechten Seite dieser Gleichung stellt die lokale Änderung des Druckgradienten dar, den Isallobarengradienten, das zweite die Änderung, die durch den Massentransport durch ein irgendwie geartetes Isobarenfeld entsteht. Diese ist gleich dem Gradienten der Isobarengradienten $\nabla p$, in Richtung von $\mathfrak{v}$ genommen, multipliziert mit dem absoluten Betrag von $\mathfrak{v}$. Bei einer divergierenden Isobarenanordnung, wie sie Abb. 92 darstellt, ist dieser Ausdruck ein Vektor, der senkrecht auf der Bewegungsrichtung steht und von den Rändern des Druckfeldes gegen die Mitte hin kleiner wird. Dadurch entstehen Beschleunigungen, die in der unteren Hälfte ein Absaugen, in der oberen ein Anstauen anstreben. Dazu ist aber notwendig, daß die Isobaren sich nicht gleichmäßig ausweiten, sondern, wie in Abb. 92, ungleichmäßig. Ähnlich liegen die Verhältnisse bei verschieden gekrümmten Isobaren; auch da treten beschleunigende Kräfte auf, nur daß in diesem Fall die Beschleunigungen nicht wie bei der Richtungsdivergenz senkrecht zur Bewegungsrichtung wirken, sondern in dieser (Abb. 93). Dadurch entsteht ein Zusammenfließen bzw. ein Voneinanderwegfließen der Luftmassen, was selbstverständlich zu wetterwirksamen Vorgängen, wie Niederschlägen, Wolkenbildung bzw. -auflösung usw. führt, ohne daß Temperaturdiskontinuitäten, also Fronten vorhanden zu sein brauchen. Fronten entstehen zwar öfters dabei, aber erst sekundär durch die Konvergenz, die auf die oben beschriebene Art zustande kommt.

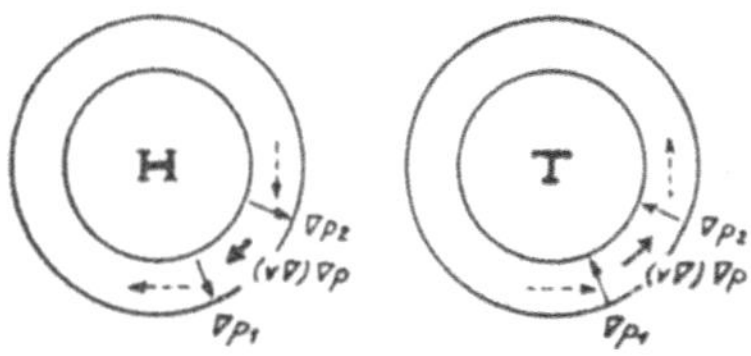


Abb. 93. Auf eine Luftmasse wirkende Kräfte bei gekrümmten Isobaren nach Mügge-Sieber

Druckänderungen dieser Art werden gewöhnlich nicht durch Massenverlagerungen in der unteren Troposphäre hervorgerufen, sondern von oben den unteren Luftmassen aufgedrückt; als Folge davon setzen sich diese dann in Bewegung, d. h. sie werden durch Druckeinwirkung von der oberen Troposphäre bzw. der Stratosphäre her gesteuert.

Damit betreten wir ein neues, besonders in Deutschland sehr aktuelles Kapitel der Synopsis: Die stratosphärische Steuerung. Ihre Bedeutung für das gesamte Wettergeschehen wurde im Gegensatz zur norwegischen Fronten- und Wellentheorie von der deutschen Meteorologenschule erkannt und erforscht.

## 4. Die Theorie der stratosphärischen Steuerung

### a) Die Theorie von v. Ficker (46, 47)

In neuerer Zeit war es vor allem die Frankfurter Schule (Stüve, Mügge, Baur, Möller u. a.), die sich um die „Steuerung" große Verdienste erwarb. Als erster hat aber den Begriff „Steuerung" v. Ficker eingeführt. Er stellte 1920 fest, daß Kälteeinbrüche in Rußland und Nordasien meist von Druckfall begleitet sind. Deshalb mußte also der thermische Effekt, der eigentlich einen Druckanstieg hätte erwarten lassen, durch einen entgegengesetzten, aus der Höhe stammenden Druckeffekt überkompensiert sein. Diese Vermutung konnte v. Ficker durch gleichzeitige Beobachtungen von Boden und Bergbeobachtungen bestätigen. Er fand dabei, daß der thermische untere, oder wie ihn v. Ficker nennt, der sekundäre Druckeffekt zum Teil nur bis 2000 m Höhe reicht. In dieser Höhe ist er schon durch den oberen, primären kompensiert. Weiterhin fand v. Ficker, daß beide Druckwellen etwa um 150$^0$ phasenverschoben sind. Seine Theorie wandte v. Ficker auf die Entstehung der sogenannten

Genua-Zyklonen an. Er stellt sich dabei vor, daß beide Druckwellen etwa von NW nach SE wandern. Durch die von NW hereinbrechende troposphärische Kaltluft wird bekanntlich der Druckanstieg auf der Rückseite der Zyklone hervorgerufen. Die Alpen aber legen sich den Kaltluftmassen als Riegel in den Weg, so daß sie zum größten Teil nicht nach Oberitalien vordringen können. Mit dem unteren Druckanstieg wandert aber, nur wenig nachhinkend, der obere Druckfall, der nun nach ungehinderter Überquerung der Alpen — alleinherrschend — starken Druckfall in der Bucht von Genua hervorruft, was zur Ausbildung der Zyklone führt (Abb. 94a, b, c).

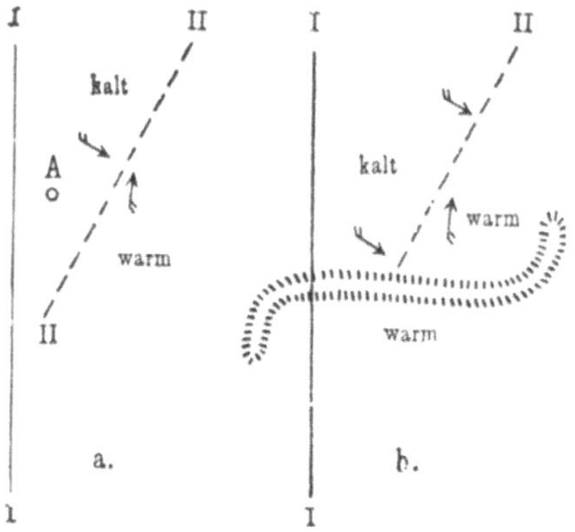


Abb. 94a. Schematische Darstellung zur Bildung der Genuazyklone (nach v. Ficker)

Abgesehen von diesem Beispiel spricht v. Ficker der stratosphärischen Druckverteilung wohl eine steuernde Wirkung auf das troposphärische Massenfeld zu. Daß dieser Druckeffekt jedoch Zyklogenese bewirken soll, lehnt er ausdrücklich ab. Diesen weiteren Schritt, nämlich die Aufstellung der

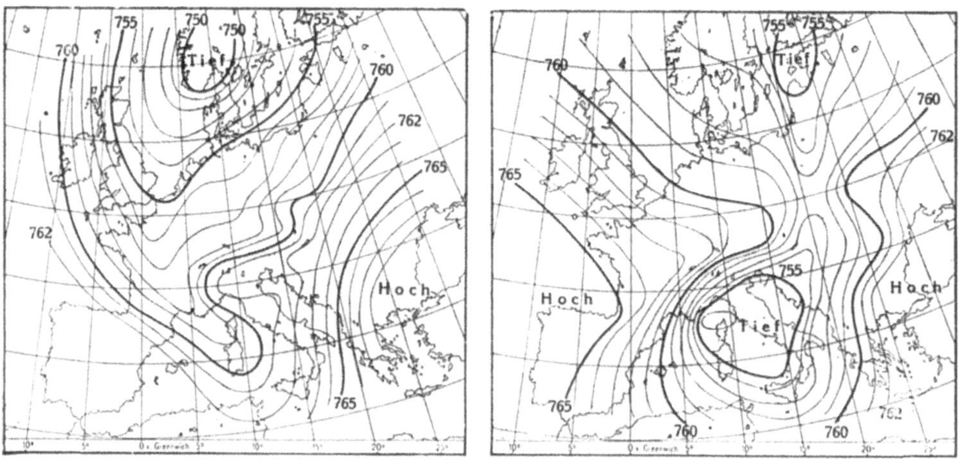


Abb. 94b und c. Die Ausbildung der Genuazyklone

Hypothese des unmittelbaren Einflusses der stratosphärischen Druckverteilung auf die troposphärische Zyklonenbildung, führte die sogenannte „Frankfurter Schule“ durch und baute ihn weiter systematisch durch theoretische und synoptische Untersuchungen aus.

## b) Die Theorie der Frankfurter Schule

### α) *Allgemeines über Steuerung*

Stüve (48) wies in seiner Thermozyklogenese auf Grund des sich aus der barometrischen Höhenformel ergebenden Ausdruckes

$$\frac{dp}{p} = \frac{dp_0}{p_0}$$

darauf hin, daß eine kleine Druckänderung $dp$ in einer Höhe mit dem Druck $p = 100$ mb sich in der Höhe mit dem Druck $p_0 = 1000$ mb zehnfach auswirkt, wenn die Höhe der Luftsäule und ihre Mitteltemperatur die gleiche bleibt. Gewöhnlich ist die Mitteltemperatur in zwei Luftsäulen aber nicht die gleiche. Wie wir wissen, ist das troposphärische Temperaturgefälle und das Druckgefälle an der Tropopause von S nach N gerichtet. Nimmt man mit Baur (49) an, daß das meridionale Druckgefälle in 10 km Höhe 1 mb/111 km beträgt und die mittlere Temperatur zwischen 4000 und 10000 m in der S-N-Richtung nur um 1⁰/111 km abnimmt — was schon sehr beträchtlich ist —, so kann man die Höhe berechnen, in der das Druckgefälle gerade verschwindet, d. h. die Höhe, oberhalb der sich der stratosphärische Druckeinfluß auswirkt. Mit Hilfe der integrierten statischen Grundgleichung (1) stellt man folgende Gleichung auf:

$$(p + 1)^{\frac{g \cdot z}{R\,(T + 1)}} = p \cdot e^{\frac{g \cdot z}{R \cdot T}}$$

Diese löst man nach $z$ auf und erhält: $z = 6800$ m, wenn man $p = 266$ mb als den mittleren Sommerluftdruck in 10000 m bei 50⁰ Nordbreite und $T = 247^0\,K$ als Mitteltemperatur von 4—10000 m einsetzt. Man sieht also, daß sich selbst bei ungünstig angenommener Temperaturverteilung ein mäßiges stratosphärisches Druckgefälle bis zu $^2/_3$ der Atmosphäre durchsetzt. In diesem Fall würde sich erst in 3200 m das Druckgefälle umkehren. Bei stärkerem Druckgefälle an der Stratosphärengrenze oder bei geringerem Temperaturgefälle in der Troposphäre — als in diesem Beispiel angenommen — würde das stratosphärische Druckgefälle trotz der in entgegengesetzter Weise wirkenden troposphärischen Temperaturverteilung der Richtung nach auch am Boden vorhanden sein, und dementsprechend würden sich auch die Luftmassen in den unteren Schichten in derselben Richtung bewegen wie die an der Stratosphärengrenze. Öfters sind nun das stratosphärische Druckgefälle und das troposphärische Temperaturgefälle nicht gleichsinnig gerichtet, sondern bilden irgendeinen Winkel zueinander. Trotzdem behält das Druckgefälle an der Stratosphärengrenze seinen Einfluß auf die darunterliegenden Luftmassen bei, was wir mit Mügge an einem Beispiel erläutern wollen:

Wir nehmen wieder an der Stratosphärengrenze ein von S nach N gerichtetes Druckgefälle an. In der Troposphäre sei es im Osten kälter als im Westen, wie es etwa im Winter der Fall ist. Diese troposphärische Massenverteilung bedingt also ein in den unteren Schichten nach Westen gerichtetes Druckgefälle (Abb. 95). Diese beiden Druckgefälle überlagern sich. Während an der Stratosphärengrenze reine Weströmung herrscht, wird sie darunter immer mehr nach N abgelenkt. Der resultierende Druckgradient setzt sich aus dem Gradienten an der Stratosphärengrenze und dem durch die jeweils darunterliegenden Schichten verursachten zusammen. Während der troposphärische, nach Westen gerichtete Gradient von oben nach unten immer größer wird, bleibt der stratosphärische Gradient gleich. Das heißt, die südliche Windkomponente wird immer größer, während die westliche von der Stratosphäre bis zum Boden die gleiche bleibt. Ohne

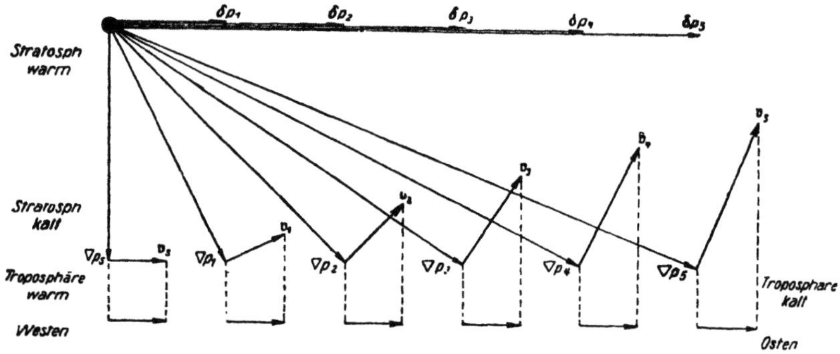


Abb. 95. Schematische Darstellung über die Wirkung der Steuerung der darunter liegenden Luftmassen durch ein stratosphärisches Druckfeld (nach Mügge)

diese stratosphärisch bedingte Komponente hätten wir eine rein süd-nördlich verlaufende Massenbewegung. Durch den stratosphärischen Einfluß erfährt die gesamte troposphärische Massenbewegung einen Impuls nach Osten. Das ganze troposphärische Massenfeld wird stratosphärisch „von Westen nach Osten gesteuert". Selbstverständlich steuert nicht nur der Gradient an der Stratosphärengrenze die darunterliegenden troposphärischen Massen, sondern jeder Gradient steuert die tieferliegenden Luftmassen. Der oft ausschlaggebende steuernde Einfluß des stratosphärischen Druckfeldes auf das Wettergeschehen in der Troposphäre hat seinen Grund darin, daß sich (vgl. IV/5 a) über einer kalten Troposphäre — wie es im Tiefdruckgebiet der Fall ist — eine warme Stratosphäre befindet und umgekehrt; daß also die Druckgradienten oben und unten ziemlich genau entgegengesetzt sind. Dadurch liegt der Strömungsvektor von oben bis zum Boden im wesentlichen in der gleichen Ebene, wobei aber der troposphärische Anteil wegen der Beziehung

$$dp_o = \frac{p_o}{p}\,dp$$

durch den stratosphärischen stark abgeschwächt und sehr oft sogar überkompensiert wird, so daß öfters nur eine Isobareneinbuchtung an der Stratosphärengrenze am Boden schon ein geschlossenes Druckgebiet hervorruft — worauf schon Stüve (32) aufmerksam machte.

### β) *Die Zirkulationsleistung*

Damit aber an der Stratosphärengrenze größere Druckschwankungen auftreten können, für die nicht mehr nur die Strahlung verantwortlich gemacht werden kann — da sie ja nur längere periodische Änderungen hervorruft —, müssen Massenumlagerungen stattfinden. Diese treten, wie wir aus IV/4 schon wissen, leicht in den Gebieten auf, in denen die Druck-Dichte-Solenoide eng zusammengedrängt sind. Wie Stüve und Mügge (50) zeigten ist das aber in besonders starkem Maße in unseren Breiten an der Stratosphärengrenze der Fall, wie es in Abb. 96 dargestellt ist.

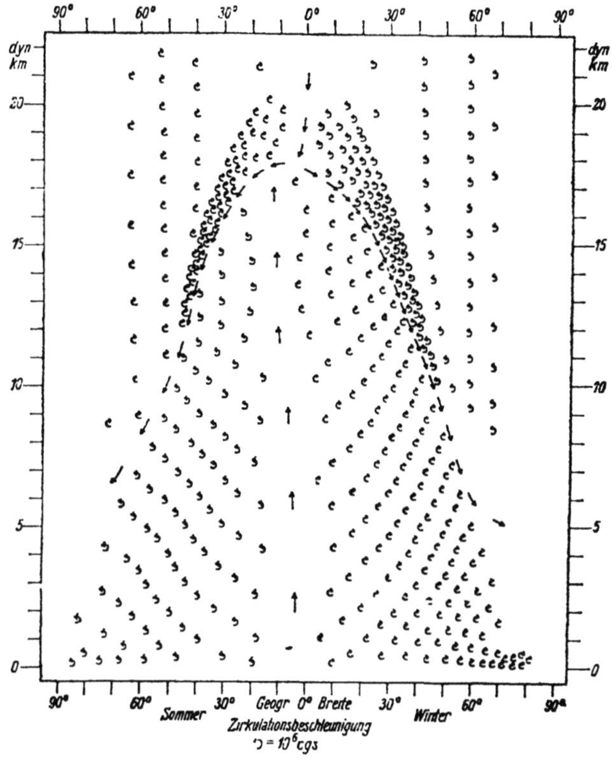


Abb. 96. Zirkulationssolenoide an der Tropopause (nach Stüve-Mügge)

In dieser Darstellung sind anstatt der Solenoide gleich die Zirkulationsrichtungen eingezeichnet. Und zwar sind sie da am dichtesten gezeichnet, wo das Bestreben zur Umlagerung am größten ist. Wie wir aus II/7 d erfahren haben, tritt nun in solch einem Solenoidenfeld nicht ohne weiteres eine Umlagerung ein, da im Gleichgewicht die Corioliskräfte ein entgegengesetztes Drehmoment des Massenfeldes hervorrufen. Wird das Gleichgewicht aber durch irgendwelche örtliche Erwärmungen oder Abkühlungen — die nach Mügge oft durch die Austauschvorgänge in der Troposphäre bedingt sind — gestört, so finden Massenumlagerungen statt, die bestrebt sind, das Gleichgewicht wieder herzustellen. Unter den troposphärischen Austauschvorgängen verstehen wir z. B. das Aufgleiten in

Tiefdruckgebieten und Abgleiten in Hochdruckgebieten, wobei besonders auch die beim Aufgleiten frei werdende Kondensationswärme eine große Rolle spielt.

Mit den Massenumlagerungen in der oberen Troposphäre und unteren Stratosphäre ändert sich aber auch das Druckfeld in der Höhe, was am Boden stärkere Druckfall- und Drucksteiggebiete hervorruft, die ihrerseits wieder das troposphärische Solenoidfeld ändern. Als Folge davon werden die troposphärischen Luftmassen in Gang gesetzt, was dann zu den bereits ausführlich behandelten wetterwirksamen Vorgängen des Auf- und Abgleitens führt.

### γ) *Der polare und der subtropische Wettertyp nach Mügge „Die aktive Steuerung"*

Mügge zeigt an einem Beispiel, wie man sich die Entstehung zweier, bei uns besonders markanter Wetterlagen vorzustellen hat. Abb. 97a zeigt eine barokline Massenverteilung, die im Gleichgewicht sein soll. Im S sei hoher Druck mit hoher Temperatur, im N tiefer Druck mit tiefer Temperatur vorhanden. Der Zirkulationsenergie, die eine Zirkulation im Sinne der Pfeile hervorrufen möchte, hält die Coriolisbeschleunigung das Gleichgewicht. Fällt nun durch ein von oben wirkendes Druckfallgebiet im N der Druck, so stellen sich die Isobaren steiler. Die Zahl der Solenoide wird größer (Abb. 97b). Die Zirkulationsenergie ändert sich, sie wird größer, ohne daß ihr sofort die Coriolisbeschleunigung das Gleichgewicht halten kann. Eine zeitliche Änderung der Zirkulationsenergie aber bedeutet eine Zirkulationsleistung. Gemäß der Zirkulationsrichtung kommt es zum Aufgleiten und Einsetzen von Niederschlägen. Wir haben es hier mit einer normalen Westwetterlage zu tun, bei der mit fallendem Druck eine Wetterverschlechterung einsetzt. Mügge nennt diesen Wettertyp den „polaren Wettertyp".

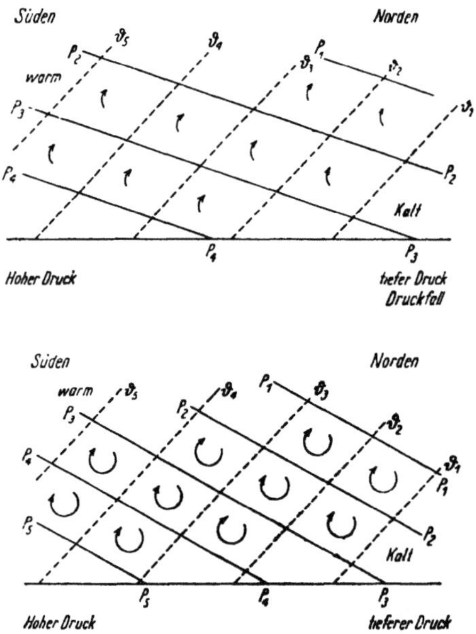


Abb. 97a und b

a) Barokline Massenverteilung bei Westwetter, Gleichgewicht

b) Neue barokline Massenverteilung bei Westwetter nach Druckfall im Norden, Aufgleiten (nach Mügge)

Im Gegensatz dazu unterscheidet er den „subtropischen"

Wettertyp. Bei diesem fällt der Druck im S. Dadurch verringert sich die Anzahl der Solenoide. Die Zirkulationsrichtung ist umgekehrt wie im ersten Fall. Es tritt Abgleiten, d. h. Aufheiterung, ein. Auch dieses kann man im Wetterdienst öfters beobachten, nämlich daß bei Druckfall im Süden Aufklaren einsetzt.

### δ) *Die Gleitsteuerung*

Den Mechanismus des ganzen troposphärischen Gleitvorganges nennt Stüve (50) „Gleitsteuerung", wobei er sich das Auf- und Abgleiten auf Grund folgender energetischer Überlegungen vorstellt.

Da eine vollständige vertikale Umlagerung eines gestörten baroklinen Massensystems sicher nicht stattfinden kann, weil hierfür eine zu große Energie gegen die vertikale Stabilität zu leisten wäre, muß das Auf- und Abgleiten der Luftmassen längs der Flächen gleicher potentieller bzw. feuchtpotentieller Temperatur vor sich gehen, da hierbei nur die innere Reibung zu überwinden, sonst aber keine Arbeit notwendig ist; wie wir es bereits bei den Auf- und Abgleitflächen in IV/4 a besprachen. So zerlegt Stüve beim Aufgleiten das durch Pfeile angedeutete Strömungsfeld (Abb. 98a) für jede Schicht in eine gemeinsame Verschiebungskomponente und in eine Relativbewegung der einzelnen Schichten gleicher potentiller Temperatur gegeneinander (Abb. 98b). Dabei sieht man, daß dann an jeder Stelle des Massenfeldes Zirkulationsbewegungen auftreten, die je nach dem Drehsinn Aufgleit- oder Abgleitbewegungen hervorrufen.

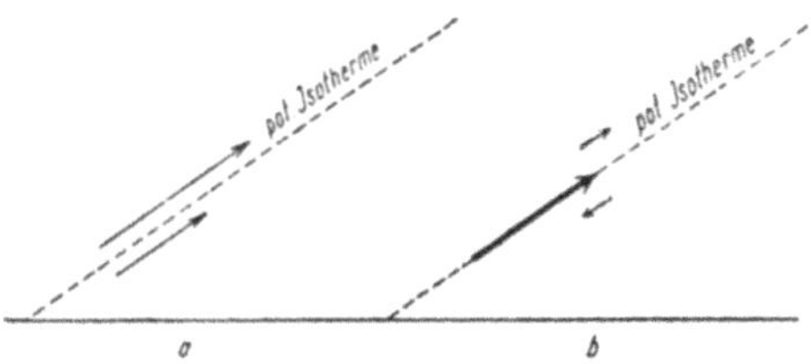

Abb. 98. Gleitsteuerung (nach Stüve)

### ε) *Die Bewegungssteuerung*

Während die Drucksteig- und -fallgebiete der unteren Stratosphäre und oberen Troposphäre unser Wetter aktiv steuern, indem sie direkt zyklogenetisch und zyklolytisch wirken, steuert das allgemeine stratosphärische Druckgefälle wieder die Druckänderungsgebiete, indem es ihnen die Fortbewegungsrichtung vorschreibt. Diese Art der Steuerung wird mit „Bewegungs"-Steuerung bezeichnet. Als Bewegungssteuerung kennen wir gemäß dem Grundzustand des stratosphärischen Druckfeldes besonders die Weststeuerung. Sie ist verantwortlich für die bei uns am häufigsten vorkommende Wetterwanderung von Westen nach Osten. Es kommen aber auch S-, N- und E-Steuerung vor, wenn das obere Druckfeld vom Grundzustand entsprechend abweicht. Derartige Abweichungen rufen die hochreichenden stationären Druckgebilde hervor. Um sie herum werden dann die Druckfall- und -steiggebiete gesteuert, die ihrerseits die weniger hochreichenden, die sogenannten kohärenten Druckgebilde entstehen lassen. Einen besonders schönen Fall der Steuerung um ein stationäres Hoch zeigt die Abb. 99.

Abb. 99. Steuerung der Druckänderungsgebiete um ein stationäres Hoch vom 1. bis 5. Februar 1932 (nach Mügge)

### 5. Gleichgewichtstheorie der Zyklonen nach Raethjen (52, 53)

Wir haben soeben gesehen, daß Störungen des Massenfeldes Zirkulationsleistungen hervorrufen, die die Luftmassen gegeneinander in Bewegung setzen und dadurch zu wetterwirksamen Vorgängen Anlaß geben. Ebenso kann man natürlich von dem Gleichgewichtszustand des Strömungsfeldes ausgehen und die sich durch eine Störung desselben ergebenden Folgerungen ableiten, was im Endeffekt zu gleichen Resultaten führen muß. Denn auch bei diesen Überlegungen ist der Hauptgedanke der, daß das Strömungsfeld versucht, aus dem gestörten Gleichgewichtszustand wieder in den ungestörten zurückzukehren. Dabei laufen aber wieder hydrodynamische und thermodynamische Prozesse ab, die zu den bekannten wetterwirksamen Vorgängen führen. Auf diesen Überlegungen gründen sich vor allem die Arbeiten von Raethjen, der besonders die Vorgänge im Tiefdruckgebiet theoretisch untersucht und eine Gleichgewichts- und Stabilitätstheorie der Zyklone aufgestellt hat. Im Gegensatz zu den bisher besprochenen Theorien über die Entstehung von Zyklonen setzt Raethjen die Zyklone schon als gegeben voraus und erklärt auf Grund der Abweichungen der in ihr herrschenden thermodynamischen und hydrodynamischen Verhältnisse von dem Gleichgewichtszustand die Fronten und die mit ihnen zusammenhängenden Wettererscheinungen. Man kann wohl überhaupt den Hauptunterschied zwischen der deutschen und der norwegischen Schule darin suchen, daß die erstere das Tiefdruck- bzw. das Druckfallgebiet als primär ansieht, unter dessen Einfluß dann die Fronten entstehen, während die letztere die Front bzw. Frontalzone zur Bildung des Tiefdruckgebietes voraussetzt. Erst in einer in Kap. V, 7 zu besprechenden neuen Theorie über die „Frontalzyklonese" vermittelt Raethjen zwischen den beiden Auffassungen.

#### a) Die Gleichgewichtstheorie

Raethjen untersucht zunächst die Temperaturverhältnisse in einer kreissymmetrischen Zyklone, die im Strömungsgleichgewicht ist. Die Strömung soll parallel zu den um den Mittelpunkt konzentrisch angeordneten Isobaren verlaufen. Vertikalbewegungen sollen nicht auftreten. In Zylinderkoordinaten bestimmt sich das Druckfeld in diesem Strömungssystem zu:

$$\frac{\partial p}{\partial \alpha} = 0$$

$$\frac{\partial p}{\partial r} = l \cdot \varrho \cdot c_r + \frac{\varrho \cdot c_r^2}{r} \tag{55}$$

$$\frac{\partial p}{\partial z} = -g \cdot \varrho$$

Darin ist $r =$ der radiale Horizontalabstand von der Vertikalachse $z$, $\alpha =$ der Winkel in der auf $z$ senkrechten Ebene, $l = 2\,\omega \sin\varphi$, $\varrho =$ die Dichte und $c_r = r\,\dfrac{\partial\alpha}{\partial t}$ die Geschwindigkeit parallel zu den Kreisisobaren. Differenziert man die zweite der Gleichungen (55) nach $z$ und die dritte nach $r$ und subtrahiert die beiden voneinander, so erhält man die Gleichgewichtsbedingung für das Strom- und Dichtefeld.

$$0 = l\,\frac{\partial(\varrho c_r)}{\partial z} + \frac{c_r}{r}\,\frac{\partial(\varrho c_r)}{\partial z} + \frac{\varrho c_r}{r}\cdot\frac{\partial c_r}{\partial z} + g\,\frac{\partial\varrho}{\partial r} \tag{56a}$$

Etwas umgeformt lautet diese Gleichung:

$$\frac{\partial(\varrho c_r)}{\partial z} = -\,\frac{g}{l + 2\frac{c_r}{r}}\cdot\frac{\partial\varrho}{\partial r} - \frac{\frac{c_r^2}{r}}{l + 2\frac{c_r}{r}}\cdot\frac{\partial\varrho}{\partial z} \tag{56b}$$

Nimmt man an, daß die Zentripetalbeschleunigung $\frac{c_r^2}{r}$ klein ist gegen die Coriolisbeschleunigung, so geht die Gleichung (56b) über in die einfache, von Margules angegebene Form

$$\frac{\partial(\varrho c_r)}{\partial z} = -\,\frac{g}{l}\,\frac{\partial\varrho}{\partial r} \tag{56c}$$

Durch Umformung von (56b) erhält man die von Stüve angegebene Form:

$$\frac{\partial c_r}{\partial z} = -\,\frac{g}{l + 2\frac{c_r}{r}}\cdot\frac{\partial\, ln\,\varrho}{\partial r} - \frac{c_r\left(l + \frac{c_r}{r}\right)}{l + 2\frac{c_r}{r}}\cdot\frac{\partial\, ln\,\varrho}{\partial z} \tag{56d}$$

Nach (55) ist:

$$\frac{\frac{\partial p}{\partial r}}{\frac{\partial p}{\partial z}} = -\,\frac{c_r\left(l + \frac{c_r}{r}\right)}{g} = \frac{\partial z}{\partial r}\,,\ \text{wenn } \partial p = o.$$

Wenn man dies in (56d) einsetzt, steht auf der rechten Seite dieser Gleichung nur das Dichtegefälle auf der Isobarenfläche, denn führt man $r'$ als Radialkoordinate ein, so erhält man:

$$\frac{\partial c_r}{\partial z} = -\,\frac{2g}{l + 2\frac{c_r}{r}}\cdot\frac{\partial\, ln\,\varrho}{\partial r'}$$

wobei $\frac{\partial\varrho}{\partial r'}$ das Dichtegefälle auf der Isobarenfläche in Richtung nach dem Zyklonenzentrum und $r'$ die isobare Radialkoordinate bedeutet. Mit Hilfe der Gasgleichung $\frac{p}{\varrho} = R\cdot T$ kann man $\varrho$ noch durch $T$ ersetzen; man erhält zunächst, da $\partial p = 0$ wird:

$$\frac{\partial\, ln\,\varrho}{\partial r'} = -\,\frac{\partial\, ln\, T}{\partial r'}$$

Daraus ergibt sich:

$$\frac{\partial c_r}{\partial z} = \frac{2g}{l + 2\frac{c_r}{r}}\cdot\frac{\partial\, ln\, T}{\partial r'} \tag{57}$$

Diese Gleichung sagt aus, daß im Strömungsgleichgewicht bei zunehmender Windgeschwindigkeit mit der Höhe das Temperaturgefälle in einer Zyklone vom Rand nach dem Zentrum gerichtet sein muß.

Da man annehmen darf, daß normalerweise

$$\frac{\partial(\varrho c_r)}{\partial z} = 0$$

also $\varrho \cdot c_r$ in jeder Höhe konstant ist — was Raethjen, bevor er die Kleinschmidtsche Theorie (II, 5h) kannte, mit Austauschgleichgewicht bezeichnete —, nimmt normalerweise die Windgeschwindigkeit mit der Höhe zu, so daß also die kalte Zyklone der Normalfall ist; was ja durch aerologische Messungen immer wieder festgestellt wurde. Unter der Annahme, daß $\frac{\partial (\varrho \cdot c_r)}{\partial z} = 0$ ist, ergibt sich noch aus Gleichung (56c)

$$\frac{\partial \varrho}{\partial r} = 0 \tag{58}$$

Das ist aber ebenfalls nur der Fall, wenn es im Tiefdruckgebiet kälter ist als im Hochdruckgebiet.

Herrscht nun aber eine vom Strömungsgleichgewicht abweichende Temperaturverteilung in einer Zyklone, so finden vertikale Umlagerungen so lange statt, bis das Gleichgewicht wieder hergestellt ist. Ist z. B. die Luftmasse im Zentrum der Zyklone zu warm, so steigt diese warme Luft auf. Wenn der gerade in ihr herrschende vertikale Gradient nicht trocken- bzw. feuchtadiabatisch ist, wird durch das Aufsteigen die Luftmasse abgekühlt und strebt so wieder dem Gleichgewicht zu.

Eine ähnliche Bedingung für das Strömungsgleichgewicht wie für die radial-symmetrische Zyklone kann man analog auch für die liniensymmetrische Zyklone aufstellen. Diese lautet:

$$\frac{\partial u}{\partial z} = \frac{g}{l} \frac{\partial \ln T}{\partial y'} \tag{59}$$

wobei $y'$ wieder eine isobare Koordinate ist, die senkrecht auf der Geschwindigkeit $u$ steht. Auch hier muß also das Temperaturgefälle von außen nach innen gerichtet sein.

In unseren Breiten driften die Zyklonen gewöhnlich von W nach $E$. Es überlagern sich dabei also eine Driftströmung und eine radiale Zyklonalströmung. Dieses zusammengesetzte Strömungssystem verlangt wieder im Gleichgewicht eine Temperaturverteilung, wie sie durch Überlagerung der Gleichungen (57) und (59) (radialsymmetrische Zyklone + liniensymmetrische Zyklone) gegeben ist; also etwa so, wie sie sich bei den in unseren Breiten vorkommenden unsymmetrischen Zyklonen zeigt. Letztere bilden sich gewöhnlich an einer Frontalzyklone, deren Temperaturgefälle etwa senkrecht zur Drift orientiert ist, wie es das Gleichgewicht verlangt.

### b) Die Erklärung der Fronten auf Grund der Theorie

Auf der Rückseite der Zyklone wird Kaltluft nach Süden, auf der Vorderseite Warmluft nach Norden befördert. Um das Strömungsgleichgewicht auf der Rückseite, die zu kalt ist, aufrecht zu erhalten, muß der Wind in der Höhe schwächer sein als in den unteren Schichten. Dadurch wird aber das Austauschgleichgewicht stark gestört, und es kommt zu stärkeren Böen innerhalb der Luftmasse — vor allem am Boden, wo der Wind dann sehr stark ist. Auf der Vorderseite, die zu warm für das Strömungsgleichgewicht ist, muß die Geschwindigkeit mit der Höhe noch stärker zunehmen, als es zuvor schon der Fall war, d. h. in Bodennähe wird der Wind abgeschwächt werden und deshalb weniger böig sein.

Bevor die Rückseitenkaltluft in das eigentliche Zyklonensystem einbezogen wird, in dem sich ihr Windgefüge allmählich den hydrodynamischen Gleichgewichtsbedingungen anpaßt, befindet sie sich natürlich im Austauschgleichgewicht, d. h. die Geschwindigkeit nimmt mit der Höhe in etwa dem Maße zu, in dem die Dichte abnimmt. Außerdem wird auch nur die Nordkomponente — also die Komponente des Windes, die zum radialsymmetrischen System der Zyklone gehört — in der Folgezeit mit der Höhe immer mehr abgebremst, die Westkomponente aber — also die Windkomponente der Drift — bleibt in der Höhe voll aktiv, da ja für sie wegen des S-N-lichen Druck- und Temperaturgefälles Strömungsgleichgewicht besteht. Die Kaltluft rückt also in der Höhe von W nach E schneller vor als am Boden. Dadurch tritt eine Labilisierung der Luftmassen ein, wie sie von der Zyklonenrückseite her bekannt ist, und führt zu böenartigen Umlagerungen.

### c) Die frontalen Umlagerungen

Diese Umlagerungen können nach Raethjen nur in schmalen Streifen auftreten, wie es die Kaltfronten ja auch tatsächlich sind; denn auf Grund von weiteren Gleichgewichtsbetrachtungen findet er für den indifferenten Gleichgewichtszustand folgenden Zusammenhang zwischen der hydrostatischen Labilität und den Ausmaßen der Front:

$$\frac{\Gamma}{T} = \frac{l^2}{g} \cdot \frac{y_0^2}{z_0^2} \tag{60}$$

Hierin bedeuten: $\Gamma$ den Labilitätsgradienten $= \gamma - \delta$, wobei $\gamma$ der tatsächliche vertikale Temperaturgradient der Luftmasse ist und $\delta$ der der aufsteigenden Luftteilchen, also der trockenadiabatische bzw. feuchtadiabatische. Bei hydrostatischer Labilität ist $\Gamma$ also positiv. $T$ ist die absolute Temperatur, $y_0$ die halbe Tiefe der Front und $z_0$ die halbe Höhe, bis zu der die Umlagerungen stattfinden. $l = 2\,\omega \sin \varphi$; $g =$ Schwerebeschleunigung.

Gleichung (60) zeigt nun, daß auch für positives $\frac{\Gamma}{T}$, also auch bei hydrostatischer Labilität, noch keine Umlagerung stattzufinden braucht. Im einzelnen entnehmen wir ihr folgendes: Ist $\frac{\Gamma}{T}$ genau so groß, wie es die Gleichung verlangt, so verhält sich das Gleichgewicht indifferent gegenüber frontalen Umlagerungen. Ist dieser Ausdruck kleiner, als es der Gleichung entspricht, so verhält sich das Gleichgewicht stabil gegen Umlagerungen. Ist er größer, so verhält sich das Gleichgewicht labil gegen Umlagerungen. Das System ist dann hydrodynamisch labil[1]).

Da $z_0$ in allen Fällen zwischen 2000 und 5000 m liegen wird, also keine großen Schwankungen zeigt, kommt es nur auf $y_0$ an, ob frontale Umlagerungen stattfinden können oder nicht. Je kleiner die Umlagerungstiefe $y_0$ ist, um so eher wird $\frac{\Gamma}{T}$ größer als die rechte Seite der Gleichung, um so eher finden also Umlagerungen statt und um so kräftiger können sie werden.

[1]) Vgl. hierzu auch II/5 h.

Da die hydrodynamische Labilität sich nur unwesentlich von der hydrostatischen unterscheiden wird, oder: da die Umlagerungen nur stattfinden, wenn der Gradient nur wenig größer ist als der feuchtadiabatische — $\frac{\Gamma}{T}$ also klein ist —, muß die Umlagerung innerhalb einer schmalen Front stattfinden. Raethjen hat das Ergebnis der Rechnungen in folgende beiden Sätze zusammengefaßt: „Ist die Atmosphäre stabil geschichtet (hydrostatische Stabilität), so verhält sie sich stabil gegen jede Umlagerung, und zwar um so stabiler, je größer das Verhältnis der Umlagerungsbreite ($2y_0$) zur Umlagerungshöhe ($2z_0$) ist."

„Ist die Atmosphäre labil geschichtet (hydrostatische Labilität), so verhält sie sich labil gegen Umlagerungen über schmaler Grundfläche, dagegen stabil gegen Umlagerungen über breiter Grundfläche; die Grenze zwischen Stabilität und Labilität ist in diesem Falle durch Gleichung (60) gegeben."

Die Labilisierung der Luftmassen an der Kaltfront und damit die Front selbst schreitet mit dem starken Höhenwind fort, und so holt die Kaltfront allmählich die Warmfront ein, es kommt zur Okklusion.

### d) Wetterwirksame Vorgänge als Folge von Störungen des Strömungsgleichgewichts

Durch die dauernde Änderung des Temperaturfeldes im Laufe der Zyklonenentwicklung ist auch das Strömungsgleichgewicht immer gestört. Es wird zwar nach Ansicht Raethjens — wie oben beschrieben — zum großen Teil auf Kosten des Austauschgleichgewichtes aufrecht erhalten, zum Teil aber gleicht das Strömungsfeld kleinere Störungen durch anisobare Vertikalbewegungen aus. Die zu warmen, aus Süden kommenden Luftmassen werden aufsteigen, die zu kalten, aus Norden stammenden absinken. Im Zentrum und an der Vorderseite werden also die zu warmen Luftmassen aufsteigen, auf der Rückseite die zu kalten absinken, wie es ja tatsächlich auch der Fall ist. Diese Vertikalbewegungen werden, wie wir im nächsten Kapitel sehen werden, noch durch die Reibung der Luft am Erdboden unterstützt.

Auch dieser Abschnitt zeigt also, daß man alle Merkmale der wetterwirksamen Vorgänge in der Zyklone aus reinen Gleichgewichtsbetrachtungen erklären kann. Das Bestreben der Strömungen, immer möglichst im Gleichgewicht zu sein und Störungen des Gleichgewichtes durch anisobare Vertikalbewegungen auszugleichen, erklärt auch eine Erscheinung, die uns schon öfters in den vorangegangenen Kapiteln begegnet ist: die sogenannte Kompensation.

## 6. Die Kompensation oder das Gesetz der Gegenläufigkeit zwischen Troposphäre und Stratosphäre

In dem Abschnitt über die stratosphärische Steuerung (V/4) sahen wir, daß sich geringe Druckänderungen an der Stratosphärengrenze am Boden etwa 10fach bemerkbar machen, wenn die Mitteltemperatur in der Troposphäre die gleiche bleibt. Aus der aerologischen Erfahrung wissen wir aber, daß das meistens nicht der Fall ist, sondern daß bei Druckfall in der Höhe die Temperatur in der Troposphäre sinkt und bei Druckanstieg steigt, wodurch der Einfluß der stratosphärischen Druckschwankungen auf den Bodendruck mehr oder weniger kompensiert wird. Die dabei auftretenden Temperaturänderungen der Troposphäre können auf zwei Einflüsse zurückzuführen sein: einerseits auf Advektion, andererseits auf Konvektion Welcher von diesen Anteilen der Kompensation der ausschlaggebende ist, untersuchte H. Mayer (54). Er fand dabei, daß von 56 Fällen bei 32 die Kompensation allein durch Vertikalbewegung stattfand; in 22 Fällen trug die Advektion allein zur Kompensation bei. Wir sehen also, daß in der Mehrzahl der Fälle die stratosphärische Druckänderung in der Troposphäre durch anisobare Vertikalbewegungen abgebremst oder sogar kompensiert bzw. überkompensiert werden kann. Eine Erklärung dafür finden wir im Anschluß an die Darlegungen des vorigen Kapitels. Danach mußte ja ein Tiefdruckgebiet, in dem die Windgeschwindigkeit mit der Höhe zunimmt, im Inneren kalt sein, was immer wieder dadurch aufrechterhalten wird, daß die zu warmen Luftmassen aufsteigen. Im Hochdruckgebiet ist es umgekehrt. Das Hochdruckgebiet muß, wenn es stabil sein soll, innen wärmer sein als außen. Die zu kalten Luftmassen im Inneren steigen ab und erwärmen sich.

Die vom Strömungsgleichgewicht geforderte Windzunahme mit der Höhe wird nach Exner durch die Reibung und die dadurch hervorgerufene Verzögerung der bodennahen Luftmassen aufrechterhalten. Außerdem bedingt die Reibung aber auch eine Einströmung der bodennahen Luftmassen gegen den tiefen Druck. Die Folge davon ist im Tiefdruckgebiet ein Konvergieren und dadurch Aufsteigen und Abkühlen der Luftmassen im Inneren des Tiefs, im Hochdruckgebiet ein Divergieren mit Absinken und Erwärmen, also eine weitere Verstärkung der Kompensation. Je größer die Reibung ist, um so stärker ist sowohl $\frac{du}{dz}$ als auch die Konvergenz; um so besser ausgebildet ist also auch die Kompensationswirkung. Dies bestätigt die Untersuchung von Mollwo (55), wonach über dem Festland eine wesentlich stärkere Kompensation stattfindet als über dem Meer.

Die Kompensation durch anisobare Vertikalbewegungen kann natürlich nur dann wirksam sein, wenn die Atmosphäre stabil geschichtet ist, denn nur dann tritt Abkühlung durch Hebung bzw. Erwärmung durch Absinken in den einzelnen Höhenschichten ein. Daß das im Mittel bei unseren Zyklonen und Antizyklonen so ist, zeigt Tabelle 4, in der Wagner auf Grund der aerologischen Beobachtungen an internationalen Tagen in Europa die Temperaturanomalien in Zyklone und Antizyklone für verschiedene Höhen angibt.

Je stabiler die Schichtung ist, um so stärker ist die kompensierende Wirkung. Da im Tiefdruckgebiet schon in verhältnismäßig geringer Höhe

Tabelle 4

| Höhe in km | 1 | 2 | 3 | 4 | 5 | 6 | 7 | 8 | 9 | 10 | 11 | 12 |
|---|---|---|---|---|---|---|---|---|---|---|---|---|
| Zyklone | —0,8 | —2,0 | —2,7 | —3,4 | —3,8 | —3,9 | —3,8 | —3,5 | —2,6 | —0,2 | 2,6 | 4,4 |
| Antizykl. | 1,1 | 2,0 | 2,5 | 2,9 | 3,0 | 3,2 | 2,9 | 2,9 | 1,6 | 0,3 | —1,7 | —2,6 |
| Antiz.— Zyklone | 1,9 | 4,0 | 5,2 | 6,3 | 6,8 | 7,1 | 6,7 | 6,4 | 4,2 | 0,5 | —4,3 | —7,0 |

die Nimbostratusbildung beginnt, muß vor der Wolkenbildung der vertikale Temperaturgradient kleiner sein als der feuchtadiabatische, damit der Kompensationsmechanismus zur Wirkung kommt. Im Hochdruckgebiet braucht der Gradient bei der Absinkbewegung nur kleiner als der trockenadiabatische Gradient zu sein, um eine erwärmende Wirkung der absteigenden Luftmassen hervorzurufen. Da in der Antizyklone die Vertikalbewegungen zumeist trockenadiabatisch erfolgen, die Temperaturabnahme mit der Höhe aber den Wert von 1°/100 m auf die Dauer nie überschreitet und sogar meist nicht erreicht, können die vertikalen Umlagerungen niemals von großer Heftigkeit sein. In der Zyklone dagegen erfolgt das Aufsteigen meist feuchtadiabatisch, während der Gradient der Luft besonders vor und innerhalb der Kaltfront häufig noch erheblich größer ist. Daher kommt es hier zu den bekannten kräftigen Umlagerungen.

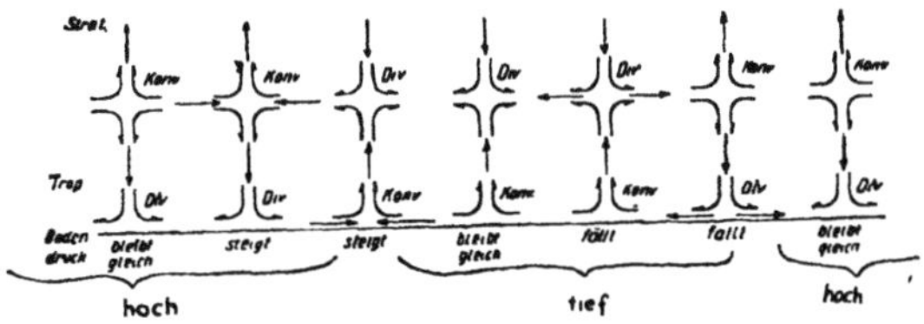


Abb. 100. Schema der Vertikalbewegung in Zyklone und Antizyklone (nach Thomas)

Wenn nicht nur am Boden, sondern auch in der freien Atmosphäre Konvergenzen und Divergenzen auftreten, bilden auch sie natürlich Anlaß zu kompensierenden Vertikalbewegungen. Thomas (56) hat in einem Schema (Abb. 100) den wahrscheinlichen Kompensationsmechanismus in einem schon okkludierten Tief dargestellt; wobei er allerdings im Gegensatz zu Mayer den advektiven Einfluß als den primären und den konvektiven als den sekundären betrachtet. Nach diesem Schema kommt die Aufheiterung auf der antizyklonalen Vorderseite des Tiefs durch eine troposphärische Divergenz zustande, die Thomas als Ansaugeffekt des Tiefs erklärt. Mit weiterer Annäherung des Tiefdruckkerns verursacht dann eine starke stratosphärische Divergenz Druckfall und aufsteigende Bewegung in der Troposphäre (Aufgleiten mit Konvergenz in den unteren Schichten der Atmosphäre); im sich weder vertiefenden noch abschwächenden Tiefdruckkern halten sich die stratosphärische Divergenz und die troposphärische Konvergenz die Waage. Auf der zyklonalen Rückseite des Tiefs bestimmt die konvergent einströmende Kaltluft das Vorzeichen der Bodendruckänderung. In der nächsten Phase der antizyklonalen Rückseite beginnt die Kaltluft zusammenzusinken, während gleichzeitig konvergierende stratosphärische Luftströme die Masse der Luftsäule vermehren und so Druckanstieg bringen. Im Hoch besteht wieder Gleichgewicht zwischen der troposphärischen Divergenz und der stratosphärischen Konvergenz.

## 7. Frontalzyklogenese nach Raethjen[1]

Raethjen versucht in seiner neuen Theorie über die Frontalzyklogenese bisher bestehende und zum Teil sich widersprechende Theorien zu

[1] Raethjen, P.: Kurzer Abriß der Meteorologie, dynamisch gesehen. Teil I. Konstitution der Atmosphäre. (Wolfenbüttel-Hannover 1947.)

vereinigen. Nach ihr entstehen die Zyklonen in drei Phasen. Die erste und dritte Phase entsprechen im weiten Maße der norwegischen Polarfronttheorie (V/2b), die zweite mehr den Anschauungen von Palmén und Scherhag.

Raethjen betrachtet eine west-östlich verlaufende Frontalzone. innerhalb der die Temperatur von Süden nach Norden abnimmt und zunächst in west-östlicher Richtung kein Druckgefälle vorhanden ist. Die Temperaturverteilung erzeugt ein Solenoidfeld, das eine Vertikalzirkulation entgegen dem Uhrzeiger hervorrufen würde, wenn nicht der zu dieser Temperaturverteilung gehörige, mit der Höhe zunehmende Westwind eine Zirkulation im entgegengesetzten Sinn verursachen würde, so daß zwischen beiden Gleichgewicht besteht (II/7d). Wird das Gleichgewicht aber gestört, indem z. B. durch Vertikalaustausch (Bildung von Cumuli) oder Gleitaustausch (II/5h) die langsam strömenden Luftmassen von unten nach oben und die schnell bewegten von oben nach unten befördert werden, beginnt eine Vertikalzirkulation im Sinne des Solenoidfeldes. Die Kaltluftmassen stoßen am Boden nach Süden, die warmen in der Höhe nach Norden vor. Dabei werden die nach Süden strömenden Massen infolge der ablenkenden Kraft der Erdrotation nach Westen, die nach Norden strömenden nach Osten beschleunigt, wodurch sich wieder ein Gleichgewichtszustand zwischen dem Solenoid- und Windfeld einstellt. Die Grenzfläche zwischen beiden Luftmassen neigt sich dabei nach Norden. Bei dem „Einpendeln" in das neue Gleichgewicht verhalten sich die Luftmassen wie ein Pendel, das aus seiner Gleichgewichtslage herausgehoben und sich dann selbst überlassen wird. Es schwingt zunächst durch die Gleichgewichtslage hindurch, bis es nach einer halben Schwingungsperiode seinen Umkehrpunkt hat und dann wieder zurückpendelt usw. Auch unsere Luftmassen haben nach einer halben Periode ihren Umkehrpunkt. Eine ganze Schwingungsperiode dauert 12 Pendelstunden (siehe II/5i), das sind $12/\sin \varphi$ Stunden; wobei $\varphi$ die geographische Breite bedeutet. In unserer Breite hat also die Kaltluft nach etwa 9 Stunden ihren südlichsten, die Warmluft ihren nördlichsten Punkt erreicht. Da die in der Höhe fließende Warmluft aber wesentlich schneller nach Osten strömt als die Kaltluft in den unteren Schichten, werden die zunächst in einer vertikalen Ebene liegenden Luftmassen um mehrere 100 km westöstlich getrennt. So entsteht nach Raethjen ein in Abb. 101a dargestelltes Viererdruckfeld. Die im Westen zurückbleibende Kaltluft erzeugt im Süden ein Hochdruckgebiet und entsprechend ein Tief im Norden. Im Osten dagegen entstehen durch die in der Höhe nach Norden vorstoßenden Warmluftmassen ein Hoch im Norden und ein Tief im Süden. Nun sind an den Hoch- und Tiefdruckgebieten nicht nur Luftmassen der Frontalzone, sondern auch Luftmassen aus den angrenzenden Gebieten beteiligt, die — und damit auch die Druckzentren selbst — wesentlich weniger rasch nach Osten driften als die Luftmassen der Frontalzone.

Die punktierte Linie in Abb. 101a zeigt den Isobarenverlauf in der oberen Troposphäre, wie er sich aus dem oben beschriebenen Massentransport ergibt. $E$ bedeutet das „Einzugsgebiet", $D$ das „Delta" der Frontalzone.

Selbstverständlich entsteht aus einer einzigen Störung des Windfeldes der Frontalzone zunächst nur ein sehr schwach ausgeprägtes Viererdruckfeld. Wenn aber immer wieder neue Initialstörungen in die richtige „Phase" der Frontalwelle eingreifen, verstärkt sich das Viererdruckfeld und weitet sich aus. In der Höhe herrscht zwischen $E$ und $D$ starker West-Wind vor,

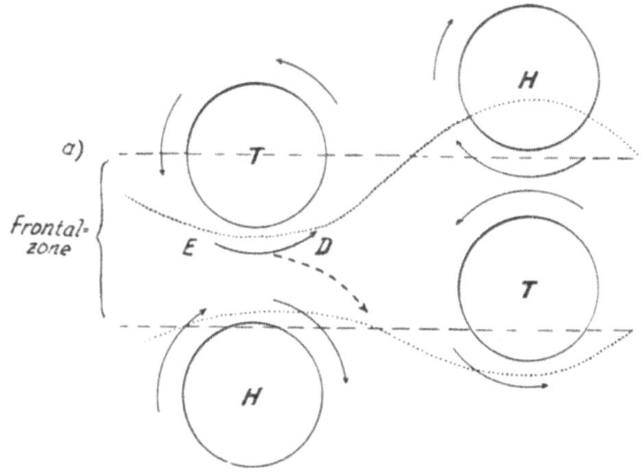


Abb. 101a. Zyklogenetisches Druckfeld und Frontalzonenwelle (schematisch; nach Raethjen)

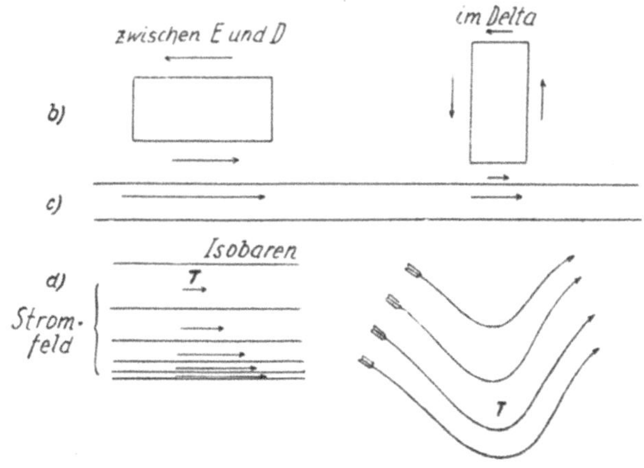


Abb. 101b, c und d. Deformation im Delta (7 km Niveau) (nach Raethjen)

der aber östlich von $D$ sehr schnell abflaut. Es entsteht also eine Strömungskonvergenz bei gleichzeitiger Richtungsdivergenz, wie sie Abb. 101a zeigt. In diesem Stadium beginnt die zweite Phase.

Eine flüssige Linie, die eine rechteckige Fläche umschließen mag (Abb. 101b links), und die sich in einem Windfeld befindet, in dem der Wind von Süden nach Norden abnimmt (Abb. 101d links) — wie es im nördlichen Teil der Frontalzone der Fall ist —, wird durch das Windfeld im „Delta" (Abb. 101 c) nord-südlich auseinandergezogen und west-östlich zusammengedrückt (Abb. 101 b rechts). So entsteht aus einer von Süden nach Norden abnehmenden Parallelströmung eine Zyklonalströmung oder Trogströmung, die in Abb. 101 d rechts dargestellt und erfahrungsgemäß für die Tiefdruckausbildung typisch ist.

Im Meeresniveau entsteht unter diesem Höhendruckfeld ein geschlossenes Tiefdruckgebiet, da das allgemeine, in der Höhe von Süden nach Norden gerichtete Druckfeld durch das ebenso gerichtete Temperaturfeld der Troposphäre kompensiert wird (V/6), wodurch sich die Isobaren im Norden schließen. Dieses Druckminimum entsteht also im „Delta" der Höhenstromlinien (V/3 b). Seine Entwicklung ist die zweite Phase.

Der verhältnismäßig rasch entstehende Tiefdrucktrog in der Höhe verursacht ein Absaugen der Tropopause, das dadurch noch verstärkt wird, daß die in Abb. 101 d rechts durch Pfeile angedeuteten, nach Süden bzw. Norden strömenden Luftmassen zunächst noch kein ihnen entsprechendes Druckfeld besitzen, so daß sie durch die ablenkende Kraft der Erdrotation nach Westen bzw. Osten auseinandergezogen werden und damit ein Nachsinken der Tropopause hervorrufen.

Mit dem Vorhandensein der „Delta-Zyklone" beginnt die dritte Phase: Auf der Rück- und Vorderseite dieser Zyklone brechen nun die Kalt- bzw. Warmluftmassen vor. Aus der Frontalzonen-„Welle" wird ein -„Wirbel". Die nach Norden und Süden — durch den vollständigen Zusammenbruch der Frontalzone bedingt — beschleunigt vorstoßenden Luftmassen entfernen sich infolge der Corioliskraft in west-östlicher Richtung voneinander, da sie in diesem Stadium noch größere als geostrophische Geschwindigkeit haben. Sie bewirken so ein Massendefizit zwischen sich, wodurch das Tief weiter verstärkt wird. Dann breitet sich die Kaltluft aus und sinkt zusammen. Infolgedessen senkt sich die Tropopause und mit ihr die Stratosphäre, was am Boden wiederum Druckfall zur Folge hat.

Die Raethjensche Theorie deckt sich im wesentlichen mit den synoptischen Erfahrungen, und es muß nun systematischen synoptischen und aerologischen Untersuchungen überlassen bleiben, festzustellen, inwieweit die einzelnen Phasen der Entwicklung eines Tiefdruckgebietes mit der Theorie übereinstimmen.

Natürlich wird sich nun nicht jede in unseren Breiten auftretende Zyklone gemäß dieser Theorie entwickeln, was auch der Verfasser der Theorie ausdrücklich hervorhebt. Außerdem werden zur Bildung eines Tiefdruckgebietes nicht jedesmal alle drei Phasen durchlaufen werden Denn die Viererdruckkonstellation ist meistens schon durch die in (III/1) gezeigten Zentraltiefs und -hochs gegeben.

Die Energie erhalten die Zyklonen nach dieser neuen Raethjenschen Theorie aus der Frontalzone, die mit ihren kalten und warmen nebeneinander herfließenden Luftmassen einen großen Vorrat an potentieller Energie darstellt. Damit teilt Raethjen wenigstens in diesem Punkt die Ansicht der norwegischen Schule. Einer älteren Theorie zufolge überläßt er der atmosphärischen Wärmekraftmaschine diese Aufgabe.

## 8. Energetik der Zyklonen nach Raethjen (57)

Wenn man die Abb. 100 betrachtet, so erkennt man einen vertikalen Kreislauf der Luftmassen zwischen einem Tiefdruck- und einem Hochdruckgebiet. Im ersteren steigen sie auf, im letzteren sinken sie wieder ab. Es findet also ein Kreisprozeß statt, der Arbeit leistet, wie Raethjen und vorher schon Ekholm zeigten.

Ob ein Kreisprozeß Arbeit leistet oder nicht, sehen wir sofort, wenn wir die thermodynamischen Wege eines Luftteilchens in ein Diagrammpapier eintragen, bei dem auf der Abszisse die Temperatur, auf der Ordinate der Logarithmus des Druckes eingezeichnet ist. Wie wir aus II/5 e wissen, ist die Arbeitsleistung dann proportional der Fläche, die von den Zustandskurven des wärmer als die Umgebung aufsteigenden und kälter als die Umgebung absteigenden Luftteilchens eingeschlossen wird.

### a Der Vertikalzirkulations- und der Wellentyp

Raethjen betrachtet nun zwei Fälle. Den ersten zeigt Abb. 102a. Die gestrichelten Linien stellen die Zustandskurven der Luftmassen im Zwischenhoch (1), an der Vorderseite (2), im Kern (3) und an der Rückseite des Tiefs (4) dar. In diesem Fall ist, wie wir sehen, der Kern am kältesten. Die Temperaturverhältnisse in der Zyklone entsprechen also denen des stationären Gleichgewichts (V, 5a). Im zweiten Fall (Abb. 102b) ist die Rückseite am kältesten. Das stationäre Gleichgewicht ist also gestört. Zeichnet man nun die thermodynamischen Wege ein, die ein Luftteilchen in einer Zyklone durchläuft, so erhalten wir im ersten Fall eine kleinere „Energie-Fläche“, im zweiten eine größere. In letzterem Fall ist die Vorderseite warm, die Rückseite kalt. Die Zirkulation kann also ähnlich wie beim Cumulus erfolgen. An der Vorderseite steigt die warme Luft mehr oder weniger vertikal längs der Zustandskurve auf, auf der Rückseite wieder ab. Die Zyklone kann also stationär bleiben und sich infolge des arbeitleistenden Prozesses nicht nur ohne äußere Energiezufuhr selbst erhalten, sondern sogar noch vertiefen. Raethjen nennt diesen Typ den „Vertikal-Zirkulationstyp“. Im anderen Fall dagegen haben wir es nach Raethjen mit dem sogenannten „Wellentyp“ zu tun. Da sich bei ihm die Zyklone infolge des nur wenig Arbeit leistenden Kreisprozesses energetisch nicht selbst erhalten kann, bekommt sie ihre Energie aus den Druckwellen

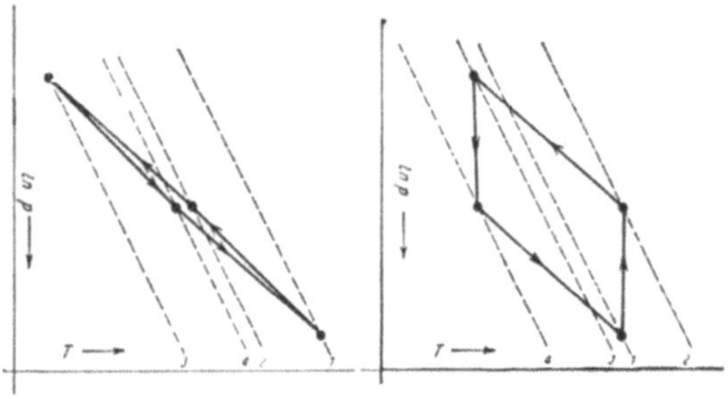

Abb. 102ab. Kreisprozeß in der Wellenzyklone (grobschematisch) (nach Raethjen) a) normale driftende Zyklone b) Übergang zum Vertikalzirkulationstyp (nach Raethjen). $p$ = Druck, $T$ = Temperatur, — — — — Temperaturkurve, 1 Zwischenhoch, 2 Vorderseite, 3 Kernnähe, 4 Rückseite. — Kreisprozeß

der Stratosphäre, die mit der atmosphärischen Drift rasch wandern und dementsprechend den Zug der Zyklone am Boden bestimmen.

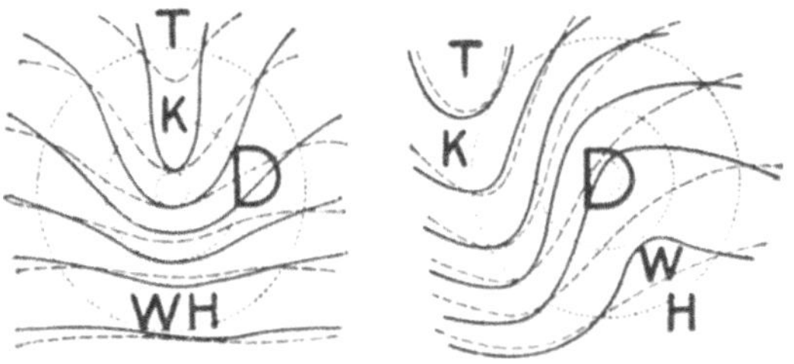


Abb. 102c, d. Isolinien zweier verschiedener Zyklonentypen. c) normale (von links nach rechts) driftende Zyklone, d) am Ort liegenbleibende und dabei sich vertiefende Zyklone. ...... Isobaren der Zyklone im Meeresniveau; — — — Isohypsen der 500 mb-Fläche (absolute Topographie); —— Isohypsen des Höhenunterschiedes zwischen 500 mb-Fläche und 1000 mb-Fläche (relative Topographie); W, K Warmluft, Kaltluft, H, T Hochdruck, Tiefdruck (in 5000 m); D Divergenzgebiet

Beim „Vertikal-Zirkulationstyp“ liegt die größte Kälte auf der Rückseite. Die Isohypsen der 500-mb-Fläche verlaufen also so, daß das Gebiet der Richtungsdivergenz gerade über das Bodenzentrum der Zyklone zu liegen kommt (Abb. 102d). Also auch nach dem Scherhagschen Divergenzgesetz (V, 3b) müßte diese Zyklone stationär bleiben. Beim Wellentyp dagegen liegt die größte Kälte im Kern, das Divergenzgebiet entsprechend über der Vorderseite (Abb. 102c). Die Zyklone muß sich also in Richtung der Vorderseite fortbewegen. Während zum letzteren Typ die meisten Zyklonen unserer Breiten gehören, die mit der Westdrift rasch von W nach E wandern und die Mügge mit „polarem“ Typ gekennzeichnet hat, werden die sogenannten Vb-Zyklonen bzw. der Müggesche „subtropische“ Typ und die indische Monsunzyklone mit dem Vertikalzirkulationstyp identisch sein[1]).

KAPITEL VI

# Das Hochdruckgebiet

## 1. Die wandernden Antizyklonen

Ebenso wie bei der Zyklone unterscheiden wir wandernde und stationäre Antizyklonen. Bei den wandernden Antizyklonen handelt es sich mehr um Hochdruckkeile, die zwischen zwei Tiefdruckgebieten bzw. -ausläufern einer Zyklonenserie (Abb. 103) entstehen und innerhalb von ein oder zwei Tagen über unser Gebiet hinweg wandern. Wegen der engen Verbindung dieser Antizyklonen mit den wandernden Zyklonen nennt man sie auch noch „kohärente“ Antizyklonen. Sie werden durch die auf der Rückseite

[1]) Bei einer Unterredung mit Prof. Raethjen im Jahre 1946 äußerte er allerdings die Ansicht, daß zwar die indische Monsun-Zyklone als Wärmekraftmaschine „arbeitet“, wie oben beschrieben, daß aber die Zyklonen unserer Breiten zum großen Teil ihre Energie so gewinnen, wie dies im vorhergehenden Abschnitt beschrieben ist.

der Zyklone nach Süden strömende Kaltluft aufgebaut. Letztere ist mehr oder weniger mächtig und reicht oft bis zur Tropopause (vgl. Abb. 61), die zunächst noch sehr tief liegt, da die Kaltluft „ihre" Polarlufttroposphäre mitbringt. Durch die Reibungsverhältnisse am Boden divergieren hier die Luftmassen. Aus Kontinuitätsgründen muß Luft von der Höhe aus nachsinken. Dabei erwärmt sich mit der Zeit die ganze Luftsäule, die Tropopause hebt sich. Die Antizyklone, die eine Zyklonenserie abschließt, wird bei uns oft stationär, d. h. sie verweilt längere Zeit über unserem Gebiet.

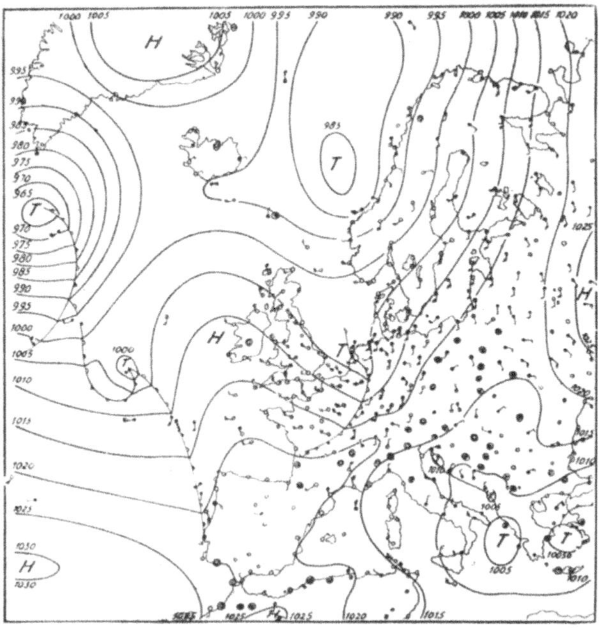

Abb. 103. Kohärentes Tief- und Hochdruckgebiet

## 2. Die stationäre Polarluftantizyklone

Bei einer stationär gewordenen Polarluftantizyklone ist die Erwärmung der Troposphäre oft außerordentlich stark. Runge (58) hat für Polarluftantizyklonen, die stationär geworden sind, die mittlere Temperaturdifferenz zwischen der frischen Polarluft und der gealterten an Hand der Lindenberger Aufstiege der Jahre 1908—1914 ermittelt (Tab. 5). Am Boden

Tabelle 5

Frische und alte Polarluft über Lindenberg bis 3 km Höhe

| | 0.122 | 0.5 | 1.0 | 1.5 | 2.0 | 2.5 | 3.0 km |
|---|---|---|---|---|---|---|---|
| frische Polarluft | —11.0° | —12.2 | —14.4 | —16.6 | —18.4 | —21.2 | —24.1 |
| alte Polarluft | —12.8° | — 8.2 | — 5.2 | — 4.5 | — 6.2 | — 8.9 | —12.0 |
| Differenz | — 1.8 | + 4.0 | + 9.2 | +12.1 | +12.2 | +12.3 | +12.1 |

bewirkt die Ausstrahlung in der gealterten Polarluft eine negative Temperaturdifferenz gegen die frische Polarluft, darüber aber ist die Erwärmung der gealterten Antizyklone außerordentlich stark.

### 3. Das Wetter in der Antizyklone

Das Absinken der Luftmassen bedingt eine Herabsetzung der relativen Feuchtigkeit und löst deshalb die Wolken auf. Die Temperatur ändert sich dann beim weiteren Absteigen trockenadiabatisch. Da der Temperaturgradient in der freien Atmosphäre kleiner ist als der trockenadiabatische — die Trockenadiabaten also nicht senkrecht, sondern flach geneigt in der Luftmasse liegen —, geschieht das Absinken — da unter möglichst geringem Energieaufwand stattfindend — längs dieser schwach geneigten Flächen, die

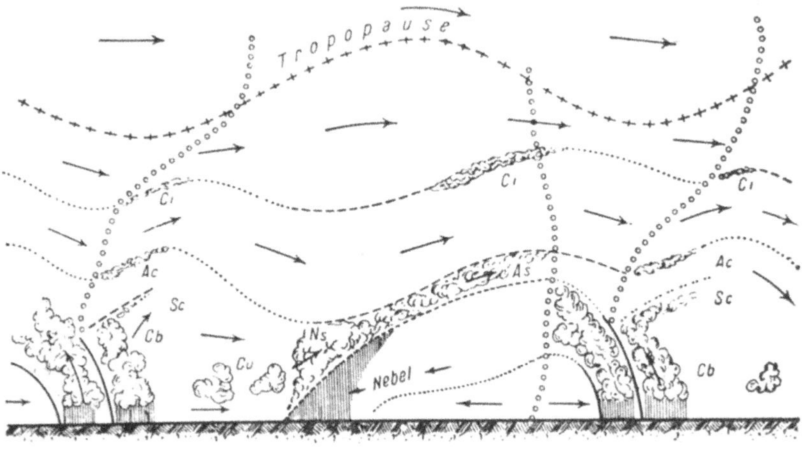


Abb. 104 Schema des Aufbaues einer Zyklone und Antizyklone (nach Stüve)

Stüve (59) mit Abgleitflächen bezeichnete. Von diesen Abgleitflächen gibt es nun nicht nur eine innerhalb eines Hochdruckgebietes, wie es in einem älteren Schema von Stüve (Abb. 104, punktierte Linie) zu sehen ist, sondern meistens sind mehrere schichtweise übereinander — oft bis an die Tropopause — angeordnet. Dadurch entstehen auch mehrere Inversionen oder Gebiete mit kleinen Temperaturgradienten, die für Vertikalbewegungen von unten nach oben als Sperrschichten wirken und unter denen sich deshalb der Dunst ablagert. So wechseln in einem schon etwas gealtertem Hochdruckgebiet mehrfach dunstfreie mit dunstüberfüllten Schichten bis in große Höhen hinauf ab. Außer an der auffallenden Sichttrübung sieht man das besonders an der Registrierung der relativen Feuchtigkeit, die in den Dunstschichten groß, dazwischen gering ist (Abb. 105). Dabei sind die Dunstober- und -untergrenzen oft außerordentlich scharf ausgeprägt.

Durch das in der Nacht meist wolkenlose Wetter in den Antizyklonen ist die nächtliche Ausstrahlung am Boden sehr stark. Das ist besonders im Winter der Fall, wenn über größeren Gebieten eine geschlossene Schneedecke vorhanden ist. Es bildet sich dann eine kräftige Bodeninversion aus, die 10 bis 15° C betragen kann und einige 100 m mächtig ist. Über dem durch Ausstrahlung erkalteten Boden kommt es öfters zur Bildung von Bodennebel. Die Bodeninversion verschwindet im Winter auch am Tag meistens nicht ganz, so daß jede höherreichende Vertikalbewegung durch sie unmöglich gemacht wird. Aus diesem Grunde können sich auch keine „Schönwetter-Cumuli" bilden, wie sie meistens bei der sommerlichen antizyklonalen Wetterlage um die Mittagszeit zu sehen sind. Wegen des fehlenden

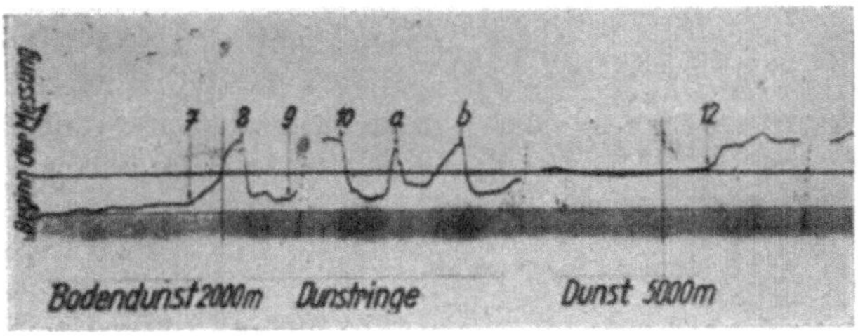


Abb. 105. Registrierung der relativen Feuchtigkeit in einer mit übereinander liegenden Abgleitflächen durchzogenen Antizyklone

vertikalen Austausches lagert sich unter der Inversion sehr viel Dunst ab. Die Dunstobergrenze strahlt nachts ebenfalls wie der Boden stark aus, und es kommt auch hier zur Nebelbildung, dem sogenannten Hochnebel. Trotz der antizyklonalen Wetterlage herrscht dann auch tagsüber am Boden trübes, feuchtes Wetter, bei dem es oft nieselt, während in wenigen 100 m Höhe — über der Inversion — die Sonne vom wolkenlosen Himmel scheint.

## 4. Die in Mitteleuropa auftretenden stationären Antizyklonen

Außer den thermischen Hochdruckgebieten, die die Polarluft an der Rückseite der von Westen nach Osten ziehenden Zyklonenserien aufbaut und die öfters stationär werden, steht Mitteleuropa noch unter dem Einfluß zweier anderer stationärer Hochdruckgebiete: dem thermischen Rußlandhoch im Winter und dem „dynamischen" Azorenhoch vor allem im Sommer. Runge hat die prozentuale Häufigkeit des Auftretens dieser drei Arten — und ihre jeweiligen Verbindungen untereinander — für die Jahre 1901 bis 1911 berechnet und kommt zu folgendem Resultat:

| Azoren-Hoch | Polarluft-Hoch | Rußland-Hoch |
|---|---|---|
| 48,4% | 15,2% | 6,9% |

Die bei uns öfters auftretenden Verbindungen — sogenannte Hochdruckbrücken — zwischen je zwei oder drei Antizyklonen verteilen sich prozentual folgendermaßen:

| Azoren-Polar | Azoren-Rußland | Polar-Rußland | Azoren-Polar-Rußland |
|---|---|---|---|
| 18% | 5% | 4,1% | 2% |

## 5. Die Kompensation in den stationären Antizyklonen

Abb. 106 zeigt die Temperaturverteilung in den drei verschiedenen stationären Antizyklonen. Man sieht auch hieraus wieder sehr schön: Je wärmer die Troposphäre ist, um so höher liegt die Stratosphäre und um so kälter ist sie. Das Gegenläufigkeitsgesetz ist also auch hier gut erfüllt. Die stratosphärische Kälte ist für den hohen Druck verantwortlich, und dieser wäre noch wesentlich höher, wenn nicht durch das Absinken und Erwärmen der Troposphäre eine Kompensation einträte.

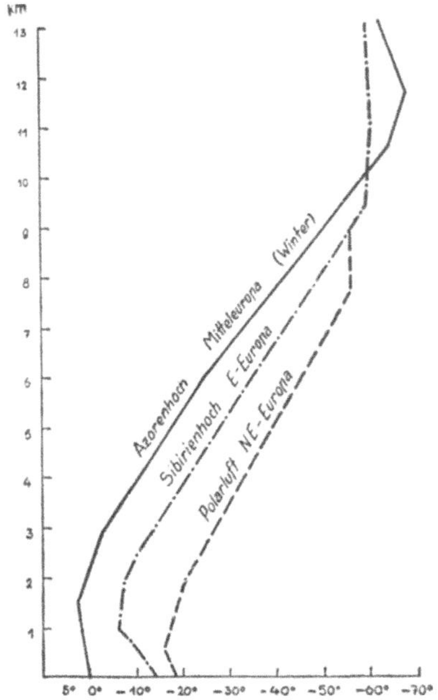


Abb. 106. Temperaturhöhenkurven in Antizyklonen (nach Runge)

Van Mieghem (60) untersuchte einen Fall, in dem ein Ausläufer des Azorenhochs bis nach England vordrang und sich dort als stationäres Hochdruckgebiet festsetzte. Die am 12. und 15. Januar 1935 herrschende Temperatur und Druckverhältnisse sind in Tabelle 6 dargestellt.

Am 12. Januar lag die Tropopause in 8044 m (—50° C), am 15. Januar in etwa 10761 m (—66,9° C). In 8044 m betrug die Druckzunahme 19 mb. Davon kommen nach der Berechnung van Mieghems 11 mb auf die Abkühlung der Stratosphäre und 8 mb auf die Abkühlung der Schicht zwischen 8 und 11 km. Wenn sich die Troposphäre nicht erwärmt hätte, müßte nach der Barometrischen Höhenformel am Boden eine Druckzunahme von 46 mb stattgefunden haben. Wegen der troposphärischen Erwärmung aber betrug sie nur 19 mb.

Tabelle 6

| 1935 | Boden | 1 km | 2 km | 3 km | 4 km | 5 km |
|---|---|---|---|---|---|---|
| | | | Temperatur °C | | | |
| 12. Januar | 2,6 | 1,1 | — 7,0 | —15,0 | —22,5 | —29,2 |
| 15. Januar | 6,7 | 2,0 | — 1,4 | — 4,7 | —10,9 | —17,8 |
| 15.—12. Januar | + 4,1 | + 0,9 | + 5,6 | +10,3 | +11,6 | +11,4 |
| | | | Luftdruck mb | | | |
| 12. Januar | 992 | 892 | 785 | 687 | 599 | 520 |
| 15. Januar | 1011 | 910 | 801 | 704 | 618 | 540 |
| 15.—12. Januar | +19 | +18 | +16 | +17 | +20 | |

| 1935 | 6 km | 7 km | 8 km | 9 km | 10 km | 11 km |
|---|---|---|---|---|---|---|
| | | | Temperatur °C | | | |
| 12. Januar | —36,2 | —42,5 | —51,9 | —50,7 | —51,6 | —52.2 |
| 15. Januar | —25,5 | —33,5 | —42,1 | —50,9 | —59,8 | —66,7 |
| 15.—12. Januar | +10,7 | + 9,0 | + 9,8 | — 0,2 | — 8,2 | —14.5 |
| | | | Luftdruck mb | | | |
| 12. Januar | 450 | 387 | 332 | 284 | 243 | (207) |
| 15. Januar | 470 | 407 | 352 | 301 | 257 | 218 |
| 15.—12. Januar | +20 | +20 | +20 | +17 | +14 | +11 |

Im Falle des Azorenhochs kann man die Abkühlung in der Stratosphäre damit erklären, daß mit der advektiv vordringenden Subtropikluft — der ja das Azorenhoch angehört — auch die dieser Luft eigentümliche hohe

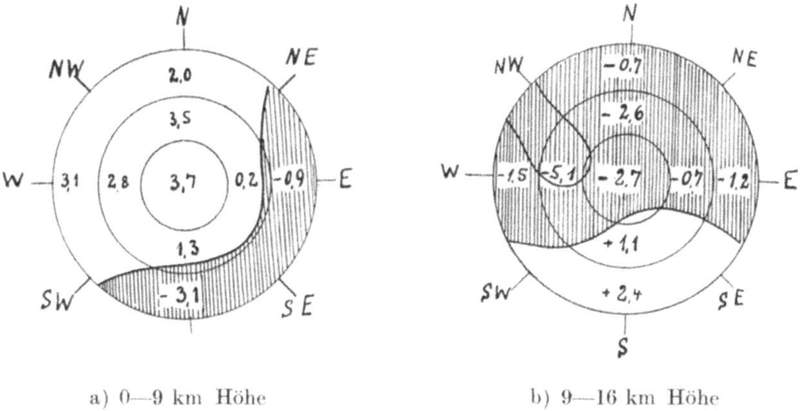


a) 0—9 km Höhe b) 9—16 km Höhe

Abb. 107a und b. Abweichungen der Temperatur in einer Antizyklone von der Mitteltemperatur des betreffenden Gebietes

und kalte Stratosphare mit nach Norden verlagert wird. Hinzu kommt noch die nach dem Palménschen Schema erfolgende konvektive Abkühlung (V/2 f), die für die kalte Stratosphäre über den Polarlufthochs wohl hauptverantwortlich ist.

Die mittleren Abweichungen der Temperatur in den einzelnen Gebieten der Antizyklone von der Mitteltemperatur des betreffenden Gebietes zeigen die Abb. 107a und 107b, die noch einmal deutlich die Gegenläufigkeit zwischen Troposphäre und Stratosphäre erkennen lassen.

# KAPITEL VII

# Periodische Vorgänge im Wettergeschehen

## 1. Die Symmetriepunkte nach Weickmann

Das Vordringen des Azorenhochs geschieht öfters periodisch: die Frequenz bestimmte L. Weickmann (61) zu im Mittel 7,2 Tagen. Diese periodischen Vorgänge spielen in der Meteorologie besonders für die Langfristvorhersage eine große Rolle.

Defant (62) hatte wohl als einer der ersten beim Aufzeichnen der jährlichen und täglichen Niederschlagssummen die bemerkenswerte Feststellung gemacht, daß in der gemäßigten Zone der Nord- und Südhemispäre die täglichen Niederschlagssummen größerer Gebiete, wie Europa, Nordamerika, Australien usw., Schwankungen von bestimmter Periodenlänge aufweisen. Defant hat dafür auch eine theoretische Begründung gegeben mit der Annahme, daß diese Schwankungen auf erzwungene Schwingungen der Atmosphäre zurückzuführen seien, die durch die verschiedene Temperatur von Land und Meer hervorgerufen werden. Es ergeben sich auf der Nordhalbkugel Perioden von 5,7; 8,7; 12,7 und 24,5 Tagen. Die Fortpflanzungsgeschwindigkeit pro Tag beträgt 14,5 Grad.

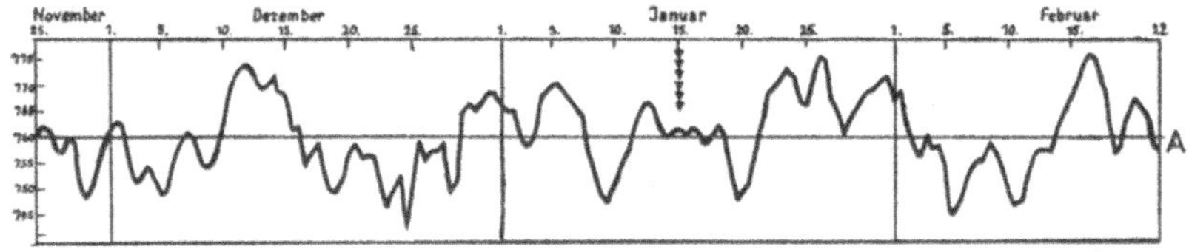


Abb. 108. Um den 15. Januar 1924 sich spiegelnde Druckkurve (nach L. Weickmann)

Es ist das große Verdienst von L. Weickmann, ähnliche Untersuchungen über den Luftdruckgang angestellt zu haben. Er fand dabei nicht nur, daß auch seine Schwankungen gewissen Perioden unterliegen, sondern daß in der Kurve des Luftdruckes für einen bestimmten Ort Symmetriepunkte vorhanden sind, an denen sich der Druckgang spiegelt. So fand er z. B. einen Symmetriepunkt etwa zur Jahreswende, wobei sich die beiden spiegelnden Hälften öfters über mehrere Monate erstrecken (Abb. 108). Liegen die Symmetriepunkte nicht im Sommer oder Winter, wo auch die Temperaturverteilung etwa symmetrisch zum Spiegelungspunkt ist, sondern im Herbst oder Frühling, so bewirkt die unsymmetrische Temperaturverteilung eine Verzerrung der Druckkurve, und zwar in der Weise, daß die Kurve der warmen Symmetriehälfte einer Kontraktion unterzogen werden muß. Ein Beispiel dafür zeigt Abb. 109. In der oberen Kurve ist der Luftdruckgang zwischen Juli und Februar dick ausgezogen dargestellt. Auf den 6. November fällt der Symmetriepunkt. Dünn ausgezogen ist die um diesen Punkt gespiegelte Kurve eingezeichnet. Also der Abschnitt

November—Juli ist auf den Abschnitt November—Februar gezeichnet und umgekehrt. Man sieht, daß die Spiegelung etwa bis zum 24. November bzw. 18. Oktober noch gut ist, die Kurven sich von da ab aber immer mehr — praktisch linear — voneinander entfernen. Im Februar macht es etwa 7 Tage aus. Unterzieht man nun die Sommerhälfte einer Kontraktion, so erhalten wir das Bild, das die untere Kurve der Abb. 109 darstellt. Beide Kurven decken sich dann ausgezeichnet.

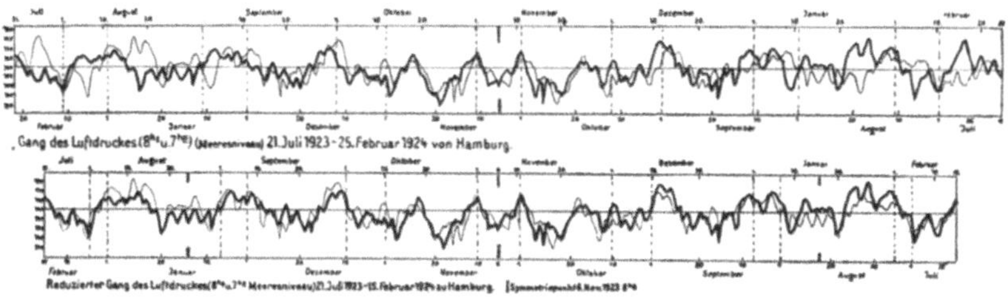

Abb. 109. Symmetrievergleich nach Ausschalten der Temperaturverzerrung (nach L. Weickmann), dünn ausgezogen ist die gespiegelte Kurve

Unter der plausiblen Annahme, daß die Luftdruckkurve eine Superposition von mehreren Sinusschwingungen darstellt, ließ Weickmann verschiedene Kurven harmonisch analysieren und konnte so die im wesentlichen bereits auch von Defant gefundenen Perioden von 6, 8, 11 und 22 Tagen feststellen. Aus der Tatsache schließlich, daß ein Spiegelungspunkt nicht nur für einen Ort, sondern gleichzeitig für ein größeres Gebiet gilt, müssen auch die Isobarenbilder der Wetterkarten entsprechender Tage übereinstimmen.

## 2. Die Wellensteuerung nach Schmiedel (63)

Diese Annahme trifft zumindest für die Höhendruckverteilung in vielen Fällen zu. Schmiedel beweist das mit der Tatsache, daß die Fortpflanzungsrichtung der Druckänderungsgebiete, die — wie wir aus V. 4 b$\beta$ wissen — durch die hochreichenden Druckgebilde gesteuert werden, gewissen Perioden unterliegt, die ebenfalls symmetrisch zum Spiegelungspunkt auftreten. Einen derartigen Fall zeigt Abb. 110. Der Spiegelungspunkt fällt auf den 15. Dezember 1924. An ihm werden neben einer 24tägigen im wesentlichen eine 36- und 72tägige Welle gespiegelt.

Die stark ausgezogenen Pfeile zeigen die Richtung der Druckänderungsgebiete an und die dünn ausgezogenen Linien die mittlere Druckverteilung während der betreffenden Tage. Die beiden, jeweils nebeneinanderliegenden Felder geben die Verhältnisse in dem zum Spiegelungspunkt symmetrisch gelegenen Zeitabschnitt wieder. Es sind dies zwei kurze 4tägige Abschnitte mit Weststeuerung. Daran schließt sich eine 8tägige antizyklonale Steuerung an. Dann kommt wieder 8 Tage lang Weststeuerung und daran anschließend wieder eine 16tägige antizyklonale Steuerung.

Da, wie wir aus V, 4 b ε wissen, die Druckfall- und Drucksteiggebiete um die hochreichenden Drucksysteme herumgesteuert werden, müssen auch diese symmetrisch zum Spiegelungspunkt angeordnet sein. So läßt sich z. B. die antizyklonale Steuerung in diesem Beispiel leicht damit erklären, daß zu dieser Zeit sowohl die 36- als auch die 72tägige Welle ihr Maximum hatten und eine hochreichende Antizyklone aufbauten. Damit weist aber Schmiedel gleichzeitig nach, daß auch die Bewegungssteuerung durch die „Wellensteuerung" gesteuert wird. Er setzt daher die „Wellensteuerung" an die Spitze des gesamten Wettergeschehens. Es ist klar, daß ein Ausbau dieser Symmetriepunktmethode einen sehr wertvollen Beitrag für die Langfristvorhersage darstellt.

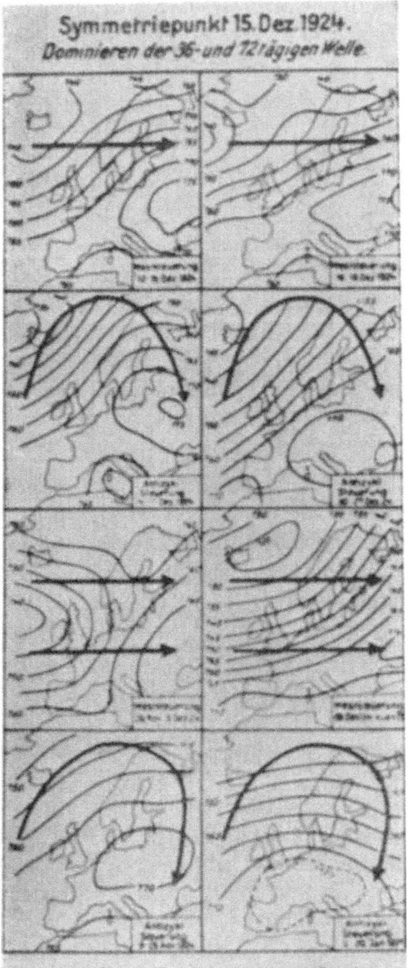


Abb. 110. Wellensteuerung von Druckänderungsgebieten (nach Schmiedel)

### 3. Die „Singularitäten" nach Schmauß (64)

Um einen Überblick über den jährlichen Verlauf von einzelnen meteorologischen Elementen, z. B. der Temperatur, des Druckes, des Niederschlages usw. zu bekommen, ist es in vielen Fällen üblich, die Mittelwerte von je 5 Tagen (Pentaden) zusammenzustellen und diese wieder über eine größere Zahl von Jahren zu mitteln. Bei einer so gewonnenen Temperaturkurve nehmen die Werte nicht vom Winter bis zum Sommer gleichmäßig zu und dann wieder gleichmäßig ab, sondern es treten zu bestimmten Zeiten des Jahres deutliche Abweichungen von einem solch gleichmäßigen Gang auf (Abb. 111 obere Kurve). Diesen Abweichungen hat Schmauß den Namen „Singularitäten" oder Wettermerktage gegeben. Die bekanntesten und ausgeprägtesten dieser „Singularitäten" sind das berüchtigte Tauwetter um die Weihnachtszeit, die im Volksmund bekannten „Eisheiligen" Mitte Mai, die Schafskälte Mitte Juni, die Schönwetterperiode Ende Mai—Anfang Juni und der Altweibersommer Ende September—Anfang Oktober. Während die drei ersten Wetterlagen dann auftreten, wenn die atmosphärische Wärmekraftmaschine, die Zirkulation zwischen

Äquator und Pol, besonders kräftig arbeitet; sind die beiden letzten Schönwetterperioden besonders gut ausgeprägt, wenn der Nordsüd-Austausch der Luftmassen gering ist. Die ersten Wetterlagen sind zyklonal, die letzteren antizyklonal bedingt.

Ein Maß für den Luftmassenaustausch in unseren Breiten, von dem die Wetterlage offensichtlich abhängt, ist der horizontale Druckgradient über dem Atlantik. Schmauß hat deshalb ebenso wie für die Temperatur eine

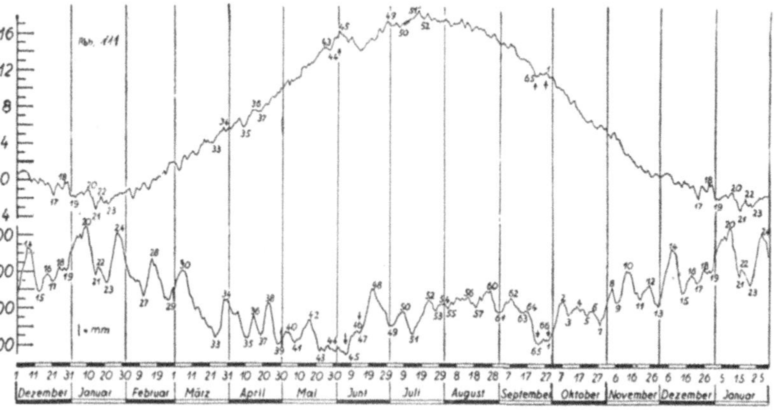


Abb. 111. Darstellung der mittleren Temperatur über Mitteleuropa und des Druckgradienten über dem westlichen Atlantischen Ozean (nach Schmauß)

mittlere Jahreskurve für den Druckgradienten zwischen St. Mathieu (S-Frankreich) und Lerwick gezeichnet. Darin findet er 66 Singularitätspunkte, die von Jahr zu Jahr um einige Tage streuen können (Abb. 111 untere Kurve).

Aus dieser Kurve erkennt man zunächst den großen Gradienten während des Winters gegenüber dem im Sommer, was gleichbedeutend ist mit einer kräftigen allgemeinen Zirkulation im Winter und einer schwachen im Sommer. Von Januar bis etwa Ende Mai nimmt der Gradient im Ganzen ab und behält dann bis Anfang Juni den geringsten Wert. In diese Zeit fällt die bekannte Schönwetterperiode, die in manchen Jahren die heißesten Tage bringt. Danach — Ende Juni — wächst der Gradient wieder rasch an. Dies fällt mit dem Monsuneinbruch zusammen, der den für Mitteleuropa normalen regnerischen Sommer bringt. Erst Ende September haben wir wieder ein Minimum in der Kurve, das den Altweibersommer anzeigt. Von Anfang Oktober ab steigt dann der Gradient im Mittel wieder bis zum Januar an.

In der Temperaturkurve ist eigentlich nur der Monsuneinbruch besonders gut ausgeprägt, während die oben erwähnten Kälteeinbrüche im Mai und Juni und die warmen Tage Ende September und Ende Dezember zwar angedeutet, aber doch nur verhältnismäßig verwaschen und schwach in Erscheinung treten. Das ist in der Streuung dieser Singularitäten um einige Tage von Jahr zu Jahr begründet.

Wenn man aus diesem Grunde eine Wetteränderung auch nicht auf den Tag genau vorhersagen kann, so bilden die Wettermerktage doch dann einen guten Anhalt für eine Wettervorhersage, wenn die Wetterlage so ist, daß man nicht ohne weiteres entscheiden kann, nach welcher Richtung hin sie sich entwickeln wird.

KAPITEL VIII

# Besondere Wetterlagen

## 1. Föhn

Ebenso regelmäßig wie die eben angeführten Singularitäten ganz allgemein in Mitteleuropa, treten im Frühjahr und Herbst besonders für den Alpennordrand die Föhnwetterperioden ein. Die Bedeutung, die die Föhnwetterlage einmal sicher für den Segelflug haben wird, und der Einfluß, den sie auf viele Menschen ausübt, lassen es angebracht erscheinen, auf sie kurz einzugehen.

Unter „Föhn" an sich versteht man in den Alpenländern den von dem Gebirge herabwehenden warmen, besonders trockenen Südwind. Er tritt als Vorderseitenströmung eines kräftig ausgebildeten Tiefdruckgebietes auf, das sich über der Nordsee befindet. Aus dem Mittelmeerraum strömt die Luft über die Alpen, wird hier angehoben, kühlt sich dabei unter Wolkenbildung feuchtadiabatisch ab, und das Wasser fällt aus den bis zum Alpenkamm angestauten Luftmassen als Regen aus. Jenseits der Alpen steigt die Luft wieder mehr oder weniger tief gegen den Boden ab und erwärmt sich dabei trockenadiabatisch, was zu der starken Erwärmung und der außerordentlich geringen relativen Feuchtigkeit im Lee des Gebirges führt. Nicht immer aber — wenigstens nicht immer sofort — steigt die über die Alpen hinwegströmende Luftmasse im N ganz bis zum Boden ab; denn hier liegt meistens noch die zum vorhergehenden Hoch gehörige, durch Ausstrahlung erkaltete, flache Kaltlufthaut, über die zunächst der warme Südwind hinweggeht. Je nach der Stärke des Tiefdruckgebietes im NW wird die Kaltluft mehr oder weniger rasch von diesem abgesaugt.

Die Einwirkung des Föhns auf nervöse Menschen, die sich in Angstzuständen und Herzklopfen, der Gefahr des Entstehens von Thrombosen und in schwer stillbaren Blutungen nach Operationen bemerkbar macht, hängt nun nicht, wie man vermuten könnte, unbedingt mit der trockenen Warmluft am Boden zusammen, sondern sie ist oft dann am stärksten, wenn die Warmluft noch gar nicht bis zum Boden durchgedrungen ist. Die Mediziner nennen deshalb dieses Stadium, bei dem am Boden vom Föhn noch nichts zu spüren ist, den klinischen Föhn. Während dieses Stadiums spielen sich aber in der Höhe bis zur Stratosphäre, die dann besonders hoch liegt, sehr interessante Strömungserscheinungen ab. Es treten Schwingungen der Atmosphäre auf, bei denen Vertikalgeschwindigkeiten von der Größenordnung 5 m/sec auch noch in 10 bis 12 km Höhe vorkommen können. Lyra (65) hat die Vorgänge theoretisch untersucht und die nach

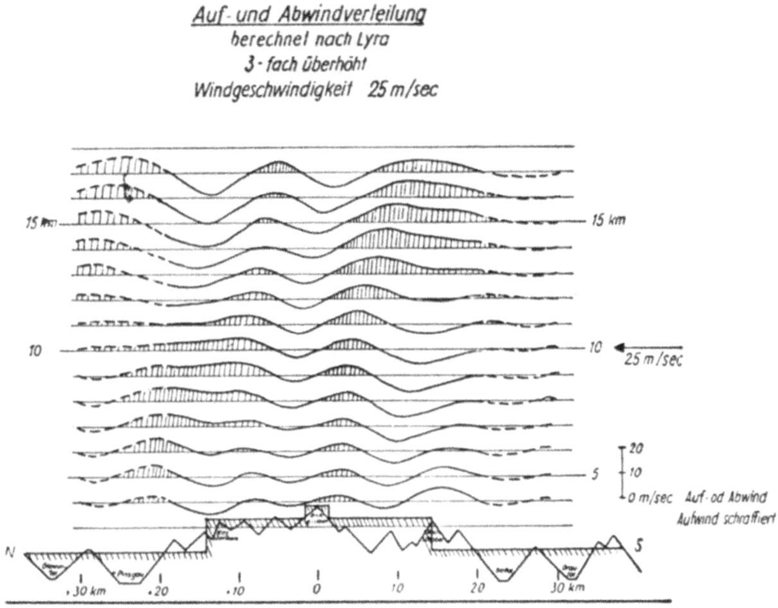


Abb. 112. Strömungsverteilung über den Alpen bei Südföhn (nach Lyra-Staffin)

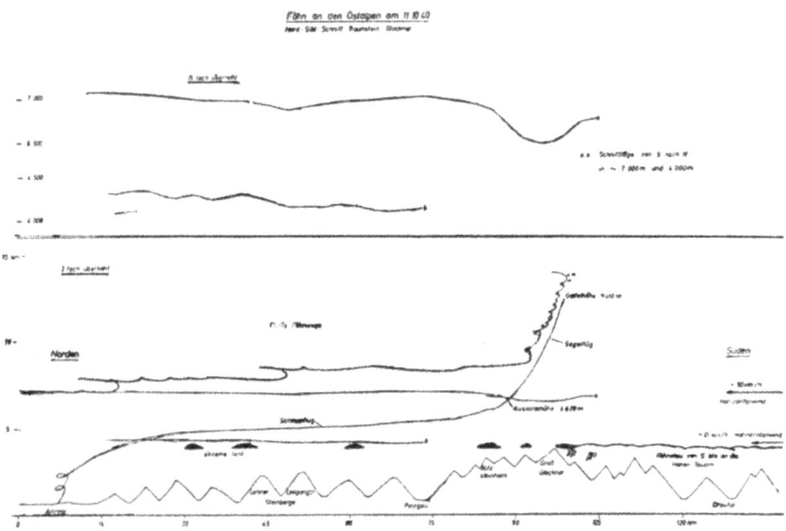


Abb. 113. Föhn an den Ostalpen am 11. Oktober 1940. Nord-Südschnitt in Höhe des Großglockners (nach Krug-Pielsticker)

Im oberen Teil der Abbildung sind die Schnittflüge des Motorflugzeuges dreifach überhoht (gegenüber dem unteren Teil) dargestellt

seinen Ansätzen von R. Staffin (66) rechnerisch ermittelte Strömung über den Alpen (Abb. 112) stimmt sehr gut mit der tatsächlichen überein, die durch Motor- und Segelflugzeuge erflogen wurde. Klöckner gelang es, am 11. Oktober 1940 im Segelflugzeug bei Föhn eine Höhe von 11400 m zu erreichen. Seine Flugbahn und die eines in etwa 7000 und 4000 m horizontal von N nach S fliegenden Motorflugzeuges wurden von U. Krug-Pielsticker aufgezeichnet und sind in Abb. 113 dargestellt.

Besonders die erste Schwingung nördlich der Alpen ist gut ausgebildet, was nach der Theorie dann der Fall ist, wenn die Wellenlänge der Schwingung halb so groß ist wie die Breite des Hindernisses. In dem angeführten Beispiel ist das auch annähernd der Fall. Der Aufwind ist über dem Alpenkamm am besten ausgeprägt und mit der Höhe nach S gestaffelt. Durch ihn bildet sich eine je nach der Feuchtigkeit mehr oder weniger mächtige Lenticulariswolke aus, an deren Vorderkante die aufsteigenden Luftmassen immer wieder neu kondensieren (Abb. 114a und b).

Die Hinterkante dieser in ihrem vordersten Teil trotz der tiefen Temperatur aus Wassertröpfchen bestehenden Wolke liegt oft noch weit nördlich des Alpennordrandes. Wie an den Alpen, so tritt diese Föhnströmung an allen quer zur Windrichtung liegenden langgestreckten Gebirgen auf. Im Riesengebirge, wo durch Grunauer Segelflieger die Leeschwingungen zuerst untersucht wurden, ist die große Lenticulariswolke als „Moazagotl“ bekannt. Auch hier sind im Segelflug schon Höhen von über 7000 m erreicht worden.

## 2. Nebelwetterlagen

Je nach ihrer Entstehung unterscheiden wir grundsätzlich zwei Arten Nebel:

1. den Strahlungsnebel,
2. den Advektionsnebel.

Den Strahlungsnebel unterteilt man weiter in Bodennebel und Hochnebel. Beide treten besonders in der kälteren Jahreszeit auf.

### a) Der Bodennebel

Der Bodennebel entsteht durch Ausstrahlung des Bodens. Diese ist in wolkenlosen langen Winternächten besonders kräftig. Die dem Boden unmittelbar anliegende Luft kühlt sich zuerst unter ihren Taupunkt ab und kondensiert. Die Abkühlung setzt sich mit der Zeit immer weiter nach oben durch, und dementsprechend wächst auch der Nebel von unten nach oben. In Flußniederungen, feuchten Wiesen und Sümpfen, über denen die Luft an sich schon sehr feucht ist, kommt es schon nach verhältnismäßig geringer Abkühlung zur Nebelbildung. Hier tritt der Nebel deshalb schon häufig im Herbst und auch noch im Frühjahr auf. Auch im Sommer bilden sich ab und zu Nebel, und zwar besonders dann, wenn gegen Abend eine Kaltfront mit ihren Regenfällen durchzieht und es danach während der Nacht aufklart. Auch dann entstehen Bodennebel, die am Morgen aber, wenn die Sonne schon etwas höher steht, wieder vergehen. Obwohl die

a)

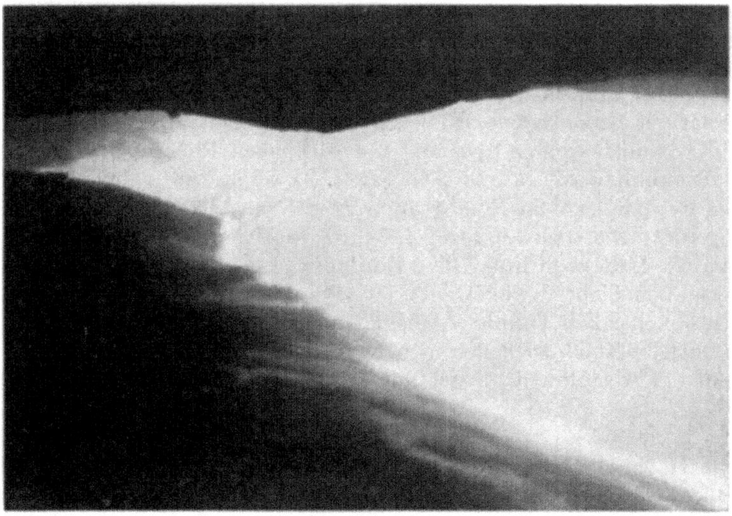

b)

Abb. 114. Vorderkante der Föhnwoge
a) von oben gesehen
b) von der Seite gesehen

Ausstrahlung über einer Schneedecke besonders groß ist, tritt über Schneedecken verhältnismäßig wenig Nebel auf. Das liegt daran, daß zur Nebelbildung annähernd Wassersättigung — auch bei tiefen Temperaturen — notwendig ist. Eissättigung, wie es in manchen Lehrbüchern gefordert wird, reicht für die Nebelbildung nicht aus. Da der Dampfdruck über der Schneedecke (Eissättigung) aber kleiner ist als der, der zur Wassersättigung gehört, schlägt sich der für die Eissättigung überschüssige Wasserdampf auf der Schneedecke nieder (sublimiert). Es kommt daher nicht oder nur kaum zur Nebelbildung (siehe auch Kapitel IX).

Die Abkühlung des Bodens beginnt dann, wenn die Ausstrahlung die Einstrahlung überwiegt. Dies ist bereits vor Sonnenuntergang der Fall. Am dichtesten ist der Nebel kurz nach Sonnenaufgang, wo die Sonne, ohne den Nebel selbst aufzulösen, den betauten Boden erwärmt. Der Tau verdunstet und kondensiert aber in geringer Höhe wieder, in der es noch kalt ist, und bewirkt hier die Verdichtung. Bei zunehmender Einstrahlung schreitet die Erwärmung, ebenso wie am Abend die Abkühlung, von unten nach oben fort. In der wärmeren Jahreszeit löst sich der Nebel verhältnismäßig rasch auf und geht dann öfter in Cumulusbewölkung über. Im Winter reicht in vielen Fällen die Einstrahlung nicht aus, um den Nebel ganz aufzulösen. Es kommt dann nur in Bodennähe zur Auflösung und Sichtbesserung während weniger Stunden vor und nach der Mittagszeit. Die Mächtigkeit der Bodennebelschichten liegt zwischen einigen Metern und wenigen Hundertmetern.

Auf Grund des täglichen Temperatur- und Feuchteganges kann man das Auftreten des Strahlungsnebels am Boden verhältnismäßig sicher vorhersagen. Zur Erleichterung dieser Vorhersage hat Petterssen ein Nomogramm (Abb. 115) entwickelt, mit dem man aus herrschender Temperatur und relativer Feuchtigkeit den Taupunkt berechnen kann. Nach Petterssen (67) handelt es sich aber erst um wirklichen Nebel, wenn die Luft so weit abgekühlt wird, daß 0,5 g flüssiges Wasser pro m³ gebildet wird. Aus diesem Grunde ist dem Nomogramm an der oberen Seite noch ein zweites hinzugefügt. Die dick ausgezogene Linie gibt die Temperatur in °C an, um die die Luft noch unter den Taupunkt abgekühlt werden muß, damit einigermaßen dichter Nebel entsteht. Bei Luft von —2° C und 80% relativer Feuchtigkeit (Punkt A) liegt der Taupunkt bei —5° C (Punkt B). Um richtigen Nebel zu bekommen, muß die Luft aber noch weiter um 2°, also auf —7° C (Punkt C) abgekühlt werden.

### b) Der Hochnebel

Der Hochnebel entsteht — wie bereits in VI/3 bei der Besprechung der Hochdruckgebiete dargelegt wurde — durch Ausstrahlung der Dunstobergrenze, die sich an der Inversion zwischen Bodenkaltluft und absinkender Warmluft befindet. Im Gegensatz zum Bodennebel wächst der Hochnebel deshalb von oben nach unten. Er tritt besonders bei herbstlichen und winterlichen Hochdruckwetterlagen auf und löst sich oft tagsüber nicht auf. Besonders hartnäckig hält er sich — wie Georgii (68) zeigte — in dem Winkel zwischen der untersten Absinkinversion und dem Boden, wo er in Bodennebel übergeht.

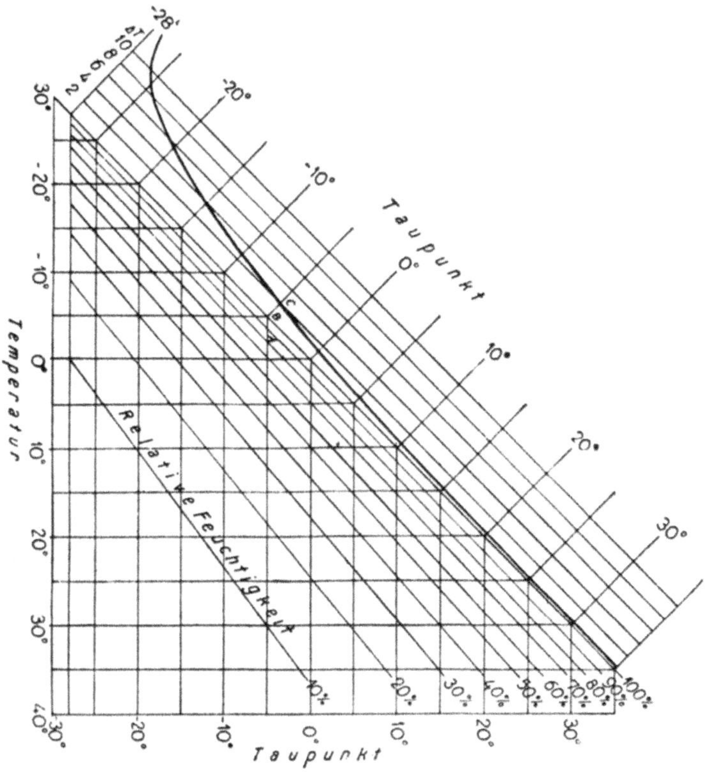


Abb. 115. Diagramm für die Nebelvorhersage (nach Petterssen)

c) Der Advektionsnebel

Der Advektionsnebel entsteht, wenn warme feuchte Luft über kalten Untergrund oder über Kaltluft strömt. Er tritt deshalb vor allem im Winter an Küsten auf, an denen die wärmere Meeresluft über das kalte Land streicht, und an Warmfronten, und zwar dort, wo diese den Boden berühren Im letzteren Fall geht oft die Nimbostratusbewölkung in Bodennebel über weil es zur Mischung zwischen der warmfeuchten Subtropikluft mit den Kaltluftresten am Boden kommt.

## 3. Glatteiswetterlage

Eine derartige Wetterlage, bei der die Tropikluft über die davorgelagerte, gealterte Polarluft aufgleitet, bringt im Winter sehr oft Glatteis; denn durch das vorangegangene Hochdruckgebiet haben sich nachts durch Ausstrahlung die bodennahe Luftschicht und der Boden selbst sehr stark abgekühlt. Gleitet nun an der Vorderseite des von Westen heranziehenden Tiefdruckgebietes feuchtwarme Subtropikluft an der Kaltluft auf, so kommt es zur Bildung von Schichtwolken, deren Temperatur in den unteren Höhen oft noch über 0° C liegt. Dieser Nimbostratus regnet dann aus.

Wenn die Regentropfen auf den in vielen Fällen noch weit unter 0° C abgekühlten Erdboden auftreffen, gefrieren sie sofort und bilden eine mehr oder weniger dicke Eisschicht. Wenn das Hochdruckgebiet längere Zeit stationär war, so ist der Boden meist bis zu einer größeren Tiefe gefroren. Entsprechend seiner großen Wärmekapazität hält sich dann die Glatteisschicht oft längere Zeit.

## 4. Gewitter

### a) Wärmegewitter

Zur Bildung des Gewitters ist eine bis in größere Höhen reichende feuchtlabile Schichtung der Troposphäre notwendig. Diese wird entweder durch starke Erwärmung der unteren Luftschichten erzeugt oder durch Abkühlung in der Höhe oder schließlich durch das Zusammenwirken beider

Abb. 116. Cumulonimbus

Ursachen. Die starke Erwärmung der unteren Schichten wird bei den sogenannten **Wärmegewittern** durch die Sonneneinstrahlung besorgt. Sie heizt die unteren Luftmassen bei geringer Luftbewegung besonders stark auf. Die Wärmegewitter entstehen deshalb auch dann am häufigsten wenn eine sehr flache Druckverteilung vorherrscht. Die Wärmegewitterwolke ist eigentlich nichts anderes als ein sehr großer Cumulus, der sich über einem besonders stark erhitzten Gebiet gebildet hat und der dann durch Gefrieren der Wassertröpfchen in seinem oberen Teil zur Gewitterwolke mit dem Namen Cumulonimbus wird (Abb. 116). Die Wärmegewitter entstehen — örtlich begrenzt — meistens am Nachmittag, ziehen langsam mit dem schwachen Winde und lösen sich spätestens in den frühen Nachtstunden auf. Es sind Wärmegewitter dieses Typs, die oft über Flüsse „nicht hinüberkommen“ und vor Bergen bzw. Tälern „hängenbleiben“, weil hier die Nachfuhr der aufsteigenden Warmluft aufhört.

### b) Frontgewitter

Im Gegensatz dazu treten die sogenannten Frontgewitter gleichzeitig längs der ganzen Kaltfront auf, so daß die Breite des „Gewitters“ 1000 km und mehr betragen kann. Sie entstehen oft schon, ehe die Front am Boden durchzieht, durch die in der Höhe voreilende Kaltluft, die die starke Labilisierung der Luftmassen bewirkt, oder durch konvektive Vorgänge, wie in (IV, 4b) angedeutet. Es kommt häufig vor, daß Wärmegewitter im Warmsektor unmittelbar in Frontgewitter übergehen, und man kann oft, wenn aerologisches Material fehlt, nicht entscheiden, ob die starke Einstrahlung am Boden oder schon die Kaltluft in der Höhe das auslösende Moment hervorgebracht haben. Meistens werden wohl beide Einflüsse zusammenwirken. Öfters eilt die Kaltluft in der Höhe sogar bis über die Warmfront vor, so daß es dann zu Warmfrontgewittern kommen kann; besonders dann, wenn die Warmluft an sich schon wenig stabil geschichtet ist.

Im oberen Teil der Wolke gefrieren die Wassertröpfchen und es bilden sich Eisteilchen. Äußerlich erkennt man die „Vereisung“ der Wolke an den unscharfen, verschwommenen Konturen, die im „Tröpfchen“-Stadium noch sehr scharf sind. Die Eisteilchen werden wegen des geringeren Dampfdruckes über Eis als über Wasser auf Kosten der Wassertröpfchen schnell groß und beginnen zu fallen. Beim Durchfallen durch die unterkühlten Wassertröpfchen gefrieren diese an dem Eiskriställchen fest, das dann allmählich über das Graupelkorn zum Hagelkorn anwächst. Die Hagelkörner können noch größer als ein Hühnerei werden. Unterhalb der Nullgradgrenze taut das Eis langsam ab, und je nach ihrer Höhe kommen die Hagelkörner noch als Eis — also als Hagel — oder nur als große Tropfen am Boden an.

Die Tropfen können aber nur eine bestimmte Größe von höchstens 5 mm Durchmesser erreichen. Tropfen dieser Größe fallen mit ungefähr 8 m/sec gegenüber der ruhenden Luft. Sind die Tropfen größer, so fallen sie auch schneller. Dabei geht aber die kugelige Form über in eine solche mit einer Spitze, die dann sofort abspritzt; und die Größe des Tropfens von etwa 3—5 mm Durchmesser wird wieder hergestellt. Nach Lenard (53) bewirkt dieses Zerspritzen, daß der Tropfen selbst positiv, der abgespritzte Teil negativ geladen wird („Wasserfallelektrizität“). Diesen „Lenard-Effekt“ glaubte Simpson (69) für die Gewitterelektrizität verantwortlich machen zu müssen. Denn erstens entsteht innerhalb der Wolke über größere Entfernungen wegen der verschiedenen Fallgeschwindigkeit dieser neuentstandenen großen positiv und kleinen negativ geladenen Tropfen ein großes Spannungsgefälle, was schließlich zur Blitzentladung führt. Zweitens tritt dies ebenfalls zwischen der negativ geladenen Erdoberfläche und der entsprechend diesem Effekt positiv geladenen Wolkenuntergrenze ein.

Neuere Untersuchungen mit Flugzeug und Radiosonden haben nun aber gezeigt, daß der elektrische Aufbau einer Gewitterwolke nicht ganz dem Bild entspricht, das sich Simpson auf Grund der oben angegebenen Theorie machte. Die beiden Hauptladungszentren wurden in genau umgekehrter Reihenfolge gefunden. Und zwar liegt die negative Ladung einige 100 Meter über der 0°-Grenze und die positive noch einige 100 Meter darüber. Ein kleines positives Ladungszentrum liegt zwar gelegentlich — gemäß der älteren Simpson-Theorie — an der Basis der Wolke, und es ist durchaus möglich, daß es durch den „Wasserfalleffekt" zustande kommt.

Den neuen Beobachtungstatsachen entsprechend stellt Simpson[1]) der „Zerspritzungstheorie", die nur für Wassertropfen gültig ist, eine — sagen wir — Zersplitterungstheorie" zur Seite, die auf Eiskristalle anzuwenden ist, und die ebenfalls auf Beobachtungstatsachen beruht. Sie hat die Tatsache zur Grundlage, daß beim Zusammenprallen von Eiskristallen in der turbulenten Gewitterwolke, ähnlich wie bei Schneetreiben oder Staubstürmen, kleinste Teilchen von den durcheinander wirbelnden Körpern abgerissen werden. Diese besitzen positive Ladung, während die negative Ladung auf dem Kristall zurückbleibt. Die Ladungstrennung geschieht dann nach Simpson ebenso wie im vorher beschriebenen Fall der Wassertropfen. Die großen Eiskristalle fallen nach unten und die Splitterchen werden im Aufwindstrom nach oben getragen, so wieder eine Ladungstrennung erzeugend, die nur in diesem Fall das umgekehrte Vorzeichen wie beim Zerspritzungseffekt hat und in das tatsächliche elektrische Bild der Gewitterwolke paßt.

Neben der Simpsonschen Theorie hat die Wilson-Theorie (70) noch viele Anhänger. Sie beruht auf dem Influenzeffekt. Wenn ein Wassertropfen zu Boden fällt, fällt er in einem elektrischen Feld, dem Erdfeld, das meistens die negative Ladung an der Erdoberfläche und die positive in der Höhe hat. Dadurch wird auf der dem Boden zugekehrten Seite des Tropfens eine positive auf der entgegengesetzten eine negative Ladung influenziert. Fällt der Tropfen nun schneller als die durch das Erdfeld beschleunigten positiven Ionen, so können sich letztere nicht auf dem Tropfen ablagern, während die negativen Ionen von der unteren Seite des Tropfens eingefangen und mit ihm nach unten transportiert werden. Auf diese Weise entsteht auch wieder — und zwar im richtigen Sinn — eine Ladungstrennung in der Wolke.

Neuere Untersuchungen von Workman und Reynolds (71) in Amerika zeigten, daß beim Gefrieren von sehr verdünnten Lösungen zwischen dem gefrorenen und dem flüssigen Teil oft beträchtliche (bei Natriumfluorid = 230 Volt) Spannungsunterschiede auftreten. Da die Wolkentröpfchen derartige stark verdünnte Lösungen darstellen, kann auch dieser Effekt für die Gewitterelektrizität eine Rolle spielen.

Qualitativ entsprechen alle Gewittertheorien mehr oder weniger den Tatsachen. Ob das auch quantitativ der Fall ist, müssen noch genauere theoretische und experimentelle Untersuchungen zeigen. Denn es müssen in verhältnismäßig kurzer Zeit ungeheure Ladungsmengen beider Vorzeichen von der Gewitterwolke bzw. ihrem Niederschlag aufgebracht werden, um die Blitze hervorzubringen, die wir in dem einzigartigen Naturschauspiel eines Gewitters wahrnehmen können.

Zum Schluß sei noch erwähnt, daß die Vertikalbewegungen in einer Gewitterwolke, die oft bis zur Stratosphärengrenze reichen, besonders in den

[1]) The electricity of cloud and raim. Quart. J. Roy. Meteor. Soc. 68, 1.

unteren und mittleren Höhen sehr groß sind. So wurden während des Rhönsegelflugwettbewerbes 1938 in einem Wärmegewitter Aufwinde bis etwa 40 m/sec festgestellt. Die Aufwindgebiete waren eng begrenzt und Gebieten mit starken Abwinden dicht benachbart.

## KAPITEL IX

# Die Entstehung der Eiswolken

Wohl die markanteste Begleiterscheinung des Wetters ist die Bewölkung in ihrer wechselnden Form. Die Wolken sind als Vorboten bestimmter Wetterlagen schon seit alters her bekannt, und die oft treffsicheren Wettervorhersagen der Schäfer, Förster usw. stützen sich zum großen Teil auf das Erscheinen markanter Wolkenarten in bestimmten Himmelsgegenden. Wohl jeder kennt die „Schäfchen“-Wolken, „die Wind bedeuten“, und auch die „Federwolken“, die schlechtes Wetter anzeigen. Während die Entstehung der Wasserwolken über 0° C physikalisch restlos geklärt ist und wohl auch für den Laien kein Problem mehr darstellt, weiß man über die mikrophysikalischen Vorgänge bei der Entstehung der verschiedensten Spielarten der „Federwolken“ oder Cirren und überhaupt aller Wolken, die aus Eisteilchen bestehen, noch verhältnismäßig wenig Bescheid, und erst in neuerer Zeit werden sie erschlossen. Die Vorstellungen darüber gehen gerade gegenwärtig wieder weit auseinander, nachdem es einmal so schien, als ob die Entstehung der Eiswolken auf Grund der Arbeiten von A. Wegener (72) und Findeisen (73) physikalisch geklärt sei.

### 1. Die Kondensationskerne

Bekanntlich entstehen die Wasserwolken durch Kondensation des in der Luft enthaltenen Wasserdampfes. Bei allen Berechnungen über das Kondensationsniveau der Cumuluswolken und das Entstehen des Bodennebels setzen wir voraus, daß der Wasserdampf bei 100% relativer Feuchtigkeit zu Tröpfchen kondensiert. Dabei muß man sich aber immer vor Augen halten, daß diese 100% relative Feuchtigkeit Sättigung in bezug auf eine ebene Wasser- bzw. mit Wasser benetzte Fläche bedeuten. Das Wort „eben“ ist dabei sehr weit gefaßt, denn schon für Teilchen mit einem Radius von etwa $10^{-4}$ cm sind die Abweichungen gegenüber der wirklich ebenen Fläche vernachlässigbar klein. Wenn Teilchen von dieser Größenordnung vorhanden sind, kondensiert der Wasserdampf tatsächlich bei 100% relativer Feuchtigkeit. Sind jedoch die Teilchen kleiner, so muß zur Kondensation des Wasserdampfes die relative Feuchtigkeit größer werden, d. h. es muß in bezug auf die ebene Wasserfläche Übersättigung herrschen.

Thomson hat eine Beziehung zwischen der zur Kondensation notwendigen Übersättigung und dem Radius der Teilchen angegeben, an denen dann die Kondensation stattfindet. Diese Beziehung lautet:

$$r = \frac{2\,\sigma \cdot M}{d \cdot R \cdot T \cdot ln \frac{p}{p_\infty}} \tag{61}$$

Hierin bedeutet $r$ den Radius des Teilchens, $\sigma$ die freie Grenzflächenenergie Wasser-Wasserdampf ($\approx 75$ dyn/cm), $M$ das Molekulargewicht, $d$ die Dichte des Wassers, $R$ die allgemeine Gaskonstante, $T$ die Temperatur der Luft in $^0$Kelvin, $p$ den zur Erhaltung der Teilchen von Radius $r$ notwendigen Dampfdruck und $p_\infty$ den Dampfdruck über einer ebenen Wasseroberfläche. $\frac{p}{p_\infty}$ ist also der Übersättigungsgrad. Für $r = 10^{-5}$ cm ist eine relative Feuchtigkeit von etwa 102%, für $r = 10^{-6}$ cm eine von etwa 110% notwendig. In der Atmosphäre sind nun sehr viele Teilchen von der Größe zwischen $10^{-4}$ und $10^{-6}$ cm vorhanden, die als sogenannte Kondensationskerne wirken. Es handelt sich dabei meistens um mehr oder weniger hygroskopische Stoffe, wie Salzteilchen, Verbrennungsprodukte usw., die am Boden ihren Ursprung haben und deshalb hier auch am häufigsten vorkommen; es befinden sich im Mittel einige tausend im Kubikzentimeter Luft. Hat die aufsteigende und sich dabei abkühlende Luft etwa 100% relative Feuchtigkeit erreicht, so kondensiert der Wasserdampf an den für ihn günstigsten Kondensationskernen zu Wassertröpfchen, deren Zahl pro Kubikzentimeter Höhenluft durchschnittlich 100 bis 1000 beträgt. Ihre Größe liegt im Mittel bei etwa $10^{-5}$ cm. Wären nun keine Kondensationskerne vorhanden, so würde der Wasserdampf erst kondensieren, wenn bei Zimmertemperatur eine 4—5fache Übersättigung vorherrschen würde, die bei sinkender Temperatur immer größer werden müßte. Da aber zumindest in der Troposphäre immer genügend zahlreiche und auch genügend große Kondensationskerne vorhanden sind, kommen derartige Übersättigungen hier nicht vor. Die Wolken entstehen immer bei etwa 100% relativer Feuchtigkeit, die nur in einigen Fällen unwesentlich überschritten wird.

Sind die Kerne stärker hygroskopisch, dann könnte auch schon eine merkbare Wolkenbildung bei relativer Feuchtigkeit unter 100% eintreten. Neuere Messungen machen es wahrscheinlich, daß dies in der Natur auch gelegentlich vorkommt.

## 2. Die Sublimationskerne

Für die Bildung der Eisteilchen hat A. Wegener ebenfalls Kerne angenommen, die er Sublimationskerne nannte, weil er mit großer Wahrscheinlichkeit annahm, daß bei negativen Temperaturen und Vorhandensein dieser Sublimationskerne der Wasserdampf direkt auf diesen Teilchen sublimiert und Eisteilchen bildet. Da der Dampfdruck über Eis geringer ist als über Wasser, ist die relative Feuchte bei Eissättigung geringer als bei Wassersättigung. Der Unterschied nimmt mit abnehmender Temperatur zu, und bei —65° C entspricht der Eissättigung eine relative Feuchtigkeit von 50%. Wenn also die Eiswolken bei Eissättigung entstehen würden, müßten alle Wolken unter 0° Eiswolken sein, da beim Abkühlen, gleichgültig ob durch Ausstrahlung oder durch Hebung, die Eissättigung eher erreicht wird als die Wassersättigung. Aus der Kristallographie her ist es bekannt, daß besonders solche Stoffe als Sublimationskerne für den Wasserdampf geeignet sind, die mit Eis isomorph sind, d. h. die die gleiche Kristallstruktur besitzen. Eis kristallisiert hexagonal, genau so kristallisiert z. B. auch Quarz. Man nahm also an, daß die Sublimationskerne durch den genügend am Boden vorkommenden Quarzsand geliefert werden.

Die Untersuchungen der Wolken haben aber gezeigt, daß durchaus nicht alle Wolken unter 0° aus Eisteilchen bestehen, sondern daß noch sehr häufig bei Temperaturen zwischen —30° und —40° C, vereinzelt sogar noch bei —50° C und kälter Wasserwolken vorkommen können.

Die Anhänger der Sublimationskerntheorie erklären das damit, daß die Sublimationskerne im Gegensatz zu den Kondensationskernen in viel kleinerer Zahl vorhanden sind. Aus der Tatsache, daß über —12° C mehr Wasser-, unterhalb —12° C mehr Eiswolken in der Atmosphäre vorhanden sind, glauben sie auch schließen zu können, daß die Sublimationskerne im Durchschnitt kleiner sind als die Kondensationskerne; denn bei —12° C entsprechen 100% Wassersättigung 112% Eissättigung. Wenn man nun annimmt, daß die Thomsonsche Formel ganz analog wie für die Kondensations- auch für die Sublimationskerne gilt — was sicher nicht ohne weiteres der Fall ist —, so wäre diese Übersättigung von 12% notwendig, damit an etwa $10^{-6}$ cm großen Kernen der Wasserdampf sublimiert. Die Sublimationskerne hätten danach also eine Größe von $10^{-6}$ cm, während, wie wir oben schon sahen, die Kondensationskerngröße dagegen etwa $10^{-4}$ bis $10^{-6}$ cm beträgt.

Die Temperaturgrenze von —12° C, die natürlich etwas schwanken kann, wird in manchen Büchern auch als „Eiskeimgrenze" bezeichnet. Findeisen unterteilt die Sublimationskerne noch in zwei Arten, die jeweils bei bestimmten Temperaturen ansprechen.

### 3. Die Kinetik der Phasenbildung des Wassers nach Volmer

Im Gegensatz zu den eben beschriebenen Hypothesen deuten neuere Laboratoriums- und Flugzeuguntersuchungen darauf hin, daß ein direkter Übergang des Wasserdampfes in die Eisphase — also primäre Sublimation — gar nicht oder nur verhältnismäßig selten vorkommt; denn es gibt in der Atmosphäre wohl keinen Stoff, der direkt mit Eis isomorph ist, d. h. mit Eis einen Mischkristall bilden kann. Vielmehr scheint auch die Eiswolkenbildung — wie Untersuchungen an frisch entstehenden Ci ergaben — selbst bei sehr tiefen Temperaturen in den meisten Fällen über die Wasserphase zu gehen, wenn diese auch oft nur für verschwindend kurze Zeit besteht. Das hängt zum Teil von der Geschwindigkeit ab, mit der der Wasserdampf abgekühlt wird. Die Tatsache, daß selbst bei sehr tiefen Temperaturen nicht sofort die Eiswolke, sondern vorher die Wasserwolke entsteht, wird durch physiko-chemische Überlegungen, die von Volmer (74), Becker und Döring (75) und Krastanow (76) angestellt wurden, erklärt.

Sie gehen von der Frage aus: Welche Energie oder welche Übersättigung ist notwendig, damit aus reinem Wasserdampf ein Tröpfchen ohne Vorhandensein von Kondensationskernen entstehen kann? Dieses erste

Tröpfchen wird in Anlehnung an die Kristallographie mit Keim bezeichnet, ist also von den Kernen wohl zu unterscheiden.

Die Keimbildungsgeschwindigkeit, d. h. die Zahl der Keime, die in einer Sekunde im cm³ Luft wahrscheinlich entstehen, ist nach Volmer

$$J = A \cdot e^{-\frac{W}{k \cdot T}} \tag{62}$$

$A$ ist dabei ein etwa konstanter Faktor, $k$ die Boltzmannsche Konstante, $T$ die Temperatur in Grad Kelvin und $W$ die Keimbildungsarbeit. Sie ist gleich $^1/_3\, 0 \cdot \sigma$; wo 0 die Oberfläche des Keimes und $\sigma$ die freie Grenzflächenenergie ist. Wenn man 0 durch $4 \cdot r^2\, \pi$ ausdrückt und $r$ aus Gleichung (61) einsetzt, so erhält man für

$$W = \frac{16 \cdot \pi \cdot M^2 \cdot \sigma^3}{3\, R^2 \cdot d^2 \cdot T^2 \cdot \left[ln \left(\frac{p_r}{p_\infty}\right)\right]^2} \tag{63}$$

(Handelt es sich nicht um einen kugeligen Tröpfchenkeim, sondern um einen Eiskeim, so können wir für $0 = \omega\, r^2$ schreiben, wobei $r$ der Radius der dem Eiskristall eingeschriebenen Kugel und $\omega$ ein geometrischer Faktor ist.) Je größer die Übersättigung ist, um so mehr Keime können sich also in der Raumeinheit pro Zeiteinheit bilden. Von einer bestimmten Übersättigung an, die noch von der Temperatur abhängt, wächst die Keimbildungszahl sehr rasch an und es bildet sich Nebel. Diese kritische Übersättigung liegt für Zimmertemperatur etwa bei 400% relativer Feuchtigkeit. Zwischen 400 und 500% wächst hier die Zahl der sich sekundlich bildenden Keime auf mehrere Millionen an, während sich bei 350% durchschnittlich nur alle drei Stunden im cm³ ein Keim bildet. Als kritische Grenze wollen wir die Keimbildungsgeschwindigkeit von 1 Keim/sec · cm³ annehmen. Hierfür sind je nach der Temperatur bestimmte Übersättigungen notwendig. Graphisch dargestellt werden die Zusammenhänge durch die Kurve $W_{p_{kr}}$ in Abb. 117. Der Dampfdruck ist auf der Ordinate logarithmisch aufgetragen. $Wp_{kr}$ ist also die Dampfdruckkurve in bezug auf die gekrümmte Oberfläche der Keime. Die Dampfdruckkurve in bezug auf die ebene Wasseroberfläche ist als $Wp_\infty$ in dieser Darstellung eingezeichnet, die in bezug auf die ebene Eisoberfläche als $Ep_\infty$. Die letzteren Kurven treffen sich bekanntlich bei 0° C. Da der Dampfdruck bei Eissättigung kleiner ist als bei Wassersättigung, verläuft bei negativer Temperatur die Eissättigungskurve $Ep_\infty$ unter der Wassersättigungskurve $Wp_\infty$, d. h. bei Anwesenheit von „ebenen" Wasser- bzw. Eisflächen würden Eisteilchen vor Wassertröpfchen entstehen. Ganz anders werden die Verhältnisse, wenn man die Dampfdruckkurven für Wasser- und Eiskeime — $Wp_{kr}$ und $E_{p_{kr}}$ — miteinander vergleicht: wobei allerdings die für das Eis unter stark vereinfachenden Annahmen berechnet wurde. Sie schneiden sich bei etwa —70° C. Bei höheren Temperaturen liegt $E_{p_{kr}}$ über $W_{p_{kr}}$, d. h. bei Temperaturen über etwa —70° C würden aus homogenem Wasserdampf bei entsprechender Übersättigung zuerst Tröpfchen entstehen. Diese zunächst überraschende Folgerung aus der Theorie wurde durch Laboratoriumsversuche bestätigt, obwohl die genaue Lage des Schnittpunktes noch nicht bekannt ist. Neben den eben genannten Dampfdruckkurven sind noch in Abb. 117 diejenigen eingezeichnet, die den verschieden großen Kondensationskernen entsprechen ($Wpr_0$). Wie man sieht, wird der senkrechte Abstand dieser Kurven von $Wp_\infty$ — die Übersättigung — mit wachsendem Kernradius immer kleiner, d. h.: Sind schon Tröpfchen oder Kerne mit benetzbarer Oberfläche verschiedenen Durchmessers vorhanden, dann lagert sich bei wachsender Übersättigung der Wasserdampf zuerst an den größten von ihnen an; daraus folgt weiter, daß bei langsamer Abkühlung die wesentlich kleineren Partikelchen überhaupt nicht zur Wirkung kommen, da mit dem Wachsen der großen die Übersättigung mindestens nicht weiter zunimmt.

Entsprechende Kurven könnte man auch parallel zu $Ep_{kr}$ für Sublimationskerne[1]) zeichnen. Der Schnittpunkt der Wasser- und Eiskurven für eine bestimmte Kerngröße rückt dann auch, wie leicht einzusehen ist, immer mehr gegen höhere Temperaturen und erreicht für ebene Flächen den Wert 0°. Es hat aber vorläufig wenig Sinn, diese Kurven zu zeichnen, weil man erstens über das $\sigma$ zwischen Wasserdampf und Eis noch nichts weiß, zweitens es noch nicht nachgeprüft ist, ob auch für Eisteilchen die Thomsonsche Formel gilt und drittens über die Form des Eiskeimes nichts bekannt ist. Diese Bedenken gelten natürlich auch für die Kurve $Ep_{kr}$ und machen damit ihre genaue Lage unsicher.

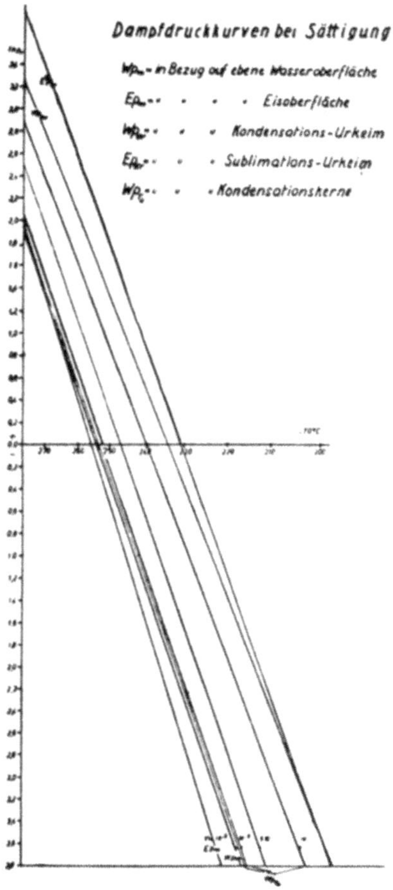


Abb. 117. Dampfdruckkurven für verschiedene Größen der Kondensations- bzw. Sublimationskerne und für eine kernlose Atmosphäre

### 4. Die Gefrierkerne

Nach den Untersuchungen im Laboratorium und in der freien Atmosphäre kann man heute mit großer Wahrscheinlichkeit annehmen, daß bei der Wolkenbildung — auch bei tiefsten Temperaturen — in den meisten Fällen zuerst Wassertröpfchen entstehen, die dann nach mehr oder weniger langer Zeit gefrieren; denn sowohl für den Übergang von Wasserdampf zu

[1]) Gemeint sind in diesem Fall kleinste Eisteilchen, die natürlich als Sublimationskern wirken.

flüssigem Wasser als auch von diesem zu Eis ist eine geringere Energie notwendig als für den direkten Übergang von Wasserdampf zu Eis.

Je nach der Beschaffenheit des Kernes, an dem sich das Tröpfchen gebildet hat, wird das Gefrieren sehr schnell oder weniger schnell vor sich gehen. Es gibt nun in der Atmosphäre Kerne, die, sobald ein Tröpfchen gebildet ist, das Gefrieren spontan herbeiführen. Man wird ihnen nach Wall (75) am besten den Namen „Gefrierkern" geben. Physikalisch unterscheiden sich die Gefrierkerne wesentlich von den „Sublimationskernen"; denn an ihnen findet nicht primär ein Sublimationsvorgang,

Abb. 118. Fallstreifen unter Altocumuluswolken

sondern zuerst ein Kondensationsvorgang und dann ein Gefriervorgang statt; auch wenn an den hygroskopischen Kernen die Eisteilchen schon bei geringeren Feuchtigkeiten als 100% entstehen.

Es ist nun selbstverständlich, daß nicht alle Kondensationskerne gleichmäßig gute Gefrierkerne sind. Aus diesem Grunde können sich auch noch bei sehr tiefen Temperaturen Wasserwolken über längere Zeit erhalten. Auch treten häufig sowohl Tröpfchen als auch Eiskristalle nebeneinander in einer Wolke auf. Wegen des geringeren Dampfdruckes über Eis als über Wasser verdampfen zwar die Tröpfchen in vielen Fällen (wenn keine größeren Vertikalbewegungen vorhanden sind) mit der Zeit zugunsten der Eisteilchen. Die damit rasch groß werdenden Eisteilchen fallen aus. Es kommt dann zu den typischen Fallstreifen, wie man sie oft unter den Altocumuluswolken sehen kann (Abb. 118). Bei den sogenannten Hakencirren sind alle Tröpfchen verdampft und nur noch die Fallstreifen zu sehen.

## 5. Die Rolle der Vertikalgeschwindigkeit bei der Eiswolkenbildung

Wie bereits schon kurz angedeutet, ist für die Wolkenbildung sicher noch die Geschwindigkeit mit ausschlaggebend, mit der die aufsteigende Luft abgekühlt wird, oder, was dasselbe ist, mit der die Luft aufsteigt, um dann zu kondensieren. Bei großer Vertikalbewegung (von der Größenordnung m/s), wie sie bei Konvektionswolken vorkommen, kondensiert der Wasserdampf fast gleichzeitig an sehr vielen Kondensationskernen. Viele davon werden sich nicht besonders gut oder gar nicht als Gefrierkerne eignen. Die Folge ist, daß diese Wolke noch viele Tröpfchen enthält, die wegen der großen Vertikalgeschwindigkeit nicht verdampfen, und damit rein äußerlich den Eindruck einer Wasserwolke macht, die, wie der Cumulus besonders schön zeigt, scharfe Konturen aufweist. Ist die Vertikalgeschwindigkeit dagegen klein (von der Größenordnung cm/s), wie dies bei Schichtwolken der Fall ist, so wird zuerst die Kondensation an den günstigsten Kondensationskernen stattfinden. Deshalb ist die Zahl der Tröpfchen verhältnismäßig gering. Ein Teil davon gefriert, und wegen der geringen Vertikalgeschwindigkeit verdampfen die übrigen. Die Eisteilchen der Wolke werden dann verhältnismäßig groß, ihre Zahl ist aber gering.

Bei sehr langsamer Vertikalbewegung, bei der die Wolkenluft längere Zeit frostübersättigt, aber noch nicht wassergesättigt ist, könnte es sogar möglich sein, daß auch vereinzelt Sublimation an besonders gut dafür geeigneten Kernen stattfindet; denn aus der Formel für die Keimbildungsgeschwindigkeit

$$J = A \cdot e^{-\frac{4\,\omega \cdot M^2 \cdot \sigma^3}{3\,k \cdot R^2 \cdot d^2 \cdot T^3 \left[ln\left(\frac{p_r}{p_\infty}\right)\right]^2}} \qquad (64)$$

in der $W$ aus Gleichung (63) eingesetzt ist, erkennt man: Je kleiner die Übersättigung ist, um so kleiner ist die Bildungsgeschwindigkeit; um so länger dauert es, bis 1 Keim pro Sekunde entsteht. Anders ausgedrückt heißt das aber: Wenn genügend Zeit vorhanden ist, kann auch ein Keim bei geringerer Übersättigung als der kritischen entstehen. Abb. 119 zeigt die Verhältnisse für einen Tröpfchenkeim. Man darf nun annehmen, daß auch an einem, dem Eis im Kristallaufbau, wenn auch nicht direkt isomorphen, so doch sehr ähnlichen Teilchen bei Frostübersättigung mit der Zeit Sublimation einsetzt. Wie groß diese Zeitspanne ist, ist noch nicht genügend untersucht. Sie wird von der Temperatur, von der Übersättigung und von der Natur des Kernes abhängen.

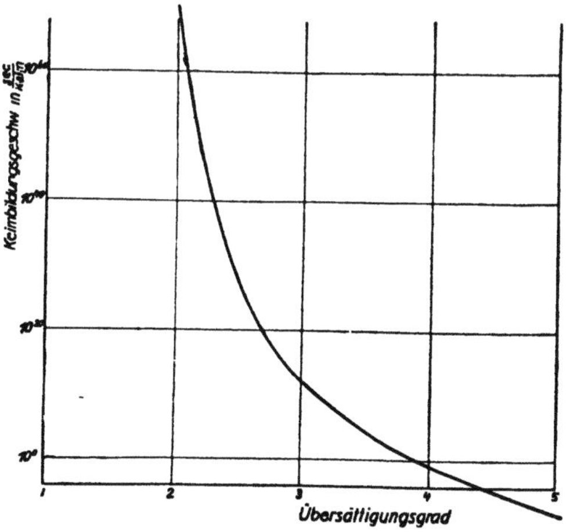


Abb. 119. Keimbildungsgeschwindigkeit in Abhängigkeit von der Übersättigung

### 6. Die Eiswolkenteilchen

Aus Mikroaufnahmen von Schneeteilchen, die Köhler (76), Wall (77) u. a. am Boden und von Cirrenteilchen, die H. Weickmann (78) im Flugzeug machte, kennt man jetzt die Formen dieser Teilchen, die anscheinend außer von der Frostübersättigung auch noch in starkem Maße von der Temperatur abhängig sind. Bekanntlich treten in der Atmosphäre zwei Grundformen von Eiskristallen auf: Das hexagonale Säulchen und das hexagonale Plättchen. Eine ganz einwandfreie Erklärung für ihre Entstehung gibt es noch nicht. Die Hypothesen von Volmer (79) und Volmer und Schultze (80) scheinen der Wirklichkeit noch nicht ganz gerecht zu werden. Volmer betrachtet zunächst ein Molekül und verfolgt es auf seinem Weg, wenn es in die Nähe einer sogenannten Netz- oder Gitterebene eines Kristalles gelangt. Es dringt dann nicht ein, sondern verweilt zunächst in dem der Gitterebene vorgelagerten Anziehungsfeld, „und zwar setzt es innerhalb des Feldes seine Wärmebewegung fort, die nach zwei Hauptrichtungen hin lediglich in translatorischer Bewegung, nach der dritten in Schwingungen besteht. Mit einem solchen Molekül kann nach Volmer bzw. H. Weickmann, der die Gedankengänge übernahm, dreierlei geschehen:

1. Es kann wieder verdampfen, wozu nicht die molekulare Verdampfungswärme erforderlich ist, sondern ein kleinerer Energiebetrag, den wir als Adsorptionswärme bezeichnen wollen.
2. Die Moleküle können an den Rand der Fläche gelangen und dort auf eine andere Kristallfläche wandern.
3. Es können mehrere Moleküle auf der Fläche zusammentreffen und sich vereinigen. Diese zweidimensionalen Aggregate werden beim weiteren Wachsen ihre freie Bewegung allmählich verringern und sich so auf die ursprüngliche Gitterebene auflagern, daß die einzelnen Atome Gleichgewichtslagen einnehmen. So ist der Anfang einer Gitterebene gebildet, die weiter auswächst, worauf sich dann das Ganze wiederholt. Das Wachstum einer Kristallfläche stellt sich so als ein Aufeinanderlagern immer neuer Netzebenen dar."

Es werden hier zwei Wachstumsmöglichkeiten skizziert:

1. Tangentiales Wachstum durch Abwanderung der Moleküle über den Rand derselben hinaus und Festsetzen an den Seitenflächen, also Plättchenbildung.
2. Normales Wachstum, d. h. Wachstum in Richtung der Hauptachse des Kristalles. also Säulchenbildung.

Zur Säulchenbildung ist, bevor eine neue Gitterebene gebaut werden kann, jedesmal — wie oben erwähnt — die Existenz eines sogenannten Flächenkeimes notwendig. Zu seiner Entstehung ist aber eine Übersättigung von etwa 20% erforderlich. Diese Energieschwelle muß erst nach Volmer und Schultze überschritten werden. damit die Netzebene ohne Energieaufwand weiterwachsen kann. Da aber, wie bereits erwähnt, die Eiskristalle in der Mehrzahl bei etwa 100% Wassersättigung durch Gefrieren von Wassertröpfchen entstehen, so können 20% Übersättigung erst ab ungefähr —20° C auftreten. Danach dürften die Säulchen erst in der Gegend von — 20° C vorkommen. Bei höheren Temperaturen müßte das Plättchen die Kristallform sein.

Dies schienen die Untersuchungen mehrerer Autoren zu bestätigen. So machte F. Heim in der Wedellsee von April bis Dezember 1912 folgende Beobachtungen:

| | |
|---|---|
| Prismen | —27° C |
| Prismen vorwiegend—Plättchen | —23° C |
| Prismen und Plättchen in gleicher Verteilung | —18° C |
| Plättchen vorwiegend—Prismen | —12° C |
| Plättchen | —12° C |

H. Weickmann fand bei seinen Untersuchungen in Eiswolken, die bei Temperaturen unter —20° C stattfanden, ebenfalls Säulchen der verschiedensten Spielarten vor. Um die verschiedenen Spielarten der Säulchen erklären zu können, muß man wissen, daß das Eis zu den sogenannten „heterogenen" oder „Ionen"-Kristallen gehört. Die Bindungskräfte zwischen den einzelnen Bausteinen (Ionen) sind elektrostatischer Natur. Bei diesen Kristallen entstehen die Flächenkeime mit Vorliebe an den Ecken. Sie wachsen dann zunächst längs der Kanten und stellen somit die Fläche von außen nach innen fertig. Ist nun der Molekülstrom nach dem Kristall nicht allzu groß (geringe Übersättigung), ist also sozusagen der „Sättigungsstrom" noch nicht erreicht, so kann ein Bausteinchen nach dem anderen sorgfältig in die Netzebene eingefügt und so Netzebene auf Netzebene fertiggestellt werden. Wir müssen also annehmen, daß bei langsamen Aufgleitvorgängen, also im Cirrostratus, bei denen die Übersättigung gering bleibt, vollständig ausgebildete Säulchen auftreten. Das ist auch tatsächlich der Fall, wie Aufnahmen von Eiskriställchen im Cirrostratus (Abb. 120) zeigen. Wächst die Vertikalgeschwindigkeit des Aufwindes, so wächst auch die Übersättigung in bezug auf das Eisteilchen, und der Andrang von Wasserdampfmolekülen ist dann für den Kristall so groß daß er nicht mehr von diesem bewältigt werden kann. Bevor eine Netzebene fertiggestellt ist, hat sich bereits ein neuer Flächenkeim an den Ecken gebildet, von denen aus nun schon wieder eine neue Netzebene zu wachsen beginnt usw. Dadurch entstehen sogenannte Kelch- und Becherformen (Abb. 121).

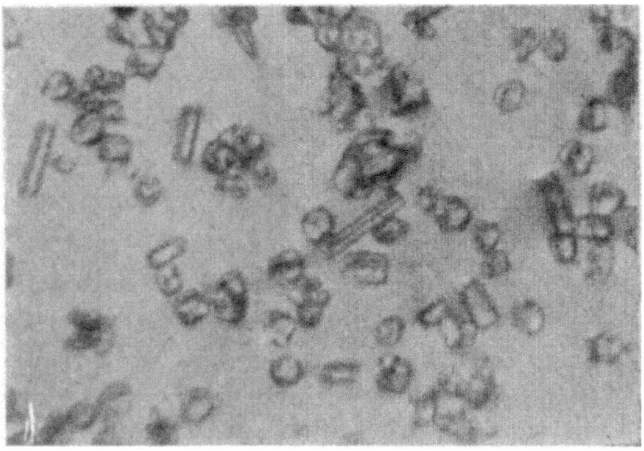

Abb. 120. Eiskristalle aus Cirrostratus

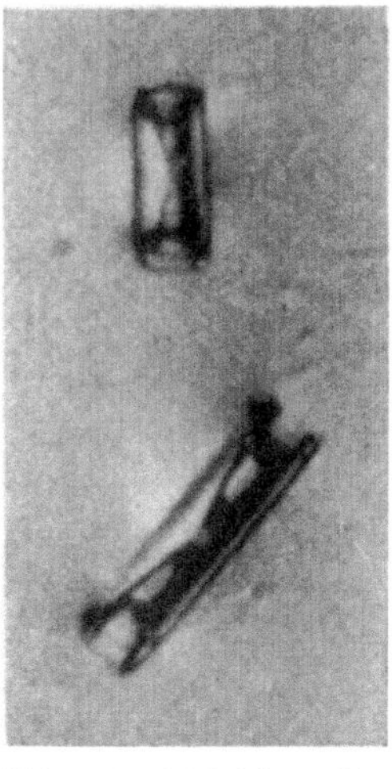

Abb. 121. Kelchkristalle aus Kondensfahne

Während wir bisher nur Einzelkristalle kennenlernten, treten bei hohen Übersättigungen, also in Wolken, die bei größeren Vertikalgeschwindigkeiten entstehen, mit Vorliebe Büschelkristalle auf, wie sie eine Aufnahme von Eis-

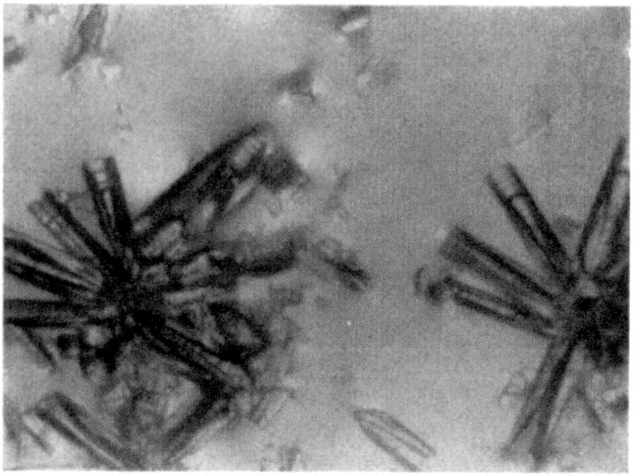

Abb. 122. Büschelkristalle aus Cirrocumulus

teilchen eines Cirrocumulus zeigt (Abb. 122). Bei diesen Kristallen sind selbst die Kanten nicht einmal voll ausgebildet, und nur die 6 Eckpfosten ragen wie Zahnwurzeln in die Gegend. Hierbei handelt es sich also um

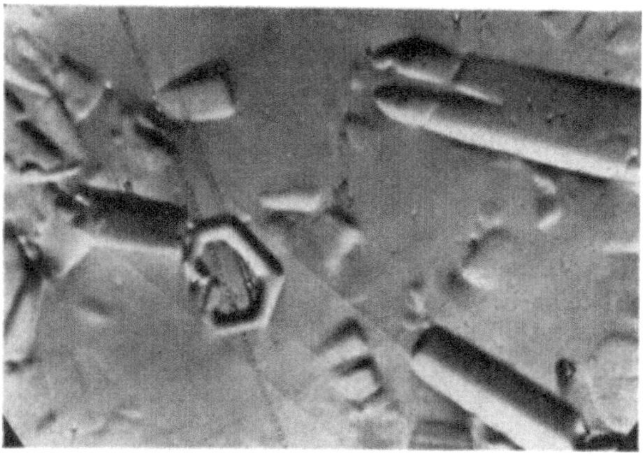

Abb. 123. Eingeringelte Kristallform aus Cirrenschirm

Skelettformen. Als Mißbildung infolge größerer Übersättigung kann man wohl auch die eingeringelten Formen, wie sie in Abb. 123 zu sehen sind, ansprechen. Da der 22°- und der 46°-Halo durch Brechung der Sonnenstrahlen an 60°- bzw. 90°-Kanten entsteht, ist zu erwarten, daß in den Übersättigungsformen (Abb. 122) derartige Erscheinungen nicht auftreten, wohl aber in den Eiswolken, in denen vollständig ausgebildete Säulchen vorkommen. Aus der Tatsache, daß Halo-Erscheinungen gut ausgeprägt

Abb. 124. Hexagonales Plättchen

verhältnismäßig selten zu sehen sind, kann man schließen, daß die Übersättigungsformen in den Cirren überwiegen müssen, was durch die Flugerfahrungen bestätigt wird.

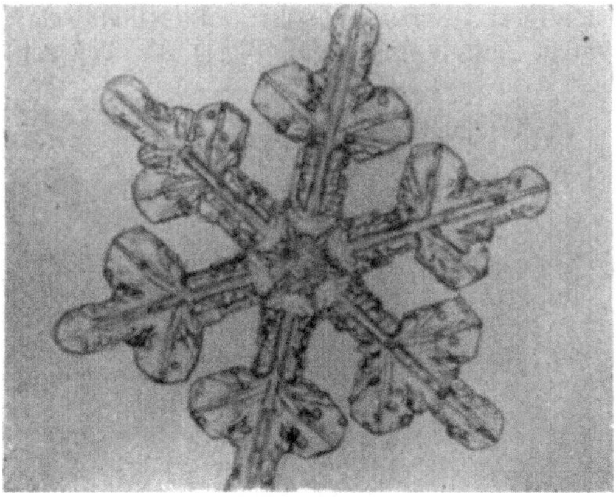

Abb. 125. Schneestern

Zwischen etwa —20° C und —10° C herrscht im Einklang mit der Theorie die Plättchenform vor. Auch bei ihr kommen einfache und Übersättigungsformen vor. Erstere treten z. B. im sogenannten Diamantstaub auf, der gewöhnlich nach vorhandenem Nebel in der Sonne (also bei geringer Eisübersättigung) bei Temperaturen zwischen —10° und —20° C durch sein Glitzern zu erkennen ist (Abb. 124). Die Übersättigungsform des Plättchens ist das Schneesternchen, das Abb. 125 zeigt, und das besonders im Nimbostratus und Cumulus vorkommt. Besonders vielgestaltig sind die Kristallformen im Cumulonimbus, in dessen Gipfel durch den starken Aufwind die Kristalle aus allen Temperaturbereichen getragen werden (Abb. 126).

Neuere Untersuchungen bei Temperaturen über —10° C sind mit Volmers Theorie nicht mehr in Einklang zu bringen. Nach diesen Untersuchungen entstehen nämlich in einer künstlich geimpften Wolke, in der sehr viele Eiskriställchen entstehen zwischen 0° und etwa —3° C überwiegend klare ungezeichnete Plättchen. Zwischen etwa —4° und —9° bis 10° C

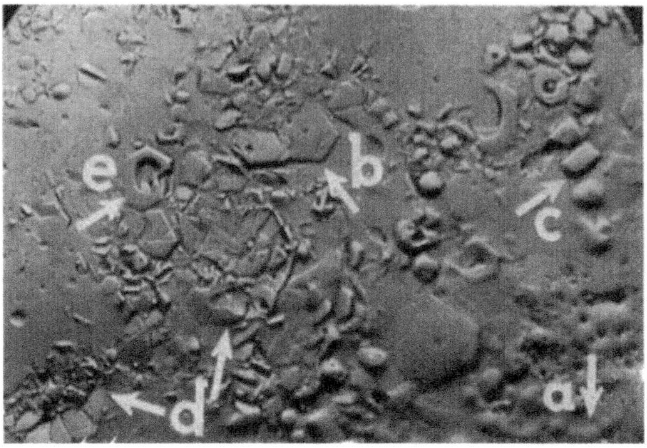


Abb. 126. Eisteilchen aus oberem Teil eines Cumulonimbus
a = Wassertröpfchen, b = Sechskantplattchen, c — Säulchen, d Zerbrochenes begrenztes Plättchen, e - Eingeringeltes Kristallchen

sind es gut ausgebildete Säulchen. Z. T. sind die Enden gezackt. Da diese letzteren Typen meistens wesentlich länger als breit sind, nennt man sie auch Nadeln, die auch Wall bei Temperaturen um —5° C herum fand.

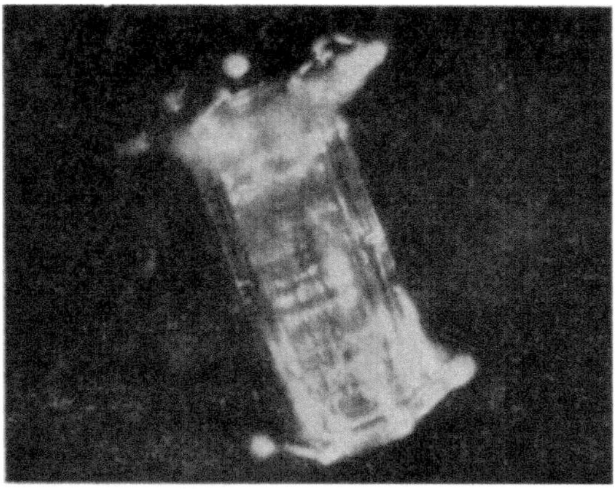

Abb. 127. Säulchen mit Endplatten

Auf Grund der Formen der Eiskristalle, die auf die Erde fallen, kann man eine indirekte Aerologie betreiben, indem man aus der Hauptform und ihren Varianten auf die Temperatur und damit auf die ungefähre Höhe sowie auf den Sättigungszustand in der Wolke schließen kann. Fallen z. B. bei einer Bodentemperatur von —12° C Säulchen mit Plättchen an ihren Enden (Abb. 127), so kann man daraus schließen, daß der Eiskristall im Stratus bzw. Altostratus unter —20° C entstanden ist, dann aber noch durch verhältnismäßig wenig frostübersättigte Schichten mit Temperaturen über — 20° C gefallen ist.

Will man eine — natürlich etwas schematische — Darstellung der Kristallformen in den verschiedenen Wolkenarten in der Atmosphäre geben, so müßte sie etwa folgendes Aussehen haben:

Tabelle 7

| Wolkenart | Temperaturen | Kristallformen |
|---|---|---|
| Diamantstaub | > —20° C | Plattchen |
| Nimbostratus<br>Stratus<br>Altostratus<br>Cumulus | > —20° C | Plattchen<br>Sternchen<br>Eisnadeln |
| Altocumulus | > —20° C | Plättchen, Sternchen |
| Altostratus<br>Cirrostratus<br>Kondensfahne | < —20° C | Saulchen [Einzelkristalle (Hohlformen)] |
| Altocumulus<br>Cirrocumulus | < —20° C | Saulchen [Büschelkristalle (Skelettformen)] |
| Cumulonimbus | 0 bis etwa —40° C | alle Arten von Kristallen |

Wie gesagt, ist dies nur eine schematische Darstellung, denn auch in diesem Fall zeigt sich die Natur als ein viel zu vielseitiger Verwandlungskünstler, als daß man die Vorgänge in ihr in ein Schema zwingen könnte.

KAPITEL X

# Künstliche Beeinflussung der Wolken

Zu Beginn des Buches wurde der seit altersher bestehende Wunsch der Menschheit, das Wetter vorhersagen zu können erwähnt. Der größte Teil des Buches handelt davon, diesem Ziele näher zu kommen, indem es die Anstrengungen aufzeigt, die von vielen Forschern unternommen wurden und werden, zunächst einmal die Ursachen des Wettergeschehens zu erkennen. Ein großer Teil des Weges bis dahin ist zurückgelegt, ein noch größerer aber ist zu beschreiten. Seit wenigen Jahren ist man nun schon daran gegangen, einen nicht minder starken Wunsch vieler Menschen zu erfüllen, nämlich den, das Wetter „machen“ oder wenigstens beeinflussen zu können. Wenn man auch jetzt schon sagen kann, daß man niemals eine großräumige Umgestaltung des Wetters wird herbeiführen können, so ist es doch wohl möglich, örtlich durch künstliche Eingriffe das Wettergeschehen anders ablaufen zu lassen, als es ohne diese Eingriffe der Fall sein würde. Eine großräumige Beeinflussung des Wetters ist deshalb nicht möglich, weil sich die Atmosphäre über weite Räume immer im stabilen Gleichgewicht befindet. Um dieses zu stören, fehlt uns die Energie. Örtlich treten aber dann und wann labile Gleichgewichtszustände auf. Um die Labilität auszulösen, ist ja bekanntlich nur ein kleiner Anstoß notwendig. In einem solchen labilen Zustand befinden sich z. B. Wasserwolken unter 0° C, die mehrere hunderttausend Tonnen Wasser enthalten können, ohne daß ein Tropfen zur Erde fällt. Man versucht daher durch Einbringen von Gefrierkernen das Regnen auszulösen. Sobald die unterkühlten Wassertröpfchen mit einem Gefrierkern in Berührung kommen, gefrieren sie. Im gefrorenen Zustand ist der Dampfdruck über den Tröpfchen niedriger als in der sonst in bezug auf Wasser gesättigten Wolke. Aus diesem Grund sublimiert der Wasserdampf auf dem Eisteilchen, das dadurch schnell größer wird und durch die Wolke fällt, wie das bereits VIII, 4a näher beschrieben wurde. Nachdem es die Höhe 0° unterschritten hat, taut es und fällt als Regentropfen — oder wenn nicht ganz getaut — als Hagel- oder Graupelkorn auf die Erde. Nur der Nieselregen entsteht durch Koagulation der Wassertropfen zum kleinen Regentropfen, ohne erst die Eisphase zu durchlaufen. Diese Tröpfchen sind aber sehr klein und der Regen ist wenig ergiebig.

Im vorhergehenden Abschnitt erfuhren wir nun, daß Wasserwolken bis etwa —40° C und eventuell noch bei tieferen Temperaturen in der Atmosphäre auftreten können. Auf der anderen Seite lernten wir, daß die Tröpfchen sicherlich nicht unter etwa —70° C unterkühlt werden können. Es gibt nun zwei Möglichkeiten, das Gefrieren der unterkühlten Tröpfchen auszulösen. Die erste Möglichkeit ist die, Gefrierkerne in die Wolke zu streuen. Je tiefer die Temperatur der Wolke ist, um so leichter ist es, auf diese Art das Gefrieren zu verursachen. Bei höheren Temperaturen in der Nähe von etwa —3° C spricht aber schon praktisch kein, auch dem Eis noch so ähnlicher, Gefrierkern mehr an. Als günstigste Gefrierkerne erwiesen sich Silberjodid, Kobaltjodid, Cadmiumjodid und quarzähnliche Minerale.

Die zweite bis etwa zu 0° C anwendbare Möglichkeit, die unterkühlten Tröpfchen gefrieren zu lassen, ist die, feste Kohlendioxydteilchen, sogenanntes Trockeneis, in die Wolke zu streuen. Die Temperatur dieser Teilchen liegt knapp über —80° C. Erstens werden alle Tröpfchen, die mit diesen Teilchen in Berührung kommen, frieren, zweitens kondensiert der Wasserdampf in der am Teilchen unmittelbar vorbeistreichenden dünnen Luftschicht. Das Kondensationsprodukt wird wegen der tiefen Temperatur, bei der es entsteht, sofort gefrieren. Drittens bildet sich auf dem Trockeneis Rauhreif, dessen Teilchen beim Fall durch die Luft abspringen. Besonders die beiden letzten Fälle liefern vorzügliche und viele Gefrierkerne für die unterkühlten Wolkentropfen bis hinauf zu etwa 0° C.

Unterkühlte Wolken können sowohl Cumulus- als auch Stratuscharakter haben. Da der Gehalt an flüssigem Wasser pro Raumeinheit in einem großen Cumulus etwa zehnmal größer ist als in einer Stratuswolke, so fällt nach der Impfung aus einer Cumuluswolke wesentlich mehr Regen als aus einer Stratuswolke. Durch Dosierung der Impfstoffe kann man die Intensität des Regenfalles noch variieren.

Erste Versuche, eine Cumuluswolke künstlich ausregnen zu lassen, wurden bereits während des zweiten Weltkrieges in Europa durchgeführt. Nach dem Kriege wurden besonders in Amerika und Australien Anstrengungen unternommen, diese Möglichkeit für die Wirtschaft nutzbar zu machen. Schöne Erfolge in dieser Hinsicht wurden im trockenen Kalifornien erzielt, wo die großen Wasserreservoire in den Bergen, die Kalifornien mit Wasser zu versorgen haben, durch das künstliche Ausregnen der über den Bergen sich bildenden und gewöhnlich nicht ausregnenden Cumuluswolken beträchtlichen Wasserzuwachs bekamen. Ein großer Erfolg wäre es, ein sich bildendes Gewitter ausregnen zu lassen, ehe es zu mächtig wird und dann durch seinen Hagelschlag die Frucht auf den Feldern vernichtet. Ob das einmal gelingen wird, ist aber sehr fraglich, weil die Natur doch noch mehr kann als die Menschen. Bisherige Versuche zeigten eher das Gegenteil, indem durch das Impfen und damit Gefrieren der unterkühlten Tröpfchen dem Aufwindstrom in Form von Schmelzwärme neue Energie zugeführt wurde und sich so ein Gewitter von ungewöhnlichem Ausmaß entwickelte.

**Abb. 128a. Auflösung einer unterkühlten Stratusdecke durch vom Flugzeug eingebrachte Trockeneispartikel.**

Das Flugzeug flog während des Abwerfens von Trockeneis ein „γ“ (Mit Genehmigung des Signal Corp. US-Army)

Wenn auch das Impfen von unterkühlten Stratusschichten keine nennenswerten Niederschläge bringt, so kann man doch durch diese Methode im Winter z. B. über Flugplätzen Nebel oder eine tiefhängende, den Flugverkehr störende Stratusdecke ausschneien lassen und dadurch entfernen. Wichtig ist dabei, daß man nicht zuviel Gefrierkerne künstlich erzeugt, man also nicht zuviel Trockeneisteilchen in die Wolke bringt. In diesem Fall würden zwar sehr viele Eisteilchen entstehen, sie würden aber sehr klein bleiben und nur sehr langsam als homogene Wolke absinken, was gerade unerwünscht ist, da dadurch die Sichtverhältnisse auf dem Flugplatz noch schlechter würden.

Abb. 128b. Auflösung einer unterkühlten Stratusdecke durch vom Flugzeug eingebrachte Trockeneispartikel. Das Flugzeug flog eine rennbahnähnliche Figur

Abb. 129. Untersonne und Nebenuntersonne auf den künstlich erzeugten und ausschneienden Eisteilchen einer Stratusdecke

Daß es möglich ist, mit nur geringen Trockeneismengen große Wolkenteile zum Ausschneien zu bringen und dadurch weiträumige wolkenfreie Räume zu schaffen, zeigen die Abbildungen 128a und b, wo das Flugzeug über einer Stratusdecke mit einer tiefsten Temperatur von —14° C zunächst ein „$\gamma$" und dann eine rennbahnähnliche Figur flog. Wie man auf Abbildung 128a und b sehen kann, haben die ausschneidenden Wolkenteile genau die Form der Flugbahn. Die Breite der sich auflösenden Wolkenstreifen beträgt einige Kilometer. Daß es sich bei dem Umwandlungsprodukt tatsächlich um Eisteilchen handelt, erkennt man an der Untersonne und Nebenuntersonne auf Abbildung 129.

Wir sehen, daß es möglich ist, künstlich Regen zu erzeugen. Wenn die bisher damit erzielten Erfolge auch sehr ermutigend sind, so darf man an diese Art der Regenerzeugung doch nicht allzu große Hoffnungen knüpfen. Eine größere Trockenperiode, wie wir sie im Sommer 1947 erlebt haben, kann man auch damit nicht bekämpfen.

KAPITEL XI

# Merkregeln für die Wettervorhersage

Außer den bereits in den vorhergehenden Kapiteln ausgesprochenen Merkregeln über die Zyklonen- und Antizyklonenentwicklung usw. seien hier noch einige hinzugefügt, die aus S. P. Chromow: „Einführung in die synoptische Wetteranalyse" entnommen sind:

## 1. Regeln über Luftmassen

1. Wenn sich eine Luftmasse über eine kältere Unterlage hinwegbewegt, so nimmt die Stabilität ihrer Schichtung zu.
2. Wenn sich eine Luftmasse über eine wärmere Unterlage hinwegbewegt, so nimmt die Labilität ihrer Schichtung zu.
3. Eine Luftmasse wird beim Übertritt vom Meer auf das Festland im Winter stabiler, im Sommer labiler; beim Übertritt vom Festland auf das Meer ist das Entgegengesetzte der Fall.
4. Bei unveränderter Temperatur der Unterlage nimmt die Stabilität einer Luftmasse zu, wenn sich diese von Süden nach Norden bewegt, und sie nimmt ab, wenn sich die Luftmasse von Norden nach Süden bewegt.
5. Die vertikale Mächtigkeit einer Masse polarer oder arktischer Luft nimmt im Verlauf ihrer Bewegung von Norden gegen Süden ab.
6. Die Stabilität der Luftmasse in einer stationären festländischen Antizyklone nimmt im Herbst und Winter von Tag zu Tag zu, im Frühjahr und Sommer ab.
7. In einer sich verstärkenden stationären Antizyklone verstärken und senken sich die Schrumpfungsinversionen und hemmen die Konvektion.
8. Je stationärer das barische (und kinematische) Feld, desto mehr entsprechen die Stromlinien den wirklichen Luftbahnen.

## 2. Regeln über die Bewegung der Fronten

9. Die Front schreitet ungefähr mit der Geschwindigkeit der zur Front senkrechten Komponente des Gradientwindes in der Kaltluft fort.

10. Eine Front bewegt sich um so rascher, von je mehr Isobaren sie geschnitten wird.
11. Eine zu den Isobaren parallele Front verlagert sich allmählich gegen das Gebiet der stärksten negativen Drucktendenzen; im Fall einer gleichmäßigen Verteilung der Tendenzen bleibt sie stationär (Petterssen).
12. Eine Front bewegt sich um so rascher, je größer die negativen Drucktendenzen an ihrer Vorderseite (Fall einer Warmfront) oder die positiven Drucktendenzen ihrer Rückseite (Fall einer Kaltfront) sind.

### 3. Regeln über die Entwicklung der Fronten

13. Eine Front, die sich einem Tiefdrucktrog nähert, verschärft sich.
14. Eine Front, die sich vom Tiefdrucktrog entfernt, löst sich auf.
15. Gebirgsketten wirken im allgemeinen hemmend auf die Fortbewegung aller Fronten. Die Verzögerung ist um so größer, je höher das Hindernis ist und je weniger hoch die Front selbst reicht.

### 4. Regeln über die Bewegung der Zyklonen und Antizyklonen

16. Entsprechen Frontverlauf sowie Temperatur- und Strömungsverteilung dem Normalfall (Frontverlauf von West nach Ost, tiefere Temperatur nördlich der Front, Warmluftströmung aus Westen), so verläuft die Bahn jeder neuen Zyklone derselben Serie südlicher als die Bahn der vorhergehenden Zyklone.
17. Die durchschnittliche Dauer des Vorüberzuges von Polarfrontserien und der Zeitraum zwischen den Einbrüchen der sie abschließenden kalten Antizyklonen beträgt $5^1/_2$ Tage.
18. Bis zum Augenblick der Okklusion nimmt die Fortpflanzungsgeschwindigkeit der Zyklone zu.
19. Die zwischen den Zyklonen liegenden Hochdruckbrücken und Antizyklonen wandern im allgemeinen mit derselben Geschwindigkeit und in derselben Richtung wie die Frontalzyklonen.
20. Ein zyklonales Zentrum mit nahezu kreisförmigen Isobaren schreitet in der Richtung des isallobarischen Gradienten fort.
21. Eine Depression pflanzt sich in der Richtung des Gebietes des „geringsten Widerstandes" fort, d. i. des Gebietes mit zu schwachen oder überhaupt mit schwachen und divergierenden Winden.
22. Die Bewegungsrichtung eines Drucksystems mit nicht kreisförmigen Isobaren liegt zwischen der Richtung des isallobarischen Gradienten (Aszendenten) und jener der größten Achse des Systems, und zwar um so näher an dieser Achse, je mehr die Isobaren des Systems auseinandergezogen sind.
23. Eine absterbende Zyklone schreitet langsamer fort als eine sich vertiefende.
24. Eine Depression sucht eine benachbarte stationäre Antizyklone im Sinn der Uhrzeigerbewegung zu umkreisen.
25. Eine am Rande einer mächtigen (namentlich einer wenig beweglichen)

Zyklone entstandene Störung sucht diese gegen den Sinn der Uhrzeigerbewegung zu umkreisen.

26. Zwei zyklonale Störungen von ähnlicher Mächtigkeit umkreisen einander gegen den Sinn der Uhrzeigerbewegung.
27. Eine Depression sucht eine ausgedehnte Zone hoher Temperaturen so zu umkreisen, daß diese rechts von ihrer Bahn bleibt.
28. Das Zentrum einer Antizyklone verlagert sich in derjenigen Richtung, in welcher die Temperatur am raschesten sinkt.
29. Ein Tiefdruckausläufer schreitet mit Vorliebe in 24 Stunden nach der Stätte des ihm vorangehenden Hochdruckkeiles und dieser nach der Stätte des ihm vorangehenden Tiefdruckausläufers fort. Daneben findet sich noch ziemlich häufig eine doppelt so schnelle Verlagerung, letztere von Keil zu Keil und von Tiefdruckausläufer zu Ausläufer. Dasselbe gilt auch für das Fortschreiten von Tiefdruck- und Hochdruckgebieten, die nicht als Ausläufer auftreten.
30. Ein Teiltief liegt nach 24 Stunden auf der kleinsten Fünferisobare, die es mit dem Haupttief verbindet[1]).

## 5. Regeln über die Entwicklung der Luftdruckgebilde

31. Neubildungen von Störungen sind in jenem Gebiet zu erwarten, durch das eine Hauptfront verläuft. Auch an hinreichend scharf ausgeprägten und langen Okklusionsfronten können Wellenstörungen entstehen.
32. Am Okklusionspunkt können sekundäre Störungen entstehen.
33. Besonders wahrscheinlich ist Wellenbildung an einer Front, welche zwei Luftströme westlicher Richtung voneinander trennt (kalte Luft im Norden).
34. Je steiler die Neigung der Frontfläche ist, um so labiler sind die frontalen Störungen (die kritische Neigungsgrenze liegt um 1:150).
35. Ein Druckfallgebiet (Gebiet negativer Tendenzen) in irgendeinem Abschnitt der Hauptfront (und das mit ihm zusammenhängende Steiggebiet) ist das erste Anzeichen für die Entstehung einer neuen Störung. Das Stadium einer jungen Zyklone (labilen Welle) dauert selten mehr als 24 Stunden.
36. Die Störung vertieft sich unter Verengung des Warmsektors bis zur Okklusion. Nach der Okklusion hört die Vertiefung der Zyklone auf und es beginnt deren Ausfüllung, sofern sich nicht ein „falscher“ Warmsektor ausbildet (was in der kalten Jahreszeit bei den atlantischen Polarfrontzyklonen häufig genug der Fall ist).
37. Feuchtlabilität der Luftmasse im „falschen“ Warmsektor begünstigt die Vertiefung der Zyklone.
38. Eine absterbende Zyklone vertieft sich von neuem, wenn eine frische Kaltluftmasse in ihr Gebiet eindringt.
39. Eine Zyklone vertieft sich, wenn die Labilität ihrer Luftmassen zunimmt. Daher können sich Zyklonen im Winter beim Übertreten vom Festland aufs Meer, im Sommer beim Übergang vom Meer aufs Festland vertiefen.

---

[1]) Neue Regel von Rodewald.

40. Ein zyklonales Zentrum vertieft sich (füllt sich auf), wenn die Null-Isallobare hinter (vor) der Linie liegt, welche durch das Zentrum senkrecht zu seiner Bewegungsrichtung verläuft.
41. Ein antizyklonales Zentrum verstärkt sich (schwächt sich ab), wenn die Null-Isallobare vor (hinter) der Linie liegt, welche durch das Zentrum senkrecht zu seiner Bewegungsrichtung verläuft.
42. Ein Drucktrog vertieft sich, wenn die Null-Isallobare hinter der Trogachse verläuft.
43. Ein Drucktrog füllt sich aus, wenn die Null-Isallobare vor der Trogachse verläuft.
44. Ein Hochdruckkeil schwächt sich ab, wenn die Null-Isallobare vor der Keilachse verläuft.
45. Ein Hochdruckkeil verstärkt sich, wenn die Null-Isallobare hinter der Keilachse verläuft.

### 6. Allgemeine Regeln betreffend die Druckänderungen

46. Wind, der aus einem wärmeren Gebiet weht, bedingt einen Luftdruckfall, Wind aus einem kälteren Gebiet einen Luftdruckanstieg. In beiden Fällen ist die Druckänderung um so größer, je bedeutender die horizontalen Druck- und Temperaturgradienten sind und je mehr sich der Winkel, unter dem sich die Isobaren und Isothermen schneiden, einem rechten nähert (d. i. je zahlreicher die Parallelogramme sind, welche im gegebenen Gebiet durch die Isobaren und Isothermen gebildet werden). Verlaufen die Isobaren und Isothermen zueinander parallel, so wird sich der Druck im betreffenden Gebiet mit der Zeit nicht erheblich ändern (Exner 1906).
47. Dreht der Wind mit der Höhe nach rechts von der Isobarenrichtung, so fällt der Luftdruck an dem betreffenden Ort; dreht er nach links, so steigt der Druck an (auf der nördlichen Halbkugel).
48. Verlaufen die Stromlinien der Luft von einem Fallgebiet der Temperatur in ein Steiggebiet der Temperatur, so findet im letzteren eine Druckzunahme statt, die um so größer ist. je größer die isallothermische Differenz beider Gebiete; verlaufen jedoch die Stromlinien von einem Steiggebiet in ein Fallgebiet der Temperatur, so fällt der Druck im letzteren Gebiet (Defant 1910).
49. Die Gebiete der dreistündigen Isallobaren (Tendenzgebiete) verlagern sich in der Richtung der Grundströmung in der unteren Hälfte der Troposphäre.
50. Die Gebiete der 24stündigen Isallobaren verlagern sich in der Richtung der Grundströmung in der oberen Hälfte der Troposphäre und der unteren Stratosphäre.
51. Druckwellen im Jugendstadium folgen der gegebenen Höhenströmung genau.
52. An schärferen Umbiegstellen der Höhenströmung werden die Druckfallgebiete meist abgeschwächt, die Drucksteiggebiete verstärkt.

# Literaturverzeichnis

Abkürzungen:

| | |
|---|---|
| Ann. Hydr. ....... | = Annalen der Hydrographie und Maritimen Meteorologie (Berlin) |
| Btr. Ph. fr. Atm. ... | = Beiträge zur Physik der freien Atmosphäre (Leipzig) |
| Geof. Publ. ....... | = Geofysike Publikasjones (Oslo) |
| M. Z. ............. | = Meteorologische Zeitschrift (Braunschweig) |
| Veröff. Leipzig .... | = Veröffentlichungen des Geophysikalischen Instituts der Universität Leipzig, II. Serie Spezialarbeiten Leipzig |
| Wiener DS ........ | = Denkschriften der Wiener Akademie der Wissenschaften, mathematisch-naturwissenschaftliche Klasse |
| Einf. Wetteranalyse | = Einführung in die synoptische Wetteranalyse von S. P. Chromow-G. Swoboda (Wien 1942) |
| Wetter ............ | = Zeitschrift für angewandte Meteorologie (Das Wetter) (Berlin) |
| M. Weather R. ..... | = Monthly Weather Review |


1. Refsdal, A.: Der feuchtlabile Niederschlag. Geof. Publ. **5** Nr. 12.
2. Raethjen, P.: Zur Thermo-Hydrodynamik der Böen. M. Z. **1931,** 11.
3. Margules, M.: Über Temperaturschichtung in stationär bewegter und in ruhender Luft. M.Z. **1906** (Hann-Bd.), 241.
4. Bjerknes, V.: Das dynamische Prinzip der Zirkulationsbewegungen in der Atmosphäre. M. Z. **1900,** 97, 145.
5. Bjerknes, V.: Zirkulation relativ zu der Erde. M. Z. **1902,** 97.
6. Mügge, R.: Lehrbuch der Meteorologie (Hann-Süring), 5. Aufl. (Leipzig 1942).
7. Stüve, G.: Die atmosphärische Zirkulation (Handbuch der Geophysik 9, S. 438, Berlin 1937).
8. Schinze, G.: Praktische Wetteranalyse. Aus dem Archiv der Deutschen Seewarte, **52** (Hamburg 1932).
9. Bergeron, T.: Über die dreidimensional verknüpfende Wetteranalyse. Geof. Publ. **5** Nr. 6.
10. Swoboda: Grundbegriffe der Wetteranalyse: Sammlung gemeinnütziger Vorträge Nr. **641/44** (Prag 1932).
11. Raethjen, P.: Die Aufgleitfront, ihr Gleichgewicht und ihre Umlagerung. M. Z. **34,** 220.
12. Bjerknes, V.: The structure of the atmosphere when rain is falling. Quart. J. Roy. Met. Soc. (London) **146** Nr. 194.
13. Raethjen, P.: 50 Jahre Zyklonentheorie. M. Z. **1937,** 393.
14. Sturm, H.: Ann. Hydr. **1937,** 354.
15. Meyer, H. K.: Luftmassenbewegung und Luftmassenumwandlung in einer rasch ziehenden Zyklone. Aus dem Archiv der Deutschen Seewarte und des Marineobservatoriums Hamburg **1943.**
16. Bergeron, T.: Physik der troposphärischen Fronten und ihre Störungen. Wetter **53,** 381.
17. Bjerknes, J. u. Palmén, E.: Aerologische Analyse einer Zyklone. Btr. Ph. fr. Atm. **21,** 53.

18. Dines, W. H.: Total and partial correlation coefficientbet. sundey variables of the upper air. Geoph. Memoirs Nr. **2**, 31.
19. Schedler, A.: Beziehungen zwischen Druck und Temperatur in der freien Atmosphäre. Btr. Ph. fr. Atm. **9**, 181.
20. Palmén, E.: Versuch zur Analyse der dynamischen Druckschwankungen in der Atmosphäre. Btr. Ph. fr. Atm. **19**, 55.
21. Dove, H. W.: Das Gesetz der Stürme. 4. Ausgabe (Berlin 1873).
22. Fitz-Roy: Weather Book. A manual of practical meteorology (London 1863).
23. Ferrel, W.: A popular Treatise of the Winds. II. Edition (New York 1890).
24. Bigelow, T. H.: Studies on the statics and kinematics of the atmosphere in the U. S. M. Weath. R. **30**, 613.
25. Hanzlik, S.: Die räumliche Verteilung der met. Elemente in der Antizyklone. Wiener DS. **84**, 163.
26. Hanzlik, S.: Die räumliche Verteilung der meteorologischen Elemente in den Zyklonen. Wiener DS. **88**, 67.
27. v. Ficker, H.: Das Fortschreiten der Erwarmungen (der Warmewellen) in Rußland und Nordasien. Wiener Sitzungs-Berichte **1911**, 745.
28. v. Hann, J.: Das Barometermaximum vom November 1889. M. Z. **1890**, 228.
29. v. Hann, J.: Über die Entstehung von Zyklonen. M. Z. **1877**, 308; M. Z. **1880**, 313.
30. v. Helmholtz, H.: Deutsche Rundschau **1875**, 76.
31. Ekholm, N.: Anwendung des Carnotschen Satzes auf die Kreisläufe in der Atmosphäre. M. Z. **1891**, 366.
32. Raethjen, P.: Energetik der Zyklonen. M. Z. **1937**, 203.
33. Bjerknes, J., Bjerknes, V., Solberg, H. und Bergeron, T.: Physikalische Hydrodynamik mit Anwendung auf die dynamische Meteorologie. (Berlin 1933).
34. Bjerknes, J. und Solberg, H.: Life cycle of cyclones and polar front theory of atmospherie circulation. Geof. Publ. **3**, Nr. 1.
35. Exner, F. M.: Dynamische Meteorologie, 2. Aufl. (Wien 1925) S. 337.
36. Palmén, E.: Die Beziehung zwischen troposphärischen und stratosphärischen Temperatur- und Luftdruckschwankungen (Über die Natur der sogenannten primären und sekundären Druckwellen). Btr. Ph. fr. Atm. **17**, 102.
37. Bjerknes, J.: Theorie der außertropischen Zyklonenbildung. M. Z. **1937**, 462.
38. Scherhag, R.: Die Bedeutung der Divergenz für die Entstehung der Vb-Zyklonen. Ann. Hydr. **62**, 397.
39. Scherhag, R.: Zur Theorie der Hoch- und Tiefdruckgebiete. M. Z. **1934**, 129.
40. Scherhag, R.: Bemerkungen zur Divergenz-Theorie der Zyklonen. M. Z. **1936**, 84.
41. Rodewald, M.: Die Entstehungsbedingungen der tropischen Orkane. M. Z. **1936**, 137.
42. Rodewald, M.: Die Bedeutung des Dreimassenecks für die subtropischen Sturmtiefbildungen. 2. Köppenheft d. Ann. Hydr. **1936**, 43.
43. Ertel, H.: Stromdivergenz und Luftdruckänderung. M. Z. **1936**, 16.
44. Rodewald, M.: Das Dreimasseneck als zyklogenetischer Ort. M. Z. **1937**, 469.
45. Mügge, R. u. Sieber, P.: Über wetterwirksame Druckänderungen. M. Z. **1935**, 413.
46. v. Ficker, H.: Beziehungen zwischen Änderungen des Luftdruckes und der Temperatur in den unteren Schichten der Troposphäre (Zusammensetzung der Depressionen). Wiener Sitzungs-Berichte **129**, 763.
47. v. Ficker, H.: Der Einfluß der Alpen auf Fallgebiete des Luftdruckes und die Entstehung der Mittelmeerdepressionen. M. Z. **1920**, 350.
48. Stüve, G.: Thermozyklogenese. Btr. Ph. fr. Atm. **13**, 23.
49. Baur, F.: Die Bedeutung der Stratosphäre für die Großwetterlage. M. Z. **1936**, 237.
50. Stüve, G. u. Mügge, R.: Energetik des Wetters. Btr. Ph. fr. Atm. **22**, 206.

51. **Mügge**, R.: Energetik des Wetters. M. Z. **1935**, 168.
52. **Raethjen**, P.: Gleichgewichtstheorie der Zyklonen. M. Z. **1936**, 401.
53. **Raethjen**, P.: Stabilitätstheorie der Zyklonen. M. Z. **1936**, 456.
54. **Mayer**, H.: Zur Kompensation atmosphärischer Druckänderungen. M. Z. **1937**, 41.
55. **Mollwo**, H.: Druckveränderlichkeit und Kompensation. Btr. Ph. fr. Atm. **23**, 199.
56. **Thomas**, H.: Zum Gegenläufigkeitsgesetz der Atmosphäre. M. Z. **1941**, 185.
57. **Raethjen**, P.: Energetik der Zyklonen. M. Z. **1937**, 203.
58. **Runge**, H.: Stationäre warme und kalte Antizyklonen in Europa. (Wurzburg 1931).
59. **Stüve**, G.: Aerologische Untersuchungen zum Zwecke der Wetterdiagnose (Arb. Lindenberg **14**, 104).
60. v. **Mieghem**, J.: Analyse aérologique d'un pont froid remarquable. Inst. Belg. Memoires, **7**.
61. **Weickmann**, L.: Wellen im Luftmeer. Abhdl. der mathem. und naturwissenschaftl. Klasse der Sachs. Akad. Wissensch. **39**, Nr. II (1924).
62. **Defant**, A.: Die Veränderungen in der allgemeinen Zirkulation der Atmosphare in den gemäßigten Breiten der Erde. Wiener Sitzungs-Berichte **121**, Abb. IIa. 379 (1912).
63. **Schmiedel**, K.: Stratosphärische Steuerung und Wellensteuerung. Veroff. Leipzig, **9** Heft 1 (1937).
64. **Schmauß**, A.: Synoptische Singularitäten. M. Z. **1938**, 385.
65. **Lyra**, G.: Über den Einfluß von Bodenerhebungen auf die Stromung einer stabil geschichteten Atmosphäre. Btr. Ph. fr. Atm. **26**, 197.
66. **Krug-Pielsticker**, U.: Beobachtungen der hohen Föhnwelle an den Ostalpen. Btr. Ph. fr. Atm. **27**, 140 (1942).
67. **Petterssen**, S.: Some aspects of formation and dissipation of fog. Geof. Publ. **12**, Nr. 10.
68. **Georgii**, W.: Die Ursachen der Nebelbildung. Ann. Hydr. **48**, 207.
69. **Simpson**, G. C.: On the electricity of rain and its origin in thunderstorms. Philosophical transaction society Series A, **209**, 379.
70. **Wilson**, C. T. R.: Some thundercloud problems. Franklin Institute, **208**, 1.
71. **Workman and Reynolds**: A suggested mechanism for the generation of thunderstormelectricity. Physikal Review **14**, Nr. 6, 109.
72. **Wegener**, A.: Thermodynamik der Atmosphäre. (Leipzig 1928.)
73. **Findeisen**, V.: Die kolloidmeteorologischen Vorgänge bei der Niederschlagsbildung. M. Z. **1938**, 121.
74. **Volmer**, M.: Energetik der Phasenbildung. Chem. Reakt. 4, (Dresden 1938).
75. **Becker**, R. u. **Döring**, W.: Kinetische Behandlung der Keimbildung in übersättigten Dämpfen. Annalen der Physik **23**, 719.
76. **Krastanow**: Über die Bildung der unterkühlten Wassertropfen und der Eiskristalle in der freien Atmosphäre. M. Z. **1940**, 357.
77. **Wall**, E.: Die Eiskeimbildung in Lösungskernen. M. Z. **1943**, 94.
78. **Köhler**, H.: Kondensation des Wasserdampfes in der Atmosphäre. Geof. Publ. **2**, Nr. 1 und 6.
79. **Wall**, E.: Über die Entstehung der Schneekristalle. Wissenschaftliche Arbeiten des deutschen meteorologischen Dienstes im franz. Besatzungsgebiet. Jahrg. I; **1**, 140 (1947).
80. **Weickmann**, H.: Formen und Bildung atmosphärischer Eiskristalle. Btr. Ph. fr. Atm. 28, Heft 1, 12 (1945).
81. **Volmer**, M.: Über die Molekülabscheidung an Kristallen und die Bravaissche Regel. Physik. Z. **22**, 646 (1921).
82. **Volmer**, M. u. **Schultze**, W.: Kondensation an Kristallen. Z. physik. Chemie (A) **156**, 1 (1931).

# Namenverzeichnis

# Sachverzeichnis

# WISSENSCHAFTLICHE FORSCHUNGSBERICHTE

## NATURWISSENSCHAFTLICHE REIHE

*Bisher erschienene Bände:*

1 **Analytische Chemie.** Von Prof. Dr. Th. Döring. (1921) VIII, 97 S. DM 2,40/geb. 3,60*
2 **Geologie und Stratigraphie.** Von Prof. Dr. A. Born. (1921) X, 145 S. DM 3,60/geb. 4,70
3 **Organische Chemie.** Von Prof. Dr. R. Pummerer. 2. Aufl. (1923) XII, 210 S. DM 4,—/geb. 5,20*
4 **Die drahtlose Telegraphie und Telephonie.** Von Dr. P. Lertés. 2. Aufl. (1923) XII, 200 S. mi 48 Abb. DM 3,—/geb. 4,—*
5 **Die neuere Entwicklung der Quantentheorie.** Von Prof. Dr. A. Lande. 2. Aufl. (1926) XII, 180 S. mit 13 Abb. DM 10,—/geb. 11,20
6 **Kolloidchemie.** Von Dr. Dr. R. E. Liesegang. 2. Aufl. (1926) XII, 176 S. DM 7,20/geb. 8,50*
7 **Materie, Elektrizität, Energie.** Von Prof. Dr. W. Gerlach. 2. Aufl. (1926) XII, 291 S. mit 119 Abb. DM 13,50/geb. 14,80
8 **Physikalische Chemie.** I. Von Prof. Dr. A. Benrath. (1923) VIII, 107 S. DM 3,—/geb. 4,20*
9 **Kolloide in der Technik.** Von Dr. Dr. R. E. Liesegang. 2. Aufl. (1943) VIII, 123 S. DM 3,60/ geb. 4,70
10 **Agrikulturchemie.** Von Prof. Dr. F. Honcamp u. Prof. Dr. O. Nolte. (1924) VIII, 160 S. DM 3,60/geb. 4,70*
11 **Wettervorhersage.** Von Prof. Dr. Wa. Georgii. (1924) VIII, 114 S. mit 58 Abb. DM 4,—/geb. 5,20*
12 **Biochemie** der Menschen und Tiere seit 1914. Von Prof. Dr. F. Haurowitz. (1925) XII, 148 S. mit 9 Abb. DM 6,—/geb. 7,20
13 **Physikalisch-chemische Mineralogie und Petrologie.** Von Prof. Dr. W. Eitel. (1925) VIII, 174 S. mit 53 Abb. DM 7,20/geb. 8,40*
14 **Physikalische Chemie.** II. Von Prof. Dr. A. Benrath. (1925) X, 192 S. DM 7,—/geb. 8,20
15 **Methoden der angewandten Geophysik.** Von Dr. R. Ambronn. (1926) XII, 258 S. mit 84 Abb. DM 13,50/geb. 14,80*
16 **Anorganische Chemie.** Von Prof. Dr. R. Schwarz. (1927) XII, 139 S. DM 6,—/geb. 7,20*
17 **Krankheitslehre der Gegenwart.** (Strömungen und Forschungen in der Pathologie seit 1914.) Von Prof. Dr. G. Herxheimer. (1927) XVI, 256 S. DM 10,80/geb. 12,—*
18 **Erblichkeitsforschung an Pflanzen.** Von Prof. Dr. F. Oehlkers. (1927) VIII, 203 S. mit 10 Abb. DM 11,70/geb. 13.—
19 **Hormone und innere Sekretion.** Von Prof. Dr. F. Laquer. (1934) 2. Aufl. XII, 372 S. DM 18,—/ geb. 19,—*
20 **Biologische Kolloidchemie.** Von Dr. Dr. R. E. Liesegang. (1928) XII, 127 S. DM 7,20/geb. 8,50*
21 **Elektrizität und Eiweiße.** Von Dr. H. Pfeiffer. (1929) XII, 149 S. mit 7 Abb. DM 9,—/geb. 10,20
22 **Entwicklungsphysiologie der Tiere.** Von Dr. P. Weiss. (1930) XII, 138 S. DM 9,80/geb. 11,—
23 **Heterogene Katalyse.** Von Dr. E. Sauter. (1930) X, 80 S. mit 15 Abb. DM 5,40/geb. 6,50
24 **Elektrophorese, Elektroosmose, Elektrodialyse in Flüssigkeiten.** Von Dr. P. H. Prausnitz und Dr. Dr. J. Reitstötter. (1931) XII, 307 S. mit 54 Abb. DM 16,65/geb. 18,—
25 **Pharmakologie in ihren modernen Problemstellungen.** Von Prof. Dr. H. Handowsky. (1931) XII, 224 S. DM 15,75/geb. 17,—*
26 **Fortschritte der Biochemie** II. Von Prof. Dr. F. Haurowitz. (1932) X, 152 S. DM 11,—/geb. 12,—*
27 **Die lichtelektrische Zelle und ihre Herstellung.** Von Dr. R. Fleischer u. Doz. Dr. H. Teichmann. (1932) XII, 175 S. mit 201 Abb. DM 12,—/geb. 13,20*
28 **Allgemeine Chemie der Enzyme.** Von Prof. Dr. J. B. S. Haldane u. Dr. K. G. Stern. (1932) XII, 367 S. mit 38 Abb. DM 22,—/geb. 23,50*
29 **Die Konstitution der Kohlehydrate.** Von Prof. W. N. Haworth. Deutsch von Dr. W. E. Hagenbuch. (1932) VIII, 104 S. mit 8 Abb. DM 8,—/geb. 9,—*
30 **Fortschritte der Serologie.** Von Prof. Dr. H. Schmidt. (1933) VIII, 193 S. mit 20 Abb. DM 12,—/ geb. 13,20*
31 **Lipoide und Ionen.** Von Prof. Dr. R. Degkwitz. (1933) XVI, 323 S. mit 54 Abb. u. 110 Tab. DM 28,—/geb. 29,20
32 **Oberflächenspannung in der Biologie und Medizin.** Von Doz. Dr. E. Herčik. (1934) XII, 220 S. mit 56 Abb. DM 14,—/geb. 15,—*

---

VERLAG VON THEODOR STEINKOPFF · DRESDEN

33 **Kristallchemie.** Von Doz. Dr. O. Hassel. (1934) VIII, 114 S. mit 8 Abb. DM 9,—/geb. 10,—
34 **Wasserstoffionen-Konzentration** (pH). Von Dipl.-Ing. H. Jörgensen. (1935) XVI, 268 S. mit 49 Abb. DM 15,—/geb. 16,—*
35 **Grundlagen der Quantenmechanik.** Von Prof. Dr. H. Dänzer. (1935) XII, 163 S. mit 11 Abb. DM 12,—/geb. 13,—*
36 **Schwimmaufbereitung.** Von Prof. Dr. M. Petersen. (1936) XII, 337 S. mit 93 Abb. DM 18,—/geb. 19,50*
37 **Atomspektren und Atomstruktur.** Von Prof. Dr. G. Herzberg. (1936) XV 188 S. mit 79 Abb. u. 21 Tab. DM 13,—/geb. 14,—*
38 **Experimentelle Grundlagen der Wellenmechanik.** Von Prof. Dr. S. Flügge u. Dr. A. Krebs (1936) VIII, 236 S. mit 92 Abb. DM 16,—/geb. 17,—*
39 **Molekülgrößen-Bestimmungen hochpolymerer Naturstoffe.** Von Dr. M. Ulmann. (1936) XII, 194 S. mit 55 Abb. DM 14,—/geb. 15,—
40 **Aufbau einer biologischen Medizin.** Theoretische Grundlagen zum. Von Prof. Dr. K. Kötschau u. Prof. Dr. A. Meyer. (1936) XVI, 217 S. mit 8 Abb. u. 1 Taf. DM 12,—/geb. 13,—
41 **Zusammenhänge zwischen physikalischen Eigenschaften und chemischer Konstitution.** Von Prof. Dr. R. Kremann. 2. Aufl. (1937) XVI, 225 S. mit 30 Abb. DM 16,—/geb. 18,—
42 **Experimentelle Mutationsforschung in der Vererbungslehre.** von N. W. Timoféeff-Ressovsky. (1937) X, 181 S. mit 52 Abb., 6 Taf. u. 49 Tab. DM 15,—/geb. 16,50*
43 **Entomologie mit besonderer Berücksichtigung der Biologie,** Ökologie und Gradationslehre der Insekten. Von Reg.-Rat Dr. W. Speyer. (1937) XI, 194 S. DM 13,—/geb. 14,50
44 **Höhenstrahlung** (Ultrastrahlung). Von Dr. K. Miehlnickel. (1938) XVI, 316 S. mit 69 Abb. DM 23,50/geb. 25,—
45 **Piezoelektrizität des Quarzes.** Von Prof. Dr. A. Scheibe. (1938) XII, 233 S. mit 175 Abb. DM 20,—/geb. 21,—*
46 **Virus und Viruskrankheiten.** Von Dr. G. Seiffert. (1938) XI, 221 S. mit 7 Abb. DM 16,—/geb. 17,—*
47 **Kolloidchemie des Protoplasmas.** Von Prof. Dr. W. W. Lepeschkin. 2. Aufl. (1938) XII, 244 S. mit 29 Abb. DM 18,—/geb. 19.—
48 **Physikochemische Grundlagen der histologischen Methodik.** Von Prof. Dr. K. Zeiger. (1938) XI, 202 S. DM 14,—/geb. 15,—
49 **Fortschritte der Biochemie** III (1931—1938). Von Prof. Dr. F. Haurowitz. (1938) XII, 167 S mit 3 Abb. DM 12,—/geb. 13,—*
50 **Molekülspektren und Molekülstruktur.** (I. Zweiatomige Moleküle). Von Prof. Dr. G. Herzberg. (1939) XVI, 404 S. mit 169 Abb. DM 28,—/geb. 30,—
51 **Grundriß der Farbenlehre.** Von Dr. M. Richter. (1940) XI, 218 S. mit 120 Abb. DM 15,—/geb. 16,50*
52 **Psychologie.** Von Prof. Dr. W. Metzger. (1941) XIX, 352 S. mit 42 Abb. DM 20,—/geb. 21,50*
53 **Chemie des Thiophens.** Von Prof. Dr. Ing. W. Steinkopf. (1941) VIII, 232 S. mit 1 Abb. DM 18,—/geb. 19,50
54 **Wetter und Gesundheit.** Teil I. Von Dr. B. Düll. (1941) XI, 100 S. mit 46 Abb. DM 8,50/geb. 10,—
55 **Sterne und Sternsysteme.** Von Prof. Dr. W. Becker. 2. Aufl. (1942) XII, 304 S. mit 94 Abb DM 28,—/geb. 30,—*
56 **Ergebnisse und Aufgaben der Zellmorphologie.** Von Prof. Dr. E. Küster. (1942) VIII, 141 S mit 27 Abb. DM 12,—/geb. 13,50
57 **Das Geschwulstproblem in Chemie und Physiologie.** Von Prof. Dr. K. Hinsberg. (1942) XVI, 453 S. mit 4 Abb. DM 30,—/geb. 32,—*
58 **Die periphere Schmerzauslösung und Schmerzausschaltung.** Von Doz. Dr. A. Fleckenstein. (1950) VIII, 92 S. mit 22 Abb. DM 9,50/geb. 11,30
59 **Die Glaselektrode und ihre Anwendungen.** Von Dr. L. Kratz. (1950) XII, 377 S. mit 77 Abb. DM 41,50—/geb. 44,—
60 **Die Staublungenerkrankungen** (Bericht über die Staublungentagung des Staatsinstitutes für Staublungenforschung beim Hygien. Inst. d. Univ. Münster/Westf. 19.—21. Nov. 1949). XXIV, 338 S. mit 139 Abb. (1950). DM 20,—/geb. 22,—

***Weitere Bände sind in Vorbereitung***

**Die mit * bezeichneten Bände sind vergriffen**

VERLAG VON THEODOR STEINKOPFF · DRESDEN
VERLAG VON DR. DIETRICH STEINKOPFF FRANKFURT/MAIN

GPSR Compliance

*The European Union's (EU) General Product Safety Regulation (GPSR) is a set of rules that requires consumer products to be safe and our obligations to ensure this.*

*If you have any concerns about our products, you can contact us on ProductSafety@springernature.com*

In case Publisher is established outside the EU, the EU authorized representative is:

Springer Nature Customer Service Center GmbH
Europaplatz 3
69115 Heidelberg, Germany

**Batch number: 10577896**

Printed by Printforce, the Netherlands